大学计算机系列教材 i教育·融合创新一体化教材

人工智能
基础（第二版）

Fundamentals of Artificial Intelligence

组　编◎上海市教育委员会

总主编◎高建华

主　编◎刘　垚

U0397616

华东师范大学出版社
上海

图书在版编目（CIP）数据

人工智能基础/刘垚主编. —2 版. —上海：华东师范大
学出版社，2022

大学计算机系列教材

ISBN 978 - 7 - 5760 - 2884 - 3

Ⅰ.①人…　Ⅱ.①刘…　Ⅲ.①人工智能－高等学校－
教材　Ⅳ.①TP18

中国版本图书馆 CIP 数据核字（2022）第 135309 号

大学计算机系列教材

人工智能基础（第二版）

组　　编　上海市教育委员会
总 主 编　高建华
主　　编　刘　垚
项目编辑　范耀华
审读编辑　蒋梦婷
责任校对　桑林凤　时东明
装帧设计　庄玉侠

出版发行　华东师范大学出版社
社　　址　上海市中山北路 3663 号　邮编 200062
网　　址　www.ecnupress.com.cn
电　　话　021 - 60821666　行政传真 021 - 62572105
客服电话　021 - 62865537　门市（邮购）电话 021 - 62869887
地　　址　上海市中山北路 3663 号华东师范大学校内先锋路口
网　　店　http://hdsdcbs.tmall.com

印 刷 者　浙江临安曙光印务有限公司
开　　本　787 毫米 × 1092 毫米　1/16
印　　张　22.25
字　　数　577 千字
版　　次　2022 年 9 月第 2 版
印　　次　2024 年 7 月第 4 次
书　　号　ISBN 978 - 7 - 5760 - 2884 - 3
定　　价　55.00 元

出 版 人　王　焰

序

XU

　　教材是育人育才的重要依托，是解决培养什么人、怎样培养人、为谁培养人这一根本问题的重要载体，是国家意志在教育领域的直接体现。大学计算机课程面向全体在校大学生，是大学公共基础课程教学体系的重要组成部分，在高校人才培养中发挥着越来越重要的作用。

　　为了显著提升大学生信息素养、强化大学生计算思维以及培养大学生运用信息技术解决学科问题的能力，《上海市教育委员会关于进一步推动大学计算机课程教学改革的通知》在近期发布。教学改革离不开教材改革，教材改革是教育新思想、教育新观念的重要实现载体。"大学计算机系列教材"(含《大学信息技术》、《数字媒体基础与实践》、《数据分析与可视化实践》、《人工智能基础》和《信息技术基础与实践》)聚焦新时代和信息社会对人才培养的新需求，强化以能力为先的人才培养理念，引入互联网＋、云计算、移动应用、大数据、人工智能等新一代信息技术，体现了上海高校计算机基础教学的新理念和新思想。

　　本套教材的编写者来自上海市众多高校，他们长期从事计算机基础教学和研究，坚守在教学第一线，经常举行全市性的教学研讨会，研讨计算机基础教学改革与发展，研讨计算机基础教育应如何为新时代高校创新人才培养发挥重要作用。在本套教材的编写过程中，编写者结合信息技术的快速发展及学科特点，遵循学生的认知规律，注重教材编写的设计理念、内容选材、编排体系和呈现形式。学生通过对本套教材的学习，可以掌握信息技术的基本知识，增强信息意识，提高信息价值判断力，养成良好的信息道德修养；能够促进自身的计算思维、数据思维、智能思维的养成，并能通过恰当的数字媒体形式合理表达思维内容；可以深化信息技术与各专业学科融合，提升创新能力，获得运用信息技术解决学科问题及生活问题的能力。

　　从 1992 年版的《计算机应用初步》到现在的"大学计算机系列教材"，本套教材对上海市高校计算机基础教学改革起到了非常重要的推进作用，之后还将不断改进、完善和提高。我们诚恳希望广大师生在使用教材的过程中多提宝贵的意见和建议，为教材建设、为上海高校计算机基础教学水平的不断提升而共同努力。

上海市教育委员会副主任　毛丽娟

2019 年 6 月

编者的话

BIAN ZHE DE HUA

　　移动互联网、物联网、云计算、大数据、人工智能、区块链等新一代信息技术的不断涌现,给整个社会进步与人类生活带来了颠覆性变化。各领域与信息技术的融合发展,产生了极大的融合效应与发展空间,这对高校的计算机基础教育提出了新的需求。如何更好地适应这些变化和需求,构建大学计算机基础教学框架,深化大学计算机基础课程改革,以达到全面提升大学生信息素养的目的,是新时代大学计算机基础教育面临的挑战和使命。

　　为了显著提升大学生信息素养、强化大学生计算思维以及培养大学生运用信息技术解决学科问题的能力,适应新时代和信息社会对人才培养的新需求,在上海市教育委员会高等教育处和上海市高等学校信息技术水平考试委员会的指导下,我们组织编写了"大学计算机系列教材"(含《大学信息技术》、《数字媒体基础与实践》、《数据分析与可视化实践》、《人工智能基础》和《信息技术基础与实践》),从2019年秋季起开始使用。

　　在本套教材的编写过程中,我们结合信息技术的快速发展及学科特点,遵循学生的认知规律,注重教材编写的设计理念、内容选材、编排体系和呈现形式。学生通过对本套教材的学习,可以掌握信息技术的知识与技能,增强信息意识,提高信息价值判断力,养成良好的信息道德修养,同时能够促进自身的计算思维、数据思维、智能思维与各专业思维的融合,提升创新能力,获得运用信息技术解决学科问题及生活问题的能力。

　　本套教材的总主编为高建华;《大学信息技术》的主编为徐方勤和朱敏;《数字媒体基础与实践》的主编为陈志云,副主编为顾振宇;《数据分析与可视化实践》的主编为朱敏,副主编为白玥;《人工智能基础》的主编为刘垚,副主编为宋沂鹏、费媛;《信息技术基础与实践》的主编为陈志云、白玥,副主编为詹宏、胡文心。本套教材可作为普通高等院校和高职高专院校的计算机应用基础教学用书。

　　在编写过程中,编委会组织了集体统稿、定稿,得到了上海市教育委员会及上海市教育考试院的各级领导、专家的大力支持,同时得到了华东师范大学、华东政法大学、复旦大学、上海大学、上海建桥学院、上海师范大学、上海对外经贸大学、上海商学院、上海体育学院、上海杉达学院、上海立信会计金融学院、上海理工大学、上海应用技术大学、上海第二工业大学、上海海关学院、上海电力大学、上海出版印刷高等专科学校、上海思博职业技术学院、上海农林职业技术学院、上海东海职业技术学院、上海中侨职业技术大学、上海震旦职业学院等校有关老师的帮助,在此一并致谢。由于信息技术发展迅猛,加之编者水平有限,本套教材难免还存在疏漏与不妥之处,竭诚欢迎广大读者批评指正。

高建华　徐方勤　朱　敏

2019年6月

前言

QIAN YAN

党的二十大报告指出,"科技是第一生产力、人才是第一资源、创新是第一动力"。以人工智能为主导的第四次工业革命已经来临,人工智能技术广泛应用于各行各业。我国国务院于2017年7月发布的《新一代人工智能发展规划》将人工智能提升到国家战略层面。理解人工智能、具备编程思维、掌握一定人工智能实践能力,已成为当代各专业大学生的基本素养。

然而,面向非计算机专业大学生的人工智能通识课程,在教学内容与教学方法上一直存在争议。如果直接引入计算机专业的人工智能教材,存在难度大、范围广的问题;而如果把人工智能课程当成数学课、语文课来教学,仅从理论和概念上介绍,又无法培养学生实际的动手能力。因此,编者认为,理解人工智能、感受人工智能、体验人工智能、实践人工智能,是人工智能通识课程的关键。

本书将帮助读者形成人工智能知识体系的轮廓性认知,培养读者利用人工智能技术解决典型问题的实践能力,使读者感受人工智能之强大,点燃对计算机技术的热情与兴趣。本书共分六章,内容包括人工智能概述、人工智能体验、人工智能编程基础、人工智能数据处理、机器学习、深度学习。第1章主要对人工智能进行了综合概述;第2章带领读者"不编写代码地"体验人工智能应用、开发过程等,激发学生兴趣;第3章主要对人工智能编程语言进行了简要介绍,为实践奠定必要的编程基础;第4章主要对人工智能训练的数据预处理、结果的可视化展示等进行了循序渐进的介绍;第5章主要对典型的机器学习算法和应用进行了介绍,使读者具备一定的人工智能实践能力;第6章主要对神经网络和深度学习进行了介绍,并带领读者进行了计算机视觉的实践。

本书结构清晰,内容深入浅出,章节联系紧密,既可作为高等学校非计算机专业人工智能通识课程的教学用书,也可作为对人工智能技术感兴趣人员的自学参考书。书中标注星号的内容,可不作教学要求,供有兴趣的读者自学。总的来说,本书具有以下特色:

- 内容由浅入深,兼顾知识的广度和深度;
- 章节弹性设计,兼顾多校不同课时需求;
- 前后联系紧密,各章节内容上互为铺垫;
- 注重兴趣培养,设计了大量可视化体验;
- 提供 Jupyter Notebook 文件,支持教师一键讲解。

本书由刘垚担任主编，宋沂鹏、费媛担任副主编。第 1 章由袁明、刘鑫编写，第 2 章由刘垚、陈志云编写，第 3 章由朱晴婷、陈莲君编写，第 4 章由费媛、王志萍、朱晴婷、唐伟宏编写，第 5 章由刘垚、宋沂鹏、毕忠勤、郭文宏编写，第 6 章由宋沂鹏编写。全书由刘垚统稿。

本书在编写过程中还得到了华为技术有限公司，腾讯青少年编程工具平台——腾讯扣叮的张帅、王璐、张煜瑾、李涟、潘凯、席刘畅，腾讯代码托管平台——腾讯工蜂的许勇、李德斌、孙辰星、李盛，腾讯高校合作中心——腾讯 UR 的刘婷婷、赵跃、王艳等同仁，以及华东师范大学数据科学与工程学院王伟、高明、常丽、王仕嘉等老师的支持和帮助，研究生陈道佳、张忆莲、樊树伟、苏巨亮、罗昌、焦鹏龙、赵景元、周逸平、吴贤佑等同学验证了部分实验和习题，在此一并表示诚挚的谢意。

由于时间仓促、水平所限，本书疏漏之处在所难免，敬请读者批评指正。如有任何意见或建议，欢迎发送邮件至 aijichu@126.com。如需配套教学资源，欢迎来信索取。

编者

目 录
MU LU

PART **06**

第 6 章
深度学习 / 283

## PART 01

第1章　人工智能概述

<**本章概要** >

　　随着互联网、大数据、高性能计算的迅猛发展及新型人工智能算法的应用，以人工智能（Artificial Intelligence，AI）为主导的第四次工业革命已经来临，人工智能技术已经广泛应用于各行各业，并带来了巨大的商业价值。在中国，国务院于 2017 年 7 月发布的《新一代人工智能发展规划》将人工智能提升到国家战略层面，将我国人工智能产业的发展推向了新的高度，很多以前只能在科幻电影中出现的场景，现在已经成为现实。

　　本章首先介绍人工智能的基本概念、历史，分析了人工智能的三大学派，然后介绍了当前人工智能的主要研究内容及应用领域，最后从总体上介绍了智能计算系统的知识。

<**学习目标** >

通过本章学习，要求达到以下目标：

1. 了解人工智能的基本概念和历史。
2. 了解人工智能的研究内容。
3. 熟悉人工智能的常见应用领域。
4. 熟悉智能计算系统的相关知识。

1.1 人工智能简介

人工智能是一门前沿交叉学科，以计算机科学、应用数学、统计学、信息论、神经心理学和哲学等多个学科的研究成果为基础，已成为当代信息技术发展的引领学科。如今，人工智能已经融入人类生活的各个方面，如下棋、解题、游戏、人脸识别和自动驾驶等。本节将介绍人工智能的定义、发展历史以及主流学派。

1.1.1 人工智能的基本概念

人工智能（Artificial Intelligence），英文缩写为 AI，自诞生以来始终受到广泛关注。不同学者对于人工智能的定义不尽相同，目前较为公认的一种定义是：人工智能是研究和开发用于模拟、延伸和扩展人的智能的理论、方法、技术以及应用系统的一门新的技术科学。

人工智能是计算机科学的一个分支，它试图了解智能的实质，并生产出一种新的能以人类智能相似的方式做出反应的智能机器。该领域的研究包括机器人、语音识别、图像识别、自然语言处理和专家系统等。人工智能是对人的意识和思维的信息过程的模拟。人工智能虽然不是人的智能，但能像人那样思考、将来也有可能超过人的智能。人工智能从诞生以来，理论和技术日益成熟，应用领域也不断扩大，可以设想，未来人工智能带来的科技产品，将会是人类智慧的"容器"。

人工智能是一门极富挑战性的学科，从事这项工作的人需要懂得计算机、心理学和哲学等知识。人工智能也是一门涉及十分广泛的学科，它由不同的领域组成，如机器学习和计算机视觉等。总的说来，人工智能研究的一个主要目标是使机器能够胜任一些通常需要人类智能才能完成的复杂工作。但不同的时代和不同的人对这种"复杂工作"的理解有所不同。

纵观人类科技发展，此前共经历三次工业革命，分别是以实现机械化为标志的第一次工业革命、以实现电气化为标志的第二次工业革命、以实现信息化为标志的第三次工业革命，目前，人类正进入以实现智能化为标志的第四次工业革命，人工智能将引领本次工业革命。人类四次工业革命的发展如图 1-1-1 所示。

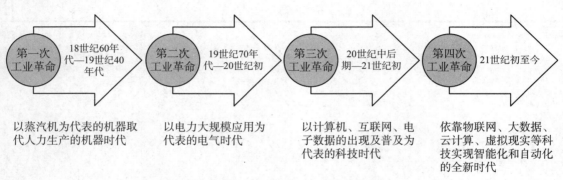

图 1-1-1 人类四次工业革命的发展

1.1.2 人工智能的历史

自古以来,人类就一直试图用各种机器来节省体力,也发明了很多工具代替人的部分脑力劳动,如算筹、算盘和计算器等。人类社会早在两千多年前就出现了人工智能的萌芽。伟大的哲学家和思想家亚里士多德(Aristotle)在《工具论》中就提出了形式逻辑的一些主要定律,其中三段论至今仍是演绎推理的基本依据。在古代的各种诗歌和著作中,也有人不断幻想将无生命的物体变成有生命的人类,如罗马诗人奥维德(Ovid)在公元 8 年完成的《变形记》中就将象牙雕刻的少女变成了活生生的少女。随着第三次工业革命的到来,遵循摩尔定律,机器的计算能力实现了几何级数的增加,推动了人工智能应用的落地。

1. 图灵测试

图 1-1-2　图灵

1950 年,计算机科学创始人之一的英国数学家、逻辑学家图灵(Turing)发表了一篇题为《计算机与智能》的论文,文中预言了创造出具有真正智能的机器的可能性。由于注意到"智能"这一概念难以确切定义,他提出了著名的图灵测试(Turing Test):测试者与被测试者(一个人和一台机器)在隔开的情况下,通过一些装置(如键盘)向被测试者随意提问,进行多次测试后,如果机器让平均超过 30% 的参与者做出误判,不能辨别出其机器身份,那么这台机器就通过了测试,并被认为具有人类智能。为了进行这个测试,图灵还设计了一个很有趣且智能性很强的对话内容,称为"图灵的梦想",现在许多人仍把图灵测试作为衡量机器智能的准则。凭借图灵测试,图灵令人信服地说明实现"思考的机器"是可能的,论文中还回答了对这一假说的各种常见质疑。图灵测试是人工智能哲学方面第一个严肃提案,图灵也因此被后人誉为"人工智能之父",他还进一步预测称,到 2000 年,人类应该可以用 10GB 的计算机设备,制造出可以在 5 分钟的问答中骗过 30% 成年人的人工智能,可惜目前这个预测还远远没有实现。

其实,图灵测试是一种基于功能和效果的机器智能鉴定方法,也就是说,只要从功能、效果上看,如果一台机器能表现出像人类一样的智慧,就可以说该机器具有了相应的智能。因此许多人也认为图灵测试仅仅反映了结果,没有涉及思维过程,并不能认为通过了图灵测试的机器就具有智能。实际上,要使机器达到人类智能的水平是非常困难的,但人工智能的研究正朝着这个方向前进,图灵的梦想总有一天会成为现实。特别是在专业领域,人工智能能够充分利用计算机的特点,具有显著的优越性。

2. 达特茅斯会议

1956 年,美国达特茅斯学院麦卡锡(McCarthy)、哈佛大学明斯基(Minsky)、贝尔实验室香农(Shannon)、卡内基梅隆大学纽厄尔(Newell)和西蒙(Simon)、麻省理工学院塞弗里奇(Selfridge)和所罗门诺夫(Solomonff),以及国际商业机器(IBM)公司罗彻斯特(Rochester)、塞缪尔(Samuel)和摩尔(More),在美国达特茅斯学院召开了一次为期两个月的"人工智能夏季研讨会"，从不同学科角度探讨了人类各种学习和其他智能特征的基础，以及用机器模拟人类智能等问题，并首次提出人工智能的术语。这些与会者的名字人们并不陌生，如香农是信息论创始人，塞缪尔编写了第一个计算机跳棋程序，麦卡锡、明斯基、纽厄尔和西蒙都是"图灵奖"获得者。这次会议被称为达特茅斯会议，它是人工智能发展史上的里程碑，标志着人工智能的诞生。

图 1-1-3　达特茅斯会议部分当事人于 2006 年重聚

（左起：摩尔、麦卡锡、明斯基、塞弗里奇、所罗门诺夫）

尽管达特茅斯会议并未解决任何具体问题，但它实质上确立了一些目标和技术方法，使人工智能获得了计算机科学界的承认，成为一个独立且充满活力的新兴科研领域，极大地推动了人工智能的发展。这次会议之后，美国很快形成了 3 个从事人工智能研究的中心，即以西蒙和纽厄尔为首的卡内基梅隆大学研究组，以麦卡锡、明斯基为首的麻省理工学院研究组，以塞缪尔为首的 IBM 公司研究组。

3. 人工智能的发展历程

人工智能的发展主要经历了以下几个阶段：

(1) 形成期

随着上世纪 50 年代"图灵测试"的提出及达特茅斯会议的召开，以计算机程序设计（LISP）语言和机器定理证明等为代表的经典技术的出现，标志着人工智能的形成。在这一时段，虽然人工智能的概念引起了人们的关注，但由于上述技术和产品均存在不同程度的缺陷，因此发展速度相对较慢。

(2) 突破期

1975 年后，人们开始研究误差反向传播（BP）算法和第五代计算机（人工智能计算机），半导体技术逐渐发展,从而使得计算机成本不断降低和计算能力不断提高,因此以专家系统为代表的人工智能技术逐渐取得突破。

(3) 发展期

1986 年后,实现 BP 网络,神经网络也得到广泛接受,基于人工神经网络的算法研究突飞猛进;计算机硬件能力快速提升;互联网的构建和分布式网络降低了人工智能的计算成本;2006 年,深度学习被提出,人工智能再次取得突破性进展。

(4) 高速发展期

2010 年,移动互联网获得发展,人工智能应用场景开始增多;2012 年,深度学习算法在语音和视觉识别上实现突破,同时人工智能行业融资规模快速扩大,人工智能商业化高速发展。

图 1-1-4 列出了人工智能发展历程中的重要事件。

图 1-1-4　人工智能发展历程中的重要事件

1.1.3　人工智能的学派

人工智能领域的派系之分由来已久,从人工智能历史来看,对于人工智能的研究主要有符号主义、连接主义和行为主义三家具有代表性的理论学派,三家学派都提出了自己的观点,它们的发展趋势反映了时代发展的特点。

1. 符号主义学派

符号主义(Symbolicism),又称为逻辑主义(Logicism)、心理学派(Psychologism)或计算机学派(Computerism),其原理主要为物理符号系统(即符号操作系统)假设和有限合理性原理。

符号主义认为人工智能源于数理逻辑。数理逻辑从 19 世纪末起迅速发展,到 20 世纪 30 年代开始用于描述智能行为。计算机出现后,又在计算机上实现了逻辑演绎系统。其代表性成果为启发式程序：逻辑理论家(Logic Theorist，LT)，它证明了 38 条数学定理，表明了可以应用计算机研究人的思维过程，模拟人类智能活动。这些符号主义学者，在 1956 年首先采用"人工智能"这个术语，后来又发展了启发式算法、专家系统、知识工程理论与技术，并在 20 世纪 80 年代取得重大发展。符号主义曾长期一枝独秀，为人工智能的发展做出重要贡献，尤其是专家系统的成功开发与应用，为人工智能走向工程应用和实现理论联系实际具有特别重要的意义。在人工智能的其他学派出现之后，符号主义仍然是人工智能的主流派别。这个学派的代表人物有纽厄尔(Newell)、西蒙(Simon)和尼尔逊(Nilsson)等。

符号主义学派认为人工智能的研究方法应为功能模拟方法，即通过分析人类认知系统所具备的功能和机能，然后用计算机模拟这些功能，实现人工智能，主张用逻辑方法来建立人工智能的统一理论体系，但遇到了"常识"问题的障碍，以及不确知事物的知识表示和问题求解等难题，因此也受到其他学派的批评与否定。2006 年，阿贡国家实验室的定理证明小组被裁掉，被看做是符号派低潮的标志性事件。

2. 连接主义学派

连接主义(Connectionism)，又称为联结主义、仿生学派(Bionicsism)或生理学派(Physiologism)，其主要原理为神经网络及神经网络间的连接机制与学习算法。

连接主义认为人工智能源于仿生学，特别是对人脑模型的研究。其理论基础源于 1943 年由生理学家麦卡洛克(McCulloch)和数理逻辑学家皮茨(Pitts)创立的脑模型，即 MP 模型，用电子装置模仿人脑结构和功能。它从神经元开始进而研究神经网络模型和脑模型，开辟了人工智能的又一发展道路。20 世纪 60—70 年代，连接主义，尤其是对以感知器(Perceptron)为代表的脑模型的研究出现过热潮，由于受到当时的理论模型、生物原型和技术条件的限制，脑模型研究在 20 世纪 70 年代后期至 80 年代初期落入低潮，直到霍普菲尔德(Hopfield)在 1982 年和 1984 年发表两篇重要论文，提出用硬件模拟神经网络以后，连接主义才又重新抬头。1986 年，鲁梅尔哈特(Rumelhart)等人提出多层网络中的误差反向传播(BP)算法，使多层感知机的理论模型有所突破。由于许多科学家加入了人工神经网络的理论与技术研究，使这一技术在图像处理、模式识别等领域取得了重要突破，为实现连接主义的智能模拟创造了条件。此后，连接主义势头大振，从模型到算法，从理论分析到工程实现，为神经网络计算机走向市场打下基础。

近年来，计算机硬件的发展让"连接主义"如鱼得水，连手机的计算力都能完成识图的任务。从 2010 年开始，神经网络、深度学习成为人工智能行业主导，并取得了巨大的成就，标志着 AI 经过短暂消沉期后彻底复苏，如今最热的 AI 概念均出自"连接主义"学派。

3. 行为主义学派

行为主义(Actionism)，又称为进化主义(Evolutionism)或控制论学派(Cyberneticsism)，其原理为控制论及感知—动作型控制系统。

行为主义认为人工智能源于控制论。控制论思想早在 20 世纪四五十年代就成为时代思潮的重要部分，影响了早期的人工智能工作者。维纳(Wiener)和麦克洛克(McCulloch)等人提出的控制论和自组织系统以及钱学森等人提出的工程控制论和生物控制论，影响了许多领域。控制论把神经系统的工作原理与信息理论、控制理论、逻辑以及计算机联系起来。早期的研究工作重点是模拟人在控制过程中的智能行为和作用，如对自寻优、自适应、自镇定、自组织和自学习等控制论系统的研究,并进行"控制论动物"的研制。到20世纪60—70年代,上述这些控制论系统的研究取得一定进展,播下智能控制和智能机器人的种子,并在20世纪80年代诞生了智能控制和智能机器人系统。行为主义是20世纪末才以人工智能新学派的面孔出现的,引起许多人兴趣。这一学派的代表作品首推布鲁克斯(Brooks)的6足行走机器人,它被看作新一代的"控制论动物",是一个基于感知—动作模式模拟昆虫行为的控制系统。布鲁克斯认为要求机器人像人一样去思维太困难了,在做一个像样的机器人之前,不如先做一个像样的机器虫,由机器虫慢慢进化,或许可以做出机器人。于是他在美国麻省理工学院(MIT)的人工智能实验室研制成功了一个由150个传感器和23个执行器构成的像蝗虫一样能做6足行走的机器人试验系统。这个机器虫虽然不具有像人那样的推理、规划能力,但其应付复杂环境的能力却大大超过了原有的机器人,在自然(非结构化)环境下,可以进行灵活的防碰撞和漫游行为。

综上所述,三家学派在不同时期对人工智能的发展都起到了重要作用,他们的理论研究成果在实际应用中都形成了自己特有的问题解决方法体系,并各有成功实践范例。

符号主义学派认为机器和人类的认知过程在本质上是相同的,都是符号处理过程,思维过程总可以用某种符号来进行描述,其研究是以静态、顺序、串行的数字计算模型来处理智能,寻求知识的符号表征和计算。符号主义学派有从定理机器证明、归结方法到非单调推理理论等一系列成就。

连接主义学派是模拟发生在人类神经系统中的认知过程,提供一种完全不同于符号处理模型的认知神经研究范式,主张认知是相互连接神经元相互作用的结果。连接主义学派有归纳学习、深度学习、神经网络等代表性研究成果,直到今天仍在广泛使用。

行为主义学派与前两者均不相同,认为智能是系统与环境的交互行为,是对外界复杂环境的一种适应。反馈控制模式和广义遗传算法等解题方法是行为主义学派的典型代表成果。

1.1.4 习题与实践

1. 简答题

(1) 请简述什么是人工智能。
(2) 请简述人工智能的发展历史。
(3) 三大人工智能学派的认知观分别是什么? 他们各自的代表性研究成果是什么?

2. 思考题

(1) 有学者认为达特茅斯会议标志着人工智能的诞生,因此麦卡锡才是真正的"人工智能之父",你怎么看待这个问题?
(2) 随着人工智能技术的不断发展,你觉得人工智能在未来有可能超越人类智能吗?
(3) 人工智能与物联网、大数据、虚拟现实等技术如何互相促进?

1.2　人工智能研究内容

人工智能研究的内容涵盖面非常广，包括知识与推理、搜索与求解、学习与发现、发明与创造、感知与响应、记忆与联想、理解与交流等很多方面，本节将其归纳为知识工程、机器感知、机器思维、机器学习和机器行为等五部分内容，进行简单介绍。

1.2.1　知识工程

图 1-2-1　费根鲍姆

知识工程（Knowledge Engineering）是在计算机上建立专家系统的技术。图灵奖获得者、知识工程的建立者费根鲍姆（Feigenbaum）将知识工程定义为：将知识集成到计算机系统从而完成只有特定领域专家才能完成的复杂任务。知识工程包括知识表示（Knowledge Representation）、知识获取（Knowledge Acquisition）、知识推理（Knowledge Reasoning）、知识集成（Knowledge Integration）和知识存储（Knowledge Storage）等多个活动。

在大数据时代，知识工程是从数据中自动或半自动获取知识，建立基于知识的系统，以提供互联网智能知识服务。大数据对智能服务的需求，已经从单纯的搜集获取信息，转变为自动化的知识服务。人类需要利用知识工程为大数据添加语义（知识），使数据产生智慧，完成从数据到信息到知识，最终

到智能应用的转变过程，从而实现对大数据的洞察、提供用户关心问题的答案、为决策提供支持、改进用户体验等目标。

1.2.2　机器感知

机器感知（Machine Cognition）是一连串复杂程序所组成的大规模信息处理系统，信息通常由很多常规传感器采集，经过程序处理后，得到一些非基本感官能得到的结果。机器感知就是使机器具有类似人的认知能力，其中以机器视觉、机器听觉、机器触摸和机器气味为主。机器视觉是让机器能识别并理解文字、图像和实景等，如面部识别、地理建模、甚至是美学判断等；机器听觉是让机器能识别并理解语言和声音等，如音乐记录和压缩，语音合成和语音识别等；机器触摸是对物体表面特性和灵活性的触觉感知，从而使触觉信息能够实现智能反射并与环境互动，但是机器仍然无法测量某些普通的人类身体感受，包括身体疼痛等；机器气味又称机器嗅觉，是使机器具备识别和测量气味的能力，相关产品有电子鼻等。

机器感知主要是通过各类传感器来实现的，常见的包括温湿度传感器、超声波传感器和声音传感器等，如图 1-2-2 所示。

温湿度传感器　　超声波传感器　　声音传感器　　触摸传感器　　人体红外传感器　　压力传感器

图 1-2-2　常见机器感知传感器

1.2.3　机器思维

机器思维(Machine Thinking)指利用机器感知得来的外部信息、认知模型、知识表示和推理,有目标地处理感知信息和智能系统内部信息,从而针对特定场景给出合适的判断,制定合适的策略。正如人的智能来自大脑的思维活动一样,机器智能也主要是通过机器思维实现的,它使机器能模拟人类思维活动,既可以进行逻辑思维,又可以进行形象思维。机器思维表述起来虽然有点抽象,但实际上人类已经广泛应用的路径规划、预测、控制等都属于机器思维的范畴。

机器思维是在机器脑子里进行的动态活动,也就是计算机软件里面动态处理信息的算法,需要综合应用知识表示、知识推理、认知建模和机器感知等方面的研究成果。目前对于机器思维的研究主要集中在以下几方面:

- 知识表示,特别是各种不确定性知识和不完全知识的表示;
- 知识组织、积累和管理技术;
- 知识推理,特别是各种不确定性推理、归纳推理和非经典推理等;
- 各种启发式搜索和控制策略;
- 人脑结构和神经网络的工作机制。

1.2.4　机器学习

机器学习(Machine Learning,ML)是人工智能的核心,是使计算机具有智能的根本途径,它专门研究计算机怎样模拟或实现人类的学习行为,以获取新的知识或技能,并重新组织已有的知识结构使之不断改善自身性能。机器学习是一门多领域交叉学科,涉及概率论、统计学、逼近论、凸分析、算法复杂度理论等多门学科,传统机器学习的研究方向主要包括决策树、随机森林、人工神经网络和贝叶斯学习等,而大数据时代的机器学习研究主要集中在数据转向以及数据信息处理能力等方面。

1. 机器学习的发展

追溯机器学习的发展历史,可以认为:17 世纪时,贝叶斯(Bayes)、拉普拉斯(Laplace)关于最小二乘法的推导和马尔可夫链,构成了机器学习广泛使用的工具和基础。从 1950 年图灵提议建立一个学习机器到 2000 年开始有深度学习的实际应用,机器学习有了很大的进展,大致可以分为三个阶段。

第一阶段从 20 世纪 50 年代中期到 70 年代中期,主要用各种符号来表示机器语言,研究将各个领域的知识植入到系统里,目的是通过机器模拟人类学习的过程。这个时期,主要通过对机器的环境及其相应性能参数的改变来检测系统所反馈的数据,好比给系统一个程序,通过改变它们的自由空间作用,系统将会受到程序的影响而改变自身的组织,最后这个系统将会选择一个最优的环境生存。在这个时期最具有代表性的研究就是塞缪尔(Samuel)的下棋程序。

第二阶段从 20 世纪 70 年代中期到 80 年代初,人们从学习单个概念扩展到学习多个概念,探索不同的学习策略和学习方法。在本阶段已开始把学习系统与各种应用结合起来,并取得很大的成功。同时,专家系统在知识获取方面的需求也极大地刺激了机器学习的研究和发展。示例归纳学习系统成为研究的主流,自动知识获取成为机器学习应用的研究目标。这一阶段代表性的工作有莫斯托夫(Mostow)的指导式学习、温斯顿(Winston)和卡鲍尼尔(Carbonell)的类比学习以及米切尔(Mitchell)等人的解释学习。

第三阶段始于 20 世纪 80 年代,随着超大规模集成电路技术、生物技术、光学技术的发展与支持,使机器学习的研究进入了更高层次的发展时期。这个时期的机器学习已成为新的学科,它综合应用了心理学、生物学、神经生理学、数学、自动化和计算机科学等形成了机器学习理论基础。1980 年,在美国卡内基梅隆召开了第一届机器学习国际研讨会,标志着机器学习研究已在全世界兴起。1984 年,西蒙(Simon)等 20 多位人工智能专家共同撰文编写的 Machine Learning(机器学习)文集第二卷出版,由兰利(Langley)主编的国际性杂志 *Machine Learning* 创刊,更加显示出机器学习突飞猛进的发展趋势。

2. 机器学习的分类

机器学习从不同的角度,有不同的分类方式,如按系统的学习能力分类,可分为监督学习、无监督学习和半监督学习,这是最常见的一种分类方法。

- 监督学习是指在学习时需要外部教师的示教或训练,以概率函数、代数函数或人工神经网络为基函数模型,采用迭代计算方法,学习结果为函数。代表性的监督学习有分类(Classification)和回归(Regression)两种。
- 无监督学习采用评价标准代替人的监督工作,典型的无监督学习有聚类(Clustering)和降维(Dimension Reduction)两种。
- 半监督学习则结合上述两种学习的优点,利用不完全的有标签数据进行监督学习,同时利用大量的无标签数据进行无监督学习。

2018 年图灵奖得主、有世界"深度学习三巨头"、"卷积网络之父"等美誉的 Yann Lecun(他自己取的中文名是杨立昆)有一个非常著名的比喻:"假设机器学习是一个蛋糕,强化学习就是蛋糕上的一粒樱桃,监督学习就是外面的一层糖衣,无监督学习才是蛋糕胚。"

此外,机器学习按学习方法分类,可以分为符合学习与非符号学习。按学习目标分类,可分为概念学习、规则学习、函数学习和类别学习等。按推理方式分类,可分为基于演绎的学习及基于归纳的学习。按综合属性分类,可分为归纳学习、分析学习、连接学习和遗传算法与分类器系统等。

3. 机器学习的基本过程

机器学习是一个流程性很强的工作,包括数据采集、数据清洗、数据预处理、特征工程、模型调优、模型融合、模型验证和模型持久化等,而在这些基本的步骤内,又存在很多种方式,比如数据采集可以是爬虫,可以是数据库拉取,可以是通过 API 获取等,数据清洗要注意缺失值处理、异常值处理等,特征工程更是复杂多样。机器学习的基本过程可以用图 1-2-3 简单表示,具体内容将在本书第 5 章做详细介绍。

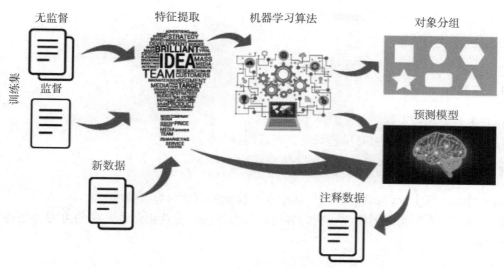

图 1-2-3 　 机器学习基本过程

1.2.5 　 机器行为

机器行为(Machine Behavior)主要指计算机的表达能力,即模拟人的能力的行为,如说话、写字、画画、走路和取物等各种操作。

机器行为主要研究智能控制和智能制造,前者指那种无需或需要尽可能少的人工干预,就能独立地驱动智能机器,实现其目标的控制过程。它是一种把人工智能技术与传统自动控制技术相结合,研制智能控制系统的方法和技术。后者是指以计算机为核心,集成有关技术,以取代、延伸与强化有关专门人才在制造中的相关智能活动所形成、发展乃至创新了的制造。智能制造技术主要包括机器智能的实现技术,人工智能与机器智能的融合技术,以及多智能源的集成技术等。

机器行为是人工智能中最有趣的新兴研究内容之一,其直接表现是通过各类机器人来模拟人类行为,比如智能化工厂中已经广泛使用工业机器人代替人类从事电脑、家用电器、汽车等商品的生产及组装。图 1-2-4 是工厂中使用机器人制造汽车的场景。

图 1-2-4 　 使用机器人制造汽车

1.2.6 习题与实践

1. 简答题

（1）什么是知识工程？

（2）不同时期机器学习有哪些研究方向或内容？

2. 思考题

（1）结合生活实际，你认为现实生活中人工智能的研究内容有哪些？

（2）你认为人工智能的哪些研究内容可以与你就读的专业相结合？哪些可能会是将来新的研究热点？

1.3　人工智能技术与应用

目前,随着人工智能算法的不断改进、计算机网络技术尤其是移动互联网技术的广泛使用,人工智能技术已经应用到越来越多的领域。本节将从技术角度介绍人工智能常见的应用领域。当然,任何一种人工智能的应用场景都是由多种技术共同支撑而实现的,只是它们的侧重点各有不同。

1.3.1　模式识别

模式识别(Pattern Recognition,PR)是指对表征事物或现象的各种形式(数值、文字或逻辑关系)的信息进行处理和分析,以对事物或现象进行描述、辨认、分类和解释的过程,是信息科学和人工智能的重要组成部分。

模式识别常用的算法有 K 近邻算法(K-Nearest Neighbor,KNN)、贝叶斯分类器(Bayes Classifier)和主成分分析法(Principal Components Analysis,PCA)等。使用模式识别首先需采集生物特征信息,如指纹、人脸、语音等,接着需对原始数据进行预处理,包括真实化处理、智能化增强处理、数字二值化处理等流程,对数据的预处理完成后就可以从数据中提取生物信息特征,建立模式识别比对的基准模板,最后使用模式识别特征采样的样板与模板比较,如果两者差异在设定的允许范围内,则可以判别该识别比对者是模板持有人,反之则不是。

模式识别包括对语音波形、地震波、心电图、脑电图、图片、照片、文字、符号和生物传感器等对象进行测量的具体模式进行分类和辨识,其应用领域包括手写体识别、指纹识别、虹膜识别、医学图片辨识、语音识别、生物特征识别、人脸识别等。特别是基于深度学习等人工智能技术的 X 光、核磁、CT、超声等医疗影像多模态大数据分析技术,能够提取二维或三维医疗影像隐含的疾病特征,辅助医生识别诊断。

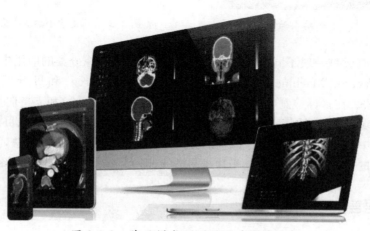

图 1-3-1　基于模式识别的医疗影像分析

1.3.2　计算机视觉

计算机视觉（Computer Vision，CV）又称机器视觉（Machine Vision），是用机器（摄影机或电脑）代替人眼对目标进行测量、识别和跟踪，并进一步做图形处理，抽取目标特征，使之成为更适合人眼观察或仪器检测的图像，进而根据判别结果来控制现成的设备动作，是计算机及相关设备对生物视觉的一种模拟，是模式识别的一个重要方面。

目前，计算机视觉的应用相当普及，不仅在半导体及电子、汽车、冶金、制药、印刷和食品饮料等制造业产品质量检测中得到广泛应用，还在人脸识别、动作捕捉和物体分类等方面走进人类生活。图 1-3-2 是目前我国火车站普遍使用的进站人脸识别系统，通过对比进站人与其身份证照片，实现闸机的自动打开。图 1-3-3 是一款微信小程序，可以对植物拍照，系统会自动识别该植物的名称，并给出相关信息。

图 1-3-2　火车站人脸识别系统　　　　图 1-3-3　微信小程序"形色识花"

在计算机视觉领域一般不同的应用有着不同的实现，在图像分类的应用中，主要有支持向量机（Support Vector Machine，SVM）、决策树（Decision Tree）和贝叶斯分类器（Bayes Classifier）等算法。在目标检测应用中，自适应提升算法（Adaboost）和支持向量机等传统的机器学习算法和区域卷积神经网络（R-CNN）等深度学习算法是常用的复杂场景目标检测算法。在语义分割的应用中，主要有传统的基于阈值的分割算法和基于区域的分割算法，深度学习在语义分割上也有很好的效果，常用的有全卷积神经网络（Fully Convolutional Networks，FCN）。

1.3.3　自然语言处理

自然语言处理（Natural Language Processing，NLP）的目标是让计算机能"听懂"和"看懂"人类语言(如汉语、英语等),其包含词法分析、依存句法分析、词义相似度、词向量、短文本相似度、情感分析、短语挖掘和智能写作等技术能力,可用于智能交互、深度问答、内容建模、用户画像建模和语义分析等场景。

目前自然语言处理的应用领域非常广泛,如应用于智能客服和智能助手等场景,使机器人能精准理解用户意图,具有对话交互能力;应用于实时字幕和同声传译等场景,实现多语种的语音和文字机器翻译;应用于新闻推荐、报告整理等场景,自动生成文本的简短摘要。

图 1-3-4 世界人工智能大会上的机器实时翻译

自然语言处理一般包括语料预处理、特征工程、模型训练、指标评价四个部分。语料预处理有语料清洗、文本分词、词性标注和去停用词等工作,接下来需要进行特征工程处理,把分词之后的字和词语表示成计算机能够计算的类型,常用的特征提取方法有 TF-IDF(Term Frequency-Inverse Document Frequency)和 Word2vec,模型训练使用 K 近邻、支持向量机和决策树等算法,为了使模型对语料具有较好的泛化能力,最后需要使用错误率、精度、准确率和召回率等指标对模型进行评估。

1.3.4 搜索技术

搜索技术(Search Technique)是用搜索方法寻求问题解答的技术,它根据问题的实际情况不断寻找可利用的知识,构造出一条代价较少的推理路线,使问题得到圆满解决。搜索技术主要包括两个方面,一是找到从初始事实到问题最终答案的一条推理路径,二是确保找到的这条路径在时间和空间上复杂度最小。搜索可分为盲目搜索和启发式搜索两类,前者也称无信息搜索,即只按预定的控制策略进行搜索,在搜索过程中获得的中间信息不用来改进控制策略;而后者在搜索中加入了与问题有关的启发性信息,用于指导搜索朝着最有希望的方向进行,加速问题的求解过程。

搜索技术的应用领域包括智能信息检索、难题求解(如汉诺塔和旅行商等问题)、定理证明、人机博弈等。谷歌公司开发的著名围棋博弈人工智能程序 AlphaGo 就应用了蒙特卡洛树搜索法（当然该程序还应用了神经网络和深度学习等技术），其在与人类对弈过程中，战胜了多位人类世界冠军。

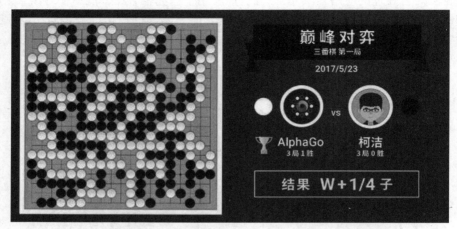

图 1-3-5　人工智能程序 AlphaGo 与人类围棋世界冠军对弈

1.3.5　专家系统

专家系统（Expert System）是基于专门领域知识求解特定问题的智能计算机程序系统，其内部含有大量的某个领域专家水平的知识与经验，能够利用人类专家的知识和解决问题的方法来处理该领域问题。也就是说，专家系统是一个具有大量的专门知识与经验的程序系统，它应用人工智能技术和计算机技术，根据某领域一个或多个专家提供的知识和经验，进行推理和判断，模拟人类专家的决策过程，以便解决那些需要人类专家处理的复杂问题，简而言之，专家系统是一种模拟人类专家解决某领域问题的计算机程序系统，其水平可以达到甚至超过人类专家的水平。

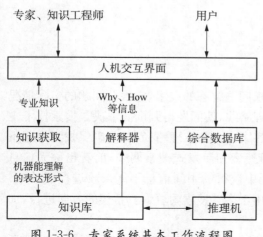

图 1-3-6　专家系统基本工作流程图

专家系统的基本工作流程如图 1-3-6 所示，其中箭头方向是数据流动的方向。用户通过人机交互界面回答系统提问，推理机将用户输入的信息与知识库中各个规则的条件进行匹配，并把被匹配规则的结论存放到综合数据库中。最后，专家系统将得出最终结论呈现给用户。在这里，专家系统还可以通过解释器向用户解释系统为什么要向用户提出该问题（Why）及计算机是如何得出最终结论（How）等问题。领域专家或知识工程师通过专门的软件工具或编程实现专家系统中知识的获取，不断充实和完善知识库中的内容。

专家系统已广泛应用于医疗诊断、地质勘

探、石油化工、农业、气象、法律、商业、教学、空间技术、工程技术、自动控制、计算机设计制造以及军事等各个领域。如早在 1991 年的海湾危机中,美国军队便将专家系统应用于后勤规划和运输日程的自动安排,这项工作同时涉及 5 万个车辆、货物和人,且必须考虑起点、目的地和路径等,还要解决所有参数之间的冲突。人工智能规划技术使得一个计划可以在几小时内产生,而传统方法需要大量的人工作几个星期。又比如气象预报领域,对包括降雨、高温和大风等气象情况的预测,传统方法需要大量人力,且预测结果准确率不高,目前使用人工智能专家系统的 24 小时气象预报准确率可高达 90% 左右。

1.3.6　神经网络

神经网络(Neural Networks,NNs)又称人工神经网络(Artificial Neural Networks,ANNs)或连接模型(Connection Model),是一种模仿动物神经网络行为特征,进行分布式并行信息处理的算法数学模型。神经网络由大量简单的计算单元组成网络进行计算,依靠系统的复杂程度,通过调整内部大量节点之间相互连接的关系,从而达到处理信息的目的。

对神经网络的研究始于 20 世纪 40 年代初期,经历了一条十分曲折的道路,几起几落,20 世纪 80 年代初以来,对神经网络的研究再次出现高潮。霍普菲尔德(Hopfield)提出用硬件实现神经网络,鲁梅尔哈特(Rumelhart)等人提出多层网络中的反向传播(BP)算法就是两个重要标志。对神经网络模型、算法、理论分析和硬件实现的大量研究,为神经网络计算机走向应用提供了物质基础。现在,神经网络已经在模式识别、图像处理、组合优化、自动控制、信息处理、机器人学和人工智能的其他领域获得日益广泛的应用。如早在 2012 年,斯坦福大学和谷歌公司 X 实验室用 1000 台计算机构建了全球最大的电子模拟神经网络,该网络是拥有 10 亿个相互连接的人工神经元的神经网络——谷歌大脑。实验人员向该神经网络展示 1000 万张从 YouTube 上随机提取的图像,最后,系统在没有任何外界干预的情况下认识了猫并成功分辨出猫的图片,准确率超过 80%。这一事件为人工智能发展翻开崭新的一页,标志着以深度学习为代表的人工智能发展即将进入应用阶段。近年,神经网络在各类预测模型中也得到广泛应用,如交通流量预测、运动员运动成绩预测和共享单车需求预测等。

1.3.7　数据挖掘

数据挖掘(Data Mining)是指从大量的数据中通过算法搜索隐藏于其中信息的过程,其通过统计、在线分析处理、情报检索、机器学习、专家系统(依靠过去的经验法则)和模式识别等诸多方法来实现目标。

数据挖掘的目的是从数据库中找出有意义的模式,这些模式可以是用规则、聚类、决策树、依赖网络或其他方式表示的知识。一个典型的数据挖掘过程可以分成 4 个阶段,即数据预处理、建模、模型评估及模型应用。数据预处理主要包括数据的理解、属性选择、连续属性离散化、数据中的噪声及缺失值处理、实例选择等;建模包括学习算法的选择和算法参数的确定等;模型评估是进行模型训练和测试,对得到的模型进行评价;在得到满意的模型后,就可以运用此模型对新数据进行解释。

数据挖掘的应用领域包括超市的商品数据分析、大规模天空观测数据分析、银行个人客户信用评分、冷链物流运送中的温度监控、药物和副作用的关联性分析等。我国目前为满足城市治安防控和城市管理需要而实施的天网工程也是数据挖掘的一大应用,利用 GIS 地图、图像采集、传输、控制、显示等设备和控制软件,对交通要道、治安卡口、公共聚集场所、宾馆、学校、医院以及治安复杂场所安装视频监控设备,进行实施监控和信息记录,利用视频专网和互联网等网络把所有视频监控点的图像传到监控中心数据库,对刑事案件、治安案件、交通违章和城管违章等图像信息进行分类,找出对城市管理者有意义的数据信息。

图 1-3-7　天网工程

1.3.8　智能控制

智能控制(Intelligent Control)是由智能机器自主地实现其目标的过程,是具有智能信息处理、智能信息反馈和智能控制决策的控制方式,是控制理论发展的高级阶段,主要用来解决那些用传统方法难以解决的复杂系统的控制问题。

智能控制最早由美国科学家傅京孙(K. S. Fu)在 1965 年提出,经过众多研究者多年的努力,到 20 世纪 80 年代中叶逐渐成熟并逐步推广应用。如 1998 年由美国宇航局发射的深空 1

图 1-3-8　自动驾驶

号宇宙飞船,其搭载一款名为远程代理(Remote Agent,RA)的人工智能系统,能够规划和控制宇宙飞船的活动。智能控制广泛应用于机械制造行业的先进制造系统、电力系统以及汽车的自动驾驶等,目前很多品牌的自动驾驶汽车正在研发 L5 级别的完全自动化驾驶,即由智能控制系统独立完成所有驾驶操作,包括转向、加速和刹车等关键任务,以及监测环境和识别独特的驾驶条件,如交通堵塞等。

1.3.9　智能机器人

智能机器人(Intelligent Robot)是具有人类特有的某种智能、能模拟人类行为的机器。自 20 世纪 60 年代初人类研制出尤尼梅特(Unimate)和沃莎特兰(Versatran)这两种机器人以来,机器人的发展已经经历了三代,第一代机器人即工业机器人,主要指只能以"示教-再现"方式工作的机器人,这类机器人的本体是一只类似于人的上肢功能的机械手臂,末端是手爪等操作机构。第二代机器人是指基于传感器信息工作的机器人,它依靠简单的感觉装置获取作业环境和对象的简单信息,通过对这些信息的分析、处理做出一定的判断,对动作进行反馈控制。第三代机器人即智能机器人,这是一类具有高度适应性的有一定自主能力的机器人,它本身能感知工作环境、操作对象及其状态,能接受和理解人给予的指令,并结合自身认识外界的结果独立地决定工作规划,利用操作机构和移动机构实现任务目标,还能适应环境变化,调整自身行为。

目前,智能机器人已经活跃在工业、农业、商业、旅游业、空中、海洋以及国防等各领域,如星际探索机器人能够飞往遥远的不宜人类生存的太空,进行人类难以或无法胜任的星球和宇宙探索;海洋(水下)机器人是海洋考察和开发的重要工具,可用于海底探矿采矿、海底隧道建设、打捞救助和军事活动等;外科手术机器人已成功用于脑外科、胸外科和膝关节等手术,全面参与远程医疗服务;微型机器人可进入小型管道进行检查作业,在精密机械加工、现代光学仪器、超大规模集成电路、现代生物工程、遗传工程、医学和医疗等工程中发挥作用;很多大型电子商务公司的物流系统中,也使用智能机器人代替了仓库工人,根据远程指令在仓库中自主运动,完成拣货及将货物送上卡车,当电池电量过低时,还会自动回到充电位给自己充电。大名鼎鼎的美国波士顿动力公司,近年来出品了多款双足、四足及轮式机器人,并在仓储物流、野外活动、工业制造等领域开展了广泛应用。图 1-3-9 是几款比较有代表性的波士顿动力机器人。

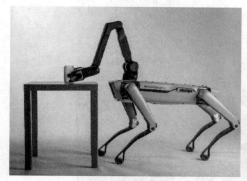

(a) 取物机器人　　　　　　　　　　　(b) 物流机器人

(c) 人形机器人　　　　　　　　　(d) 四足机器人

图 1-3-9　波士顿动力机器人

1.3.10　组合优化

组合优化(Combinatorial Optimization)的目标是从组合问题的可行解集中求出最优解，其一般是 NP 完全问题(Nondeterministic Polynomial Complete Problem)，对该问题基本上不存在一种算法，使得当所有的具体问题的变量和约束条件的数目两者之和甚大时，可以在容许时间(即所谓的多项式时间)之内给出所要的解。由于这类问题在生产实际中经常出现，不能予以忽视，于是出现了两类解决问题的途径：一类是直观算法，另一类是近似算法。

组合优化在实际生活中有很多应用，如旅行商问题、生产计划与调度、通信路由调度、交通运输调度、列车编组、空中交通管制以及军事指挥自动化系统等，目前在人工智能领域已经提出了很多能有效解决组合优化问题的方法，特别是遗传算法和神经网络方法等。

图 1-3-10　空中交通管制系统

1.3.11　云端人工智能

云端人工智能(Cloud AI)是将云计算的运作模式与人工智能深度融合,在云端集中使用和共享机器学习工具的技术,是目前主流的人工智能平台服务方式。根据部署方式不同,云端人工智能可分为三种不同类型:公有云、私有云和混合云。公有云是将服务全部存放于公共云服务器上,用户无需购买软件和硬件设备,可直接调用云端服务,通常我们谈到的云端人工智能指的就是公有云。这种部署方式成本低廉且使用方便,但存在数据泄露风险。私有云是服务器独立提供给指定客户使用,主要目的是确保数据安全性,增强用户对系统的管理能力,但其初期投入较高且部署时间较长,同时后期需要专人维护。混合云是将不敏感的数据放在公有云服务器上处理,用户私有数据本地化存储,这种方案比较适合无力搭建私有云,但又注重自身数据安全的用户使用。

传统的 AI 服务部署和运行成本高昂。按业界主流观点,AI 迁移到云端是大势所趋,因为未来的 AI 系统必须能同时处理千亿甚至万亿量级的数据,同时要做自然语言处理及运行机器学习模型等,这一过程需要大量的存储资源和算力,不是一般的计算机系统能承载的。因此,最好的解决方案就是把它们放在云端进行统一处理。用户在使用这些产品及服务时,不再需要花费很多精力和成本在软硬件上面,只需要从平台上按需购买服务并简单接入自己的产品。如果说以前的 AI 产品部署像是为了喝水而挖一口井,那么现在就像是用户直接从自来水公司接了一根水管,想用水时打开水龙头即可。同时,收费方面也不是一次性买断,而是根据实际使用量来收费。

目前,国内著名的云服务商主要有阿里云、华为云、腾讯云和百度云等,图 1-3-11 和图 1-3-12 分别是百度和腾讯在微信小程序端的"AI 体验中心",本书第 2 章还将详细介绍华为云端

图 1-3-11　微信小程序"百度 AI 体验中心"　　图 1-3-12　微信小程序"腾讯 AI 体验中心"

人工智能体验平台和腾讯人工智能实验室。

1.3.12 习题与实践

1. 简答题

（1）结合生活实际，你认为现实生活中人工智能有哪些成熟应用？

（2）请查询相关资料，了解人工智能技术在你就读专业领域有哪些具体应用？随着人工智能技术的发展和成熟，你觉得你就读的专业领域有哪些岗位有可能被人工智能取代？你打算如何应对？

2. 实践题

请选择一个互联网企业，调查了解这个企业提供的云端人工智能系统，向大家介绍它是什么类型？能提供哪些服务？有什么特色？

1.4　智能计算系统

算法、数据和算力（计算机的计算能力）被视为推动人工智能发展的三大要素，其中硬件的算力更是被看作是支撑人工智能发展的基石。当前，我国的人工智能应用和算法研究已经达到世界先进水平，但对于人工智能硬件基础的建设还缺乏重视，缺乏从计算机系统的角度学习人工智能。中国科学院院士陈国良指出"如果没有系统思维，只考虑智能算法这一个环节或者把技术栈的各个环节割裂来考虑，不可能开发出准确、高效、节能的人工智能应用，也就使人工智能难以落地。"

1.4.1　智能计算系统概述

人工智能研究已有六十多年的历史。从早期简单的人机文字交互，到人工智能程序战胜国际象棋大师，人工智能取得了一个又一个斐然的成绩后又进入了长达十多年的寒冬。然而最近十余年，计算机的智能水平突然得到了明显提升：图像识别技术、语音识别技术等均已达到超高水平，自动驾驶技术也逐渐进入实际应用，甚至曾经被认为是人工智能无法攻克的壁垒——围棋，也已被人工智能攻破。2017年5月，基于深度学习的人工智能机器人AlphaGo，以3比0的总比分战胜了排名第一的世界围棋冠军柯洁，围棋界公认AlphaGo的棋力已经超过人类职业围棋顶尖水平。

这些成绩的背后，都离不开人工智能算法，这些算法的运行需要依赖着强大的硬件平台。本轮人工智能的飞跃发展可以说与硬件算力的提升有着非常密切的联系。因此，从系统的角度理解和学习人工智能是很有意义的，也越来越受到教育界和业界的重视。例如，中国工程院院士李国杰指出"缺乏系统知识和系统思维，学到的知识点就是零碎的，没有打通任督二脉。"国际首个深度学习处理器芯片"寒武纪1号"的创始人、中国科学院计算技术研究所陈云霁研究员等人也在国内开创性地设计了智能计算系统课程。

从概念上来说，所谓智能计算系统，就是智能的物质载体。一个完整的智能体需要从外界获取输入，并且能够解决现实中的某种特定问题（例如弱人工智能），或者能够解决各种各样的问题（强人工智能）。而人工智能算法或代码本身并不能构成一个完整的智能体，必须要在一个具体的物质载体上运行才能展现出智能。

从实现上来看，智能计算系统包括了硬件和软件两大部分，硬件部分是集成了通用中央处理单元（Central Processing Unit，CPU）和智能芯片的异构系统，软件部分一般来说包括了面向开发者的智能计算编程环境，如前端编程语言、深度学习框架和编程平台等。智能计算系统如图1-4-1所示。

智能计算系统的硬件部分一般采用异构系统，即CPU＋智能芯片，这些智能芯片可以是图形处理单元（Graphics Processing Unit，GPU）、张量处理单元（Tensor Processing Unit，TPU）或者寒武纪深度学习处理器等。CPU就像一位"通才"，主要负责通用的计算，擅长处理操作系统和通用应用程序这类拥有复杂指令调度、循环、分支、逻辑判断以及执行等的程序任

软件部分	前端编程语言	Python、C、C++等
	深度学习框架	TensorFlow、Caffe、PyTorch等
	编程平台	CUDA、OpenCL等
硬件部分	异构系统	CPU+GPU/TPU/寒武纪处理器等

图 1-4-1　智能计算系统

务,使得异构系统可以适应多方面的应用;智能芯片更像一位"专才",专门用于人工智能算法的计算,例如矩阵计算等,具有强大的数值计算能力,且能效比较高。在一台智能计算的异构系统中,CPU 和智能芯片各司其职,CPU 主要负责通用计算和系统控制等工作,智能芯片主要集中在高效率、低成本和并行的数值计算,使得异构系统比同构系统拥有了更高的性能和能效。

硬件上的异构设计,为编程带来了挑战和困难。CPU 和智能芯片往往具有着完全不同的指令和特性,编程时需要同时兼顾 CPU 和智能芯片。因此,智能计算系统一般需要提供一套编程环境,以方便开发人员进行高效的人工智能应用程序开发。编程环境可以看做是智能计算系统与程序员之间的一个界面,是衡量系统易用性的重要指标,其优劣直接影响了智能计算系统被用户接纳的程度。编程环境主要包括了前端编程语言、深度学习框架和编程平台三部分。常用的前端编程语言包括 Python、C、C++等,深度学习框架包括 TensorFlow、Caffe 和 Pytorch 等,编程平台包括 CUDA（Compute Unified Device Architecture）、OpenCL（Open Computing Language）等。

1.4.2　智能计算系统发展

伴随着计算机硬件技术和人工智能算法的发展,智能计算系统也得到了长足发展。归纳来说,已有的智能计算系统大致可以分为两代:第一代智能计算系统（以面向符号主义计算系统为代表）和第二代智能计算系统（以面向连接主义计算系统为代表）。此外,业界学者预测,未来出现的下一代智能计算系统有希望将成为强人工智能（通用人工智能）的物质载体。

1. 第一代智能计算系统

第一代智能计算系统,以面向符号主义的计算系统为代表,出现于 1980 年前后。此时正是人工智能发展的第二次热潮,主流的智能编程语言是 Prolog 和 LISP。

第一台 LISP 机 CONS,于 1975 年在 MIT 的 AI 实验室研制成功,它是最早的智能计算系统之一。随后,该实验室于 1978 年发布了第二台 LISP 机 CADR。到了 80 年代中期,美国德州仪器公司（TI）推出了功能更强和计算速度更快的 LISP 机 EXPLOR,并投入国际市场。有些 LISP 机,例如美国的 Symbolics 3600 系统,还实现了以 LISP 为基础的 FORTRAN、PASCAL 和 C 语言,而且可以联成网络。图 1-4-2 展示了 Knight LISP 机和 Symbolics LISP 机。

到了 20 世纪 90 年代初,人工智能第二次热潮消退。由于缺乏实际的应用场景等原因,第一代智能计算系统逐渐退出了历史舞台。

（a）Knight LISP 机　　　　（b）Symbolics LISP 机

图 1-4-2　两款 LISP 机

2. 第二代智能计算系统

第二代智能计算系统，以面向连接主义的计算系统为代表，自 2010 年前后发展至今。第二代智能计算系统形成于人工智能发展的第三次热潮，主要用于深度学习。

自 1999 年，英伟达公司提出了 GPU 概念以来，该公司连续多年推出的多款 GPU 产品不断成为当时的主流智能芯片，为现代人工智能提供了强大的计算能力，广泛应用于图像识别、文本分类、自动驾驶等各个领域，极大地促进了人工智能技术的发展。例如，英伟达推出的 Quadro RTX 2080 和 RTX 3080 等高端 GPU 卡已成为很多小型人工智能工作站的首选智能芯片；Tesla P100 和 Tesla V100 等专业 GPU 卡具有着超高的浮点计算能力和带宽，甚至被部署到很多世界领先的超级计算机中。一般来说，中高端的英伟达 GPU 都支持 CUDA 和 OpenCL 等深度学习编程语言，支持 TensorFlow、Caffe 和 Pytorch 等常见的深度学习编程框架。

区别于英伟达 GPU，谷歌公司在 2015 年推出了针对神经网络的专用芯片——TPU。谷歌 TPU 为优化自身的 TensorFlow 深度学习编程框架而打造，主要用于 AlphaGo 系统，以及谷歌地图、谷歌相册和谷歌翻译等应用中，进行搜索、图像和语音等模型和技术的处理。与 GPU 不同，谷歌的 TPU 是一种专为某种特定应用需求而定制的芯片。据了解，在使用 TPU 之前，AlphaGo 曾部署 1202 个 CPU 和 176 个 GPU，击败欧洲冠军樊麾。直到 2015 年，与李世石对战时，AlphaGo 才开始使用 TPU，而当时仅部署了 48 个。

我国智能计算系统的研究起步较早。中国科学院计算技术研究所于 2008 年开始做人工智能和芯片设计的交叉研究，2013 年和 Inris 共同设计了国际首个深度学习处理器架构——DianNao。随后，该所又研制了国际上首个深度学习处理器芯片"寒武纪 1 号"。图 1-4-3 展示了英伟达 Tesla V100 GPU、谷歌 TPU 和寒武纪深度学习处理器。

<table>
<tr><td>(a) 英伟达 Tesla V100 GPU</td><td>(b) 谷歌 TPU</td><td>(c) 寒武纪处理器</td></tr>
</table>

图 1-4-3　多款智能芯片

近年来,"摩尔定律"已经逐渐失效,通用 CPU 的性能增长缓慢,已经无法达到每 18 个月翻一番的预期增长。但智能计算的需求不断增加,这为智能芯片提供了良好的发展场景。同时,深度学习在各个领域都取得了大量应用,人工智能已经深入人们生活的各个方面。这些都为第二代智能计算系统发展提供了良好的基础和契机。业内专家们预期第二代智能计算系统将长期发展并不断优化。

3. 下一代智能计算系统

第一代智能计算系统以面向符号主义计算系统为代表,第二代智能计算系统以面向连接主义计算系统为代表。这两代智能计算系统都可以看做是面向智能算法的定制化设计。当前已有的人工智能应用还只属于弱人工智能范畴。弱人工智能只能限于使用软件来研究或完成特定的问题或推理任务。

业界学者预测,未来出现的下一代智能计算系统可能将成为强人工智能(通用人工智能)的物质载体。强人工智能是一种具有通用智能的机器的概念,该机器模仿人类的智能或行为,并具有学习和应用其智能来解决任何问题的能力。在任何给定的情况下,强人工智能都可以以人类的方式思考、理解和行动。

然而,业界对于强人工智能的研究也存在着分歧。"寒武纪 1 号"创始人、中国科学院计算技术研究所陈云霁研究员认为:未来的第三代智能计算系统将是一个通用人工智能/强人工智能发育的沙盒虚拟世界,通过接近无限的计算能力来模拟一个逼近现实的虚拟世界,以及在虚拟世界中发育、成长、繁衍的海量智能主体(或者说是人工生命)。然而,南京大学周志华教授认为:对严肃的人工智能研究者来说,如果真的相信自己的努力会产生结果,那就不该去触碰强人工智能。

1.4.3　习题与实践

1. 简答题

(1) 请简述智能计算系统包括哪些部分。

(2) 请简述智能计算系统的历史与展望。

(3) 如果你有数万元的预算,打算购置一台用于深度学习的工作站,你会如何选配硬件?

（4）你认为强人工智能会出现吗？

2. 实践题

请检查你的个人计算机的 GPU 是否支持 CUDA。

实验步骤提示：

- 进入"设备管理器"，如图 1-4-4 所示，检查并记录下 GPU 型号；如果不是 NVIDIA（英伟达）公司产品，则不支持 CUDA，如果是，则继续后续步骤；
- 访问英伟达官网：https://developer.nvidia.com/cuda-gpus，如图 1-4-5 所示，根据 GPU 类别选择展开相应列表，GPU 型号存在列表中即为支持 CUDA。

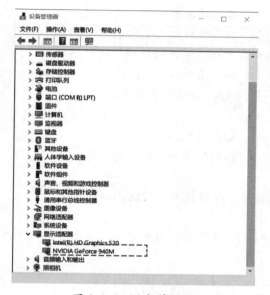

图 1-4-4　设备管理器

图 1-4-5　CUDA 支持产品列表

1.5　综合练习

1.5.1　选择题

1. 人工智能是一门_____。
   A. 数学和生理学学科
   B. 心理学和生理学学科
   C. 语言学学科
   D. 综合性的交叉学科和边缘学科

2. 人工智能的目的是让机器能够_____，以实现某些脑力劳动的机械化。
   A. 具有完全的智能
   B. 和人脑一样考虑问题
   C. 完全代替人
   D. 模拟、延伸和扩展人的智能

3. 人工智能诞生于_____。
   A. 达特茅斯(Dartmouth)
   B. 伦敦(London)
   C. 纽约(New York)
   D. 拉斯维加斯(Las Vegas)

4. 关于人工智能，叙述不正确的是_____。
   A. 人工智能与其他科学技术相结合，极大地提高了应用技术的智能化水平
   B. 人工智能是科学技术发展的趋势
   C. 人工智能是上世纪五十年代才开始的一项技术，还没有得到应用
   D. 人工智能有力地促进了社会的发展

5. 关于人工智能程序，表述不正确的是_____。
   A. 能根据不同环境的感知做出合理行动，并获得最大收益的计算机程序
   B. 任何计算机程序都具有人工智能
   C. 针对特定的任务，人工智能程序具有自主学习的能力
   D. 人工智能程序是模拟人类思维过程来设计的

6. 以下哪个不是人工智能发展过程中的重要事件_____。
   A. 1950 年"图灵测试"的提出
   B. 1980 年专家系统诞生
   C. 1997 年深蓝战胜国际象棋世界冠军
   D. 2010 年苹果第四代手机 iPhone 4 发布

7. 一般来讲，属于人工智能语言的是_____。
   A. VJ
   B. C#
   C. Foxpro
   D. LISP

8. 不属于人工智能的学派是_____。
   A. 符号主义
   B. 机会主义
   C. 行为主义
   D. 连接主义

9. 2017 年 5 月，在中国乌镇围棋峰会上，基于_____的人工智能机器人 AlphaGo 战胜了排名世界第一的世界围棋冠军柯洁。
   A. 人工思维
   B. 模式识别
   C. 深度学习
   D. 专家系统

10. 机器学习是研究如何使用计算机_____的一门学科。
    A. 模拟生物行为　　　　　　　　　　　B. 模拟人类解决问题
    C. 模拟人类学习活动　　　　　　　　　D. 模拟人类生产活动

11. 机器人为了能方便与人交流,利用打手势来表达自己的想法,这是智能的_____。
    A. 思维能力　　　　　　　　　　　　　B. 感知能力
    C. 行为能力　　　　　　　　　　　　　D. 学习能力

12. 不属于人工智能机器感知领域的是_____。
    A. 使机器具有视觉、听觉、触觉、味觉、嗅觉等感知能力
    B. 使机器具有理解文字的能力
    C. 使机器具有能够获取新知识、学习新技巧的能力
    D. 使机器具有听懂人类语言的能力

13. _____主要通过机器思维实现,它使机器能模拟人类思维活动。
    A. 机器智能　　　　B. 人工智能　　　　C. 知识图谱　　　　D. 机器行为

14. 机器学习从不同的角度,有不同的分类方式,以下哪项不属于按系统学习能力分类的类别
    _____。
    A. 监督学习　　　　B. 无监督学习　　　C. 半监督学习　　　D. 函数学习

15. 机器人具有语言识别和理解、文字识别、环境互动的功能,这属于人工智能研究_____
    方面的内容。
    A. 知识工程　　　　B. 机器感知　　　　C. 机器思维　　　　D. 机器学习

16. 智能机器人可以根据_____得到信息。
    A. 思维能力　　　　B. 行为能力　　　　C. 感知能力　　　　D. 学习能力

17. 以下不属于人工智能在计算机视觉领域应用的是_____。
    A. 车站人脸识别进站　　　　　　　　　B. 拍照识别植物
    C. 医疗影像诊断　　　　　　　　　　　D. 实时字幕

18. 物流运输车辆调配属于人工智能在_____技术领域中的应用。
    A. 组合优化　　　　B. 专家系统　　　　C. 智能控制　　　　D. 模式识别

19. 专家系统是以_____为基础,推理为核心的系统。
    A. 专家　　　　　　B. 软件　　　　　　C. 问题　　　　　　D. 知识

20. 人工神经网络的特点和优越性不包括_____。
    A. 自学习功能　　　　　　　　　　　　B. 自动识别功能
    C. 高速寻找优化解的能力　　　　　　　D. 联想存储功能

21. 下列哪个不是人工智能的技术应用领域_____。
    A. 搜索技术　　　　B. 数据挖掘　　　　C. 智能控制　　　　D. 编译原理

22. 不是自然语言处理要实现的目标的是_____。
    A. 理解别人讲的话
    B. 对自然语言表示的信息进行分析概括或编辑
    C. 欣赏音乐
    D. 机器翻译

23. 不是专家系统组成部分的是_____。
    A. 用户　　　　　　B. 综合数据库　　　C. 推理机　　　　　D. 知识库

24. 机器翻译属于_____领域的应用。

    A. 自然语言处理   B. 搜索技术   C. 专家系统   D. 数据挖掘

25. _____与其他三个属于不同人工智能应用领域。

    A. 图像识别与分类   B. 医学影像分析   C. 语音识别   D. 人脸识别

1.5.2　是非题

1. 人工智能的含义最早由图灵于 1950 年提出，同时提出的还有一个机器智能的测试模型，称为图灵测试。

2. 1956 年夏季，麦卡锡、明斯基、香农等科学家在美国达特茅斯学院召开了一个夏季讨论会，在该次会议上，第一次提出了人工智能这一术语。

3. 目前被广泛使用的图像识别技术是行为主义学派的研究成果。

4. 近年来，机器学习算法的广泛应用使人工智能进入高速发展期。

5. 人工智能领域的派系之争由来已久，从人工智能历史来看，对于人工智能的研究主要有符号主义、连接主义和行为主义三家具有代表性的理论学派。

6. 2010 年开始，神经网络、深度学习成为人工智能行业主导，这些 AI 概念出自连接主义学派。

7. 机器学习是研究如何使用计算机模拟或实现人类的学习行为的一门学科。

8. 连接主义(Connectionism)，又称为仿生学派(Bionicsism)或生理学派(Physiologism)，其主要原理为控制论及感知——动作型控制系统。

9. 深度学习是人工智能的核心，是使计算机具有智能的根本途径，它涉及了概率论、统计学、逼近论、凸分析、算法复杂度理论等诸多领域。

10. 大数据时代的知识工程，是使数据产生智慧，完成从数据到信息到知识，最终到智能应用的转变过程。

11. 神经网络是一种模仿动物神经网络行为特征，进行分布式并行信息处理的算法数学模型。

12. 机器感知主要指计算机的表达能力，即模拟人的能力行为，如说话、写字、画画、走路和取物等各种操作。

13. 搜索技术分为盲目搜索和启发式搜索两类。

14. 第二代智能计算系统形成于人工智能发展的第三次热潮，主要用于机器学习。

15. 机器学习是一个流程性很强的工作，其流程包括数据采集、数据清洗、数据预处理、特征工程、模型调优、模型融合、模型验证、模型持久化等。

16. 由智能控制系统独立完成汽车所有驾驶操作称为自动驾驶技术。

17. 城市地铁的列车调度属于人工智能在智能控制技术领域的典型应用。

18. 对数据安全没有特别要求的中小型企业在提供云端人工智能服务时应选择私有云。

本章小结

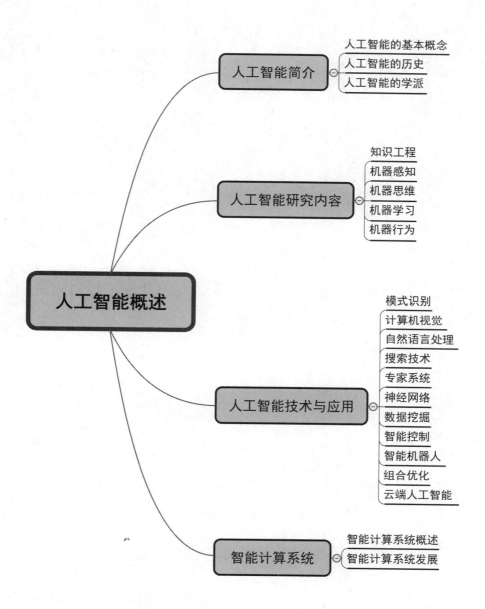

## PART 02

第2章 人工智能体验

＜本章概要＞

人工智能已经渗入到人们生活的各个方面，无处不在。本章将通过云端人工智能体验平台体验人工智能的经典应用，带领读者体会图像识别、人脸识别、文字识别、内容审核、语音识别和内容搜索等人工智能的真实应用场景；通过"华为 ModelArts 人工智能开发平台"体验人工智能开发的流程；通过"腾讯扣叮人工智能实验室"体验人工智能的重要开发语言 Python；最后介绍 Python 语言的科学计算开发环境 Anaconda。

＜学习目标＞

通过本章学习，要求达到以下目标：
1. 了解人工智能的应用场景。
2. 了解人工智能开发平台。
3. 掌握人工智能云服务的使用方法和技巧。
4. 熟悉人工智能开发环境的使用。

2.1 体验人工智能应用

很多公司都提供了云端人工智能体验平台,例如华为 EI 体验空间和百度 AI 开放平台等,可以为用户提供方便快捷的人工智能应用体验。一般来说,在这些体验平台中,可以体验图像识别、人脸识别、文字识别、内容审核、语音识别和内容搜索等人工智能应用,如图 2-1-1 所示。本节将介绍和体验部分经典应用。注意,由于互联网公司的网站和功能等改版频繁,本章包含的描述和图片等内容可能与实际操作存在一定差异。

图像识别　　　人脸识别　　　文字识别　　　内容审核　　　语音识别　　　图像搜索

图 2-1-1　云端人工智能体验平台的应用体验举例

2.1.1　图像识别体验

1. 图像标签

图像标签基于深度学习技术,用于识别图像中的视觉内容。EI 智能体验馆中的图像标签功能支持了数万种物体、场景和概念标签,具备目标检测和属性识别等能力。图像自动标签技术可将相关标签或关键字自动分配给大量图像和视频,减少人工标注的成本,还可用于相册图片自动分类,比如利用标签把图片分为“旅游”和“工作”等类别,方便用户管理相册。此外,识别图像中的场景或者物品,将识别的标签融入推荐系统,可实现个性化准确推送。

例如,搜索并打开微信小程序“EI 体验空间”,找到“图像标签”功能,通过上传图片或者选择已有图片,可以体验图像标签功能。示意图如图 2-1-2 所示,这张城市建筑的风景照片被识别为:建筑 84.3％、城市 84％、高楼 83.5％、高层建筑 83％等,符合实际情况,满足需求。

2. 低光照增强

在现实场景中,由于光线、视角等问题会导致拍摄出来的照片比较阴暗。低光照增强基于信号处理和深度学习技术,针对照明不足的图像存在的低亮度、低对比度和噪声等问题进行处理,通过增强图像暗光区域,凸显图像中有效视觉信息。对光线不足或逆光等因素导致的模糊图像重建出高清图像。低光照增强适用于模糊图像重建高清过程,保持图像内容真实可信,颜色不失真。

例如,在微信小程序“EI 体验空间”中,找到“低光照增强”功能,通过上传图片或者选择已

图 2-1-2　图像标签实例

图 2-1-3　低光照增强实例

有图片,可以体验低光照增强功能。示意图如图 2-1-3 所示,这张傍晚时分拍摄的风景照经过低光照增强处理后,已比较清晰。

3. 图像去雾

雾霾是由空气中的灰尘和烟雾等小颗粒产生的常见大气现象,这些漂浮的颗粒吸收和散射光,导致图片质量下降。受气候影响,视频监控、远程感应和自动驾驶等许多实际应用中拍摄的图像很容易受到雾霾干扰。图像去雾基于信号处理和深度学习技术,提供图像去雾的能力,对雾霾和扬尘等恶劣天气等因素导致的模糊图像,重建出高清图像。

例如,在微信小程序"EI 体验空间"中,找到"图像去雾"功能,通过上传图片或者选择已有图片,可以体验图像去雾功能。示意图如图 2-1-4 所示,这张雾霾天气拍摄的城市交通图片经

图 2-1-4   图像去雾实例

过图像去雾处理后，已比较清晰。

2.1.2   人脸识别体验

1. 人证比对

刷脸验证身份已经成为广泛应用的技术，它使用了人脸检测和人脸比对两个功能。人证比对能快速检测分析两张图片中的人脸信息，分析人脸关键点信息，获取人脸属性，实现人脸的精确比对进行身份核实，适用于火车站、机场和会议等需要人证合一验证的场景，有效节约人力成本。

例如，在微信小程序"EI 体验空间"中，找到"静态人证比对"功能，通过上传人像与身份证照片或者选择已有的图片，可以体验人证比对功能，示意图如图 2-1-5 所示。

图 2-1-5   人证比对实例

2. 客流分析

商场的人流量巨大,智能快速分析客流属性,可为营销策略提供参考。客流分析基于人脸识别、比对和搜索技术,可准确分析顾客年龄、性别等信息,区别新老客户、助力精准营销。支持在海量图片特征库中进行人脸搜索。

例如,在微信小程序"EI 体验空间"中,找到"客流分析"功能,示意图如图 2-1-6 所示。出于隐私的保护和道德的约束,客流分析的商用目前仍是一个有争议话题。

图 2-1-6　客流分析实例

2.1.3　文字识别体验

1. 驾驶证识别

驾驶证识别可以快速完成需要实名认证的场景,降低实名认证成本,准确快捷方便,证件中的关键信息可以自动录入,节省人工录入的成本,提升效率。通过调用华为云驾驶证识别接口,可以识别用户上传的驾驶证图片,提取关键信息和字段,实现轻微事故远程实时处理,无需等待交警到场。

例如,在微信小程序"EI 体验空间"中,找到"驾驶证识别"功能,通过上传驾驶证照片或者选择已有的驾驶证图片,可以体验驾驶证识别功能,示意图如图 2-1-7 所示。

2. 增值税发票识别

增值税发票识别可以识别发票中的关键字段信息,并支持图像翻转、文字错行和盖章干扰等复杂场景。财务报销时,可以快速识别发票中的关键信息,有效缩短报销耗时;发票信息整理时,可以快速录入信息到电脑,方便数据处理。

图 2-1-7 驾驶证识别实例

例如，在微信小程序"EI 体验空间"中，找到"增值发票识别"功能，通过上传增值税发票照片或者选择已有的增值税专用发票图片，可以体验增值税发票识别功能，示意图如图 2-1-8 所示，可以看到发票中的关键信息内容已经被识别并分别显示出来。

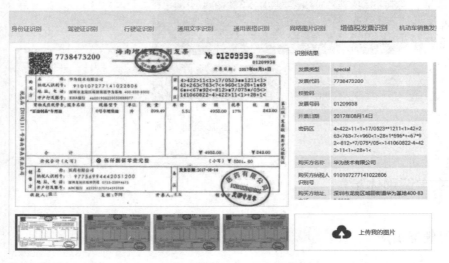

图 2-1-8 增值税发票识别实例

2.1.4 自然语言处理体验

此处以"文本分类"为例进行说明。文本分类用以对文本集按照一定的分类标准进行自动分类标注。例如可以对互联网上的新闻进行分类，也可以根据邮件内容判断邮件是否为广告邮件等。读者可以在"EI 体验空间"等平台自行体验"文本分类"及更多的人工智能应用。

2.1.5　习题与实践

1. 简答题

简述人工智能已经应用到你的生活和学习的哪些方面。

2. 实践题

尝试使用多款人工智能体验平台,体验更多人工智能应用。

2.2 体验人工智能开发*

2.2.1 华为 ModelArts 简介

华为 ModelArts 是面向 AI 开发者的一站式开发平台,能够支撑从数据到 AI 应用的全部开发过程,包括数据处理、模型训练、模型管理和模型部署等操作。面对不同经验的 AI 开发者,ModelArts 提供了多种开发和使用流程。比如,面向简单应用的开发者,他们不需关注模型或编码,可直接使用 ModelArts 自动学习功能,快速构建 AI 应用;面对专业工程师,ModelArts 还提供了多种开发环境、操作流程和模式,可以构建模型和实现算法。

本节将介绍 ModelArts 自动学习功能。ModelArts 自动学习是一种帮助人们实现 AI 应用的低门槛、零代码的定制化模型开发工具。ModelArts 自动学习功能可以根据标注数据,自动设计模型、自动调参、自动训练、自动压缩和部署模型,然后用户可以直接通过网页访问部署的模型,直接使用完成训练的人工智能服务。开发者无需专业的开发基础和编码能力,只需上传数据,通过自动学习界面引导和简单操作即可完成模型训练和部署。注意,ModelArts 的实验可能需要一定的费用,用于存储、训练和部署等。不同的资源规格有着不同的收费标准和服务。华为公司也提供了一些免费资源,实验时可以选择使用。

1. ModelArts 自动学习的操作流程

使用 ModelArts 自动学习功能开发 AI 模型不需要编写代码,只需要上传数据、创建项目、完成数据标注、发布训练,然后将训练的模型部署上线。ModelArts 自动学习的完整流程参见图 2-2-1。

图 2-2-1 自动学习操作流程

• 准备数据:登录对象存储服务 OBS,创建 OBS 桶,将训练数据上传至 OBS 桶,或者创建好将要存放数据集和训练模型的文件夹;
• 创建项目:填写项目名称,数据集名称,选择数据集输入和输出的位置;
• 数据标注:对未标注的数据添加标签、或者修改标签;
• 自动训练:设置部分训练相关参数,开始自动训练;
• 部署上线:部署模型,用测试数据测试训练结果。

2. ModelArts 自动学习支持任务

ModelArts 的自动学习功能强大,支持计算机视觉领域的图像分类物体检测任务,自然语言处理领域的文本分类任务，以及传统机器学习领域的预测分析任务等。

● 图像分类（Image Classification）是最常用的分类问题。模型的输入为图片数据集，输出值为当前样本属于每个类别的概率，选择概率最大的类别作为样本的预测类别。对于人类而言，图像分类是简单任务，但对于计算机视觉算法，物体视角、尺度、遮挡、光照条件和类内差异都导致了巨大的困难和挑战。图像分类技术可用于商品的自动分类、运输车辆识别和残次品的自动分类等。例如，对于产品质量检查的场景，可以通过上传产品图片，将图片标注为"合格"和"不合格"，实现产品的质检。

● 物体检测（Objection Detection）找出图像中感兴趣的物体，并确定物体的位置、大小和形状。由于不同物体的形状、姿态和光照等存在很大差异，因此物体检测一直是计算机视觉领域非常有挑战性的问题。物体检测在很多领域中有着强烈的应用需求，例如，人脸检测在人流量统计、自动驾驶中具有重要地位；医学图像中肿瘤等病变部位检测可实现诊断的自动化，进而为病人提供优质、及时的治疗。

● 预测分析（Predictive Analysis）预测输入变量（自变量）和输出变量（因变量）之间的关系。例如，基于监督学习的预测分析，利用带标签的数据，可以学习一个函数或者神经网络，从而将输入变量映射为相应的输出变量。许多学科领域的任务都可以看成是预测问题，例如，经济领域可以用预测分析模型实现房价预测和市场趋势分析等。

● 文本分类（Text Classification）可将一段文本划分到某个类别中。文本的形式通常有标题、句子、商品评论和文章段落等。文本分类是自然语言处理领域非常经典的问题，可用于新闻主题分类、情感分析、垃圾邮件的判定、商品评论和影视评论的分类等。

2.2.2　华为云简介

1. 注册与认证

(1) 注册华为云账号

在使用华为云服务之前需要注册华为云账号。进入华为云官网首页（https://www.huaweicloud.com），单击右上角的"注册"，填入电话号码、短信验证码和密码完成账号注册。注册成功后使用已注册账号登录到华为云，如图 2-2-2。

图 2-2-2　华为云账户页面

（2）认证华为云账户

首次登录时，需要完成"实名认证"才可以正常使用服务。进入华为云首页，光标移至右上角账号名时，弹出下拉框中，提示"未实名认证"，如图 2-2-2 所示。单击"账户中心"，进入"账号中心"页面，如图 2-2-3 所示。单击左侧导航栏中"实名认证"，选择"个人账号"类型，根据页面引导提示完成实名认证，认证类型中推荐使用"扫码认证"，打开手机扫描二维码，按照引导可以快速完成认证。

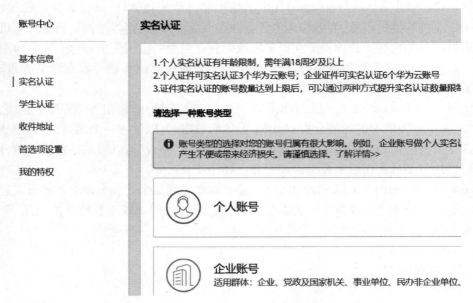

图 2-2-3　华为云注册实名认证

（3）配置访问授权

华为云官网首页最上方搜索框中输入"ModelArts"，实时搜索结果中选择"控制台"，如图 2-2-4 所示。如果首次访问 ModelArts 控制台，则在"实名认证"或者"访问授权"后有警告提示，如图 2-2-5 所示。单击"访问授权"进入授权设置页面。

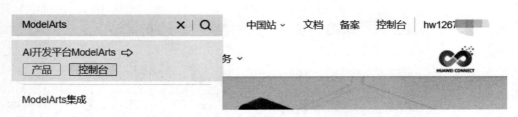

图 2-2-4　搜索 ModelArts

在访问授权中，设置授权方式为"使用委托"，用户名默认已填入当前账户，单击"委托"选项框后面的"自动创建"按钮自动填入委托选项，然后勾选"我已详细阅读并同意《ModelArts 服务声明》"，点击"同意授权"即可完成授权，如图 2-2-6 所示。

图 2-2-5　ModelArts 控制台提示访问授权页面

访问授权

您可以通过委托授权ModelArts访问OBS、SWR、IEF等依赖服务。使用委托您可以更精细的控制授权的范围。 如何创建委托？　如何获取访问密钥？

授权方式　　[使用委托]　[使用访问密钥]

* 用户名　　[hw12673201　　▼]　C

* 委托　　　[modelarts_agency　▼]　C　[自动创建]　到IAM手动创建

☑ 我已经详细阅读并同意《ModelArts服务声明》

[同意授权]　[取消]

图 2-2-6　访问授权设置

2. 华为云的对象存储服务

　　如果把云服务器看成是一台远程电脑，那么则需要在远程电脑上安装(分配)存储空间才能存储数据。对象存储服务(Object Storage Service，OBS)是一个基于对象的海量存储服务。桶是 OBS 中存储对象的容器，存储数据前，首先需要创建一个桶，然后在这个桶内存储数据。每个桶有自己的存储类别，访问权限和所属区域等属性，用户在互联网上通过桶的访问域名来定位桶。

　　ModelArts 使用 OBS 进行数据存储以及模型备份。因此，在使用 ModelArts 之前，需要创建一个 OBS 桶，然后在 OBS 桶中创建文件夹用于存放数据。下面开始介绍创建 OBS 桶操作。

（1）进入对象存储服务 OBS 控制台

使用浏览器访问华为云官网首页（https://www.huaweicloud.com），如图 2-2-7 所示，单击右上角"控制台"，跳转到控制台页面。

图 2-2-7　华为云首页控制台入口　　　　　图 2-2-8　华为云区域选择

在控制台页面，如图 2-2-8 所示，首先进行区域选择，以使用华为不同地理位置的资源，比如位于上海则可选择"上海一"区域。目前，"北京四"区域提供了免费 GPU 训练和免费 CPU 部署资源（OBS 存储不免费，但价格较低廉），也可以选择该区域以便后续使用这些免费资源。注意记住此处的区域选择，并保持下文配置中各处区域一致，否则可能会出现无法找到资源的情况。

然后，鼠标单击或者悬停页面左上方的 ☰ 图标，将弹出华为云"服务列表"清单，如图 2-2-9 所示，选择"存储"目录下的"对象存储服务 OBS"并单击，进入如图 2-2-10 所示的 OBS 管理控制台。

图 2-2-9　华为云服务列表

图 2-2-10　对象存储服务 OBS 控制台界面

(2) 创建桶

在图 2-2-10 所示的管理控制台左侧导航栏选择"桶列表",然后单击页面右上角"创建桶",跳转至图 2-2-11 所示的创建桶页面。

图 2-2-11　创建桶的参数

在创建桶页面中,填写配置所需的相关参数:

- 桶所属"区域",应保持与前文中的选择一致,比如选择"上海一"区域或"北京四"区域;
- "桶名称"要符合规定的命名规则,尽量用小写字母、数字和连字符,且需全局唯一,不能和已有的任何桶名称重复,包括其他用户创建的桶名称;
- 其余配置保持默认。

人工智能基础（第二版）

配置完毕后，单击"立即创建"跳转回华为云对象存储服务 OBS 控制台页面，如图 2-2-12 所示，在"桶名称"列表中可看到成功创建的桶。

图 2-2-12　创建桶成功后的桶列表

（3）上传文件至桶

在桶列表中，单击要存储文件的桶名称，如图 2-2-12 所示。例如，单击刚才创建的桶"my-obs-bucket01"，进入桶"my-obs-bucket01"的"概览"页面，然后在左侧导航栏中单击"对象"，进入桶的"对象"管理页面，如图 2-2-13 所示。

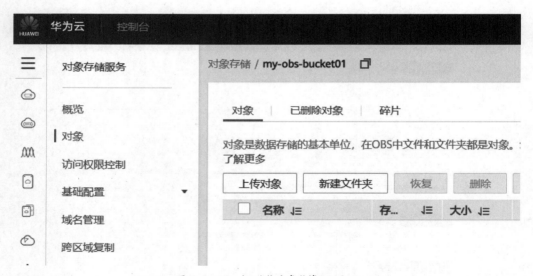

图 2-2-13　桶的"对象"管理页面

单击"新建文件夹"，填入文件夹名，例如"data"，创建空白文件夹。可根据需要创建多个文件夹用于将来存储数据。

单击新建的文件夹"data"，进入该文件夹中，单击"上传对象"，弹出图 2-2-14 所示上传文件页面。存储类别默认选择为"标准存储"，单击 OBS 图标下方的"添加文件"，弹出本地电脑的文件管理器，选择想要上传的本地文件，选定文件后，可根据需要选择"移除"或者继续"添加文件"操作，添加完毕后，点击页面下方的"上传"按钮即可完成本地文件上传。

完成添加文件后，返回文件列表页面，如图 2-2-15 所示，可以看到已经成功上传了一个大小为 30.55 KB 的"boston_house_prices_train.csv"文件。

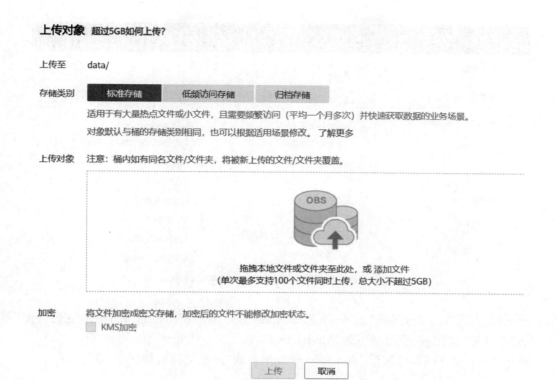

图 2-2-14　上传文件页面

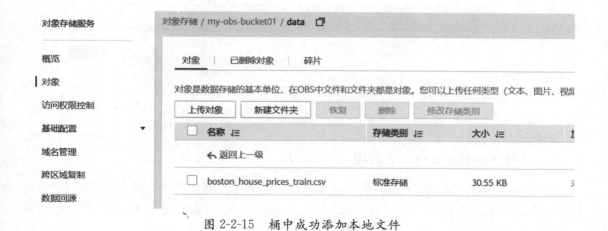

图 2-2-15　桶中成功添加本地文件

2.2.3　ModelArts 自动学习简介

1. 进入 ModelArts 控制台

打开华为云 ModelArts 的方式和打开对象存储服务 OBS 方式一样。

在华为云官网首页(https://www.huaweicloud.com),单击"控制台"进入管理控制台,然

图 2-2-16　选择 ModelArt 服务进入控制台

后选择区域（与前文一致，选择"上海一"或"北京四"），单击最左上方的 ☰ 图标，在展开的"服务列表"中找到"人工智能"目录下的"ModelArts"，如图 2-2-16 所示。

单击 ModelArts 后，跳转至 ModelArt 开发平台的"总览"页面，如图 2-2-17 所示。

图 2-2-17　ModelArts"总览"页面

2. 选择 ModelArts 自动学习项目

在"总览"界面可按"新手入门"引导完成自动学习物体检测的应用。单击导航栏左侧"自动学习"，进入到图 2-2-18 所示界面，列表是当前 ModelArts 自动学习可实现的任务，包括图

图 2-2-18　自动学习项目任务页面

像分类、物体检测、预测分析、声音分类和文本分类。

2.2.4　ModelArts 自动学习项目实例

1. 基于 ModelArts 的图像分类

例 2-2-1　本题解决一个计算机视觉领域的图像二分类问题。使用 ModelArts 自动学习功能,利用混合猫和狗的图片的数据集,自动训练出一个可识别猫和狗类别的图像分类模型,在建立的模型上对测试数据上多张未标记的猫和狗图片进行推断分类。以下为实验步骤。

(1) 数据文件夹准备

根据"华为云的对象存储服务"介绍,进入华为云对象存储服务 OBS 的控制台,单击导航栏左侧的"桶列表",单击选择右侧"桶名称"列表下的想要存储数据的桶,跳转页面后,单击页面左侧导航栏的"对象"。在桶中自主命名建立两个文件夹,用于后续步骤中选择数据集输入和数据集输出位置。

以图 2-2-19 为例,在"my-obs-bucket01"桶下,创建了名为"image-data-input"和"image-data-output"的两个文件夹。补充说明:数据文件可在本步骤中就上传到数据集的输入文件夹,也可以在数据标注阶段再上传。为简化操作,本节选择后面的上传方式,因此本步骤中只创建两个空文件夹即可。

图 2-2-19　创建数据集输入位置和数据集输出位置的文件夹

(2) 项目创建

单击 ModelArts 的自动学习项目任务页面中图像分类下的"创建项目"按钮,创建图像分类项目,跳转至图 2-2-20 所示配置页面。

图 2-2-20　图像分类项目配置

　　按命名规范输入"名称"和"数据集名称"，推荐采用有意义的名称，如"exeML-image-class"和"dataset-dog-and-cat"；数据集来源选择"新建数据集"；分别单击"数据集输入位置"和"数据集输出位置"后的文件夹图标，选择在数据准备阶段创建的数据集输入文件夹、数据集输出文件夹。注意："数据集输出位置"不能与"数据集输入位置"为同一路径，且不能是"数据集输入位置"的子目录。配置完毕后单击右下角"创建项目"，进入如图 2-2-21 所示的"数据标注"阶段。

图 2-2-21　添加本地训练图片

(3) 数据上传与标注

如图 2-2-21 所示，单击"未标注"子卡中的"添加图片"按钮，弹出本地文件管理器，打开目录"配套资源\第 2 章\图片分类\train\cats"，选择至少 20 张猫类别图片，点击"打开"按钮，添加选中图片。添加成功后查看未标注图片数，全选未标注图片，在右侧"标签名"栏填写对应的"cat"标签，单击"确定"完成猫类别图片的数据标注，如图 2-2-22 所示。

图 2-2-22　猫类别图片标注

重复上述导入本地电脑图片的步骤，导入目录"配套资源\第 2 章\图片分类\train\dog"下的至少 20 张狗类别图片，在右侧"标签名"栏填写对应的"dog"标签，单击"确定"完成狗类别图片的数据标注，如图 2-2-23 所示。

图 2-2-23　狗类别图片标注

(4) 自动训练

确定对所有的图片完成标注且每个标签下至少有 20 张图片后，点击如图 2-2-24 所示页面右上方的"开始训练"按钮，弹出如图 2-2-25 所示的"训练设置"对话框。

训练设置中，无特殊需求可全部采用默认设置。部分设置参数说明如下：

● "数据集版本名称"，自动学习项目中，启动训练作业时，会基于前面的标注数据，将数据集发布为一个版本，系统自动给出版本号，也可根据实际情况填写；

● "训练验证比例"，表示已标注样本随机分为训练集和验证集的比例，默认训练集占 80%，验证集占 20%；

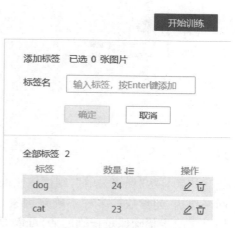

图 2-2-24　标注完成

训练设置

★ 数据集版本名称	V001
训练验证比例 ⑦	训练集比例： 0.8 ⑦
	验证集比例： 0.2
增量训练版本 ⑦	不选择版本 ⌄
预期推理硬件	NV_P4 ⌄
最大推理时长（毫秒）	300
最大训练时长（小时）	1.0
计算规格	增强计算型1实例-自动学习（GPU） ⌄

配置费用 ▇▇▇ ⑦   下一步

图 2-2-25　训练参数设置

- "最大推理时长"，模型推理单张图片所用时间，与模型复杂度成正比。
- 最大训练时长，模型最长训练时间。超时还未完成训练，则终止训练。
- 计算规格，不同计算规格对应不同计费和服务。目前，"北京四"区域提供了免费的GPU训练资源可供选择。

（5）完成训练

训练设置完成后，单击"下一步"，按照引导继续点击"提交"，即开始模型的自动训练。在"模型训练"页中，待训练状态由"运行中"变为"模型发布中"，最后变为"已完成"，则自动训练完成，如图 2-2-26 所示。

图 2-2-26　模型训练结果

如果显示"训练失败"，则请依照操作步骤检查相关操作。此外，由于自动学习的过程涉及网络架构、超参数等多种不确定因素，因此也存在 ModelArts 自身未能成功训练的可能性。如果之前步骤确保是正确的话，可以尝试重新训练。

训练完成后可以在界面中查看训练详情,如"准确率"、"评估结果"、"训练参数"和"分类统计表"等。

(6) 模型部署

训练成功后,可在"模型训练"页签中点击"部署",开始将模型部署上线为在线服务。在弹出的"部署"对话框中,选择资源规格,同时设置在线服务自动停止的时间,如图 2-2-27 所示,然后单击"下一步",启动部署。目前,"北京四"区域提供了免费的 CPU 部署资源可供选择。但免费的部署资源仅允许一份部署,后续实验部署时需删除之前的部署。

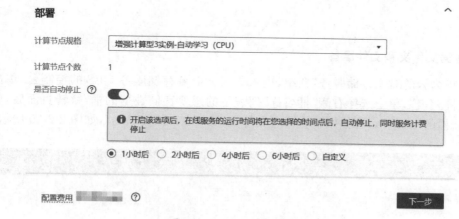

图 2-2-27　设置部署参数

(7) 服务测试

在"部署上线"的版本管理区域会显示部署状态,当状态由"部署中"变更为"运行中"时,部署完成,如图 2-2-28 所示。

在"服务测试"中,单击"上传"按钮,选择目录"配套资源\第 2 章\图片分类\eval\"中的任意一张图片,作为预测照片,然后单击"预测"按钮开始进行预测,预测完成后即可得到图 2-2-29 所示的预测结果。图中可以看到,对于上传的狗类别图片,正确识别为"dog"类,且预测为狗类别的得分(即概率)为 0.838,远高于预测为猫类别的得分(即概率)0.162。

图 2-2-28　服务测试

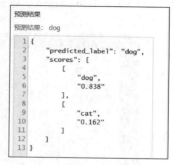

图 2-2-29　预测结果

如果预测结果不满足预期,可在"数据标注"页签中增加数据量,重新训练和部署。

2. 基于 ModelArts 的预测分析

例 2-2-2 城镇房屋的价格受城市犯罪率、空气质量、人口比例等多种因素的影响，而不同的因素对于房屋价格的影响权重也不相同。通过回归建立房价影响因素（自变量）和房价（因变量）之间的关系模型，可对房价变化进行预测。在波士顿房价数据集中，房价由 13 个因素决定。使用 ModelArts 自动学习功能，利用波士顿房价数据集，如图 2-2-31 所示，自动训练出一个可预测房价的预测模型，输入测试数据到训练完成的模型上进行房价预测。以下为实验步骤。

（1）数据文件夹和文件准备

根据"华为云的对象存储服务"介绍，进入华为云对象存储服务 OBS 的控制台，单击导航栏左侧的"桶列表"，单击选择右侧"桶名称"列表下的想要存储数据的桶，跳转页面后，单击页面左侧导航栏的"对象"。在桶中自主命名文件夹，如"predictive-data"，如图 2-2-30 所示。

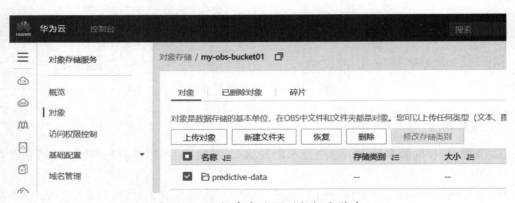

图 2-2-30　新建存放预测数据文件夹

进入新创建的文件夹"predictive-data"中，点击"上传对象"，按照操作提示，上传本地文件"配套资源\第 2 章\预测分析\boston_house_prices_train.csv"到"predictive-data"的文件目录下。boston_house_prices_train.csv 文件不大，可以直接用 Excel 打开查看，如图 2-2-31 所示。

	A	B	C	D	E	F	G	H	I	J	K	L	M	N
1	0.00632	18	2.31	0	0.538	6.575	65.2	4.09	1	296	15.3	396.9	4.98	24
2	0.02731	0	7.07	0	0.469	6.421	78.9	4.9671	2	242	17.8	396.9	9.14	21.6
3	0.02729	0	7.07	0	0.469	7.185	61.1	4.9671	2	242	17.8	392.83	4.03	34.7
4	0.03237	0	2.18	0	0.458	6.998	45.8	6.0622	3	222	18.7	394.63	2.94	33.4
5	0.06905	0	2.18	0	0.458	7.147	54.2	6.0622	3	222	18.7	396.9	5.33	36.2
6	0.02985	0	2.18	0	0.458	6.43	58.7	6.0622	3	222	18.7	394.12	5.21	28.7
7	0.08829	12.5	7.87	0	0.524	6.012	66.6	5.5605	5	311	15.2	395.6	12.43	22.9
8	0.14455	12.5	7.87	0	0.524	6.172	96.1	5.9505	5	311	15.2	396.9	19.15	27.1
9	0.21124	12.5	7.87	0	0.524	5.631	100	6.0821	5	311	15.2	386.63	29.93	16.5
10	0.17004	12.5	7.87	0	0.524	6.004	85.9	6.5921	5	311	15.2	386.71	17.1	18.9

图 2-2-31　波士顿房价数据集部分内容

该数据集中包含了美国人口普查局收集的美国马萨诸塞州波士顿住房价格的有关信息，共有 14 个属性（即 14 列），分别为：

- A 列：CRIM，城镇人均犯罪率；
- B 列：ZN，占地面积超过 25 000 平方英尺的住宅用地比例；
- C 列：INDUS，每个城镇非零售业务的比例；
- D 列：CHAS，查理斯河虚拟变量（如果边界是河流则为 1，否则为 0）；
- E 列：NOX，一氧化氮浓度（每千万份）；
- F 列：RM，每间住宅的平均房间数；
- G 列：AGE，1940 年以前建造的自有住房屋比例；
- H 列：DIS，到波士顿五个中心区域的加权距离；
- I 列：RAD，辐射性公路的接近指数；
- J 列：TAX，每 10 000 美元的全值财产税率；
- K 列：PTRATIO，城镇师生比例；
- L 列：B，$1000 \times (Bk - 0.63)^2$，其中 Bk 是城镇黑人的比例；
- M 列：LSTAT，人口中地位低下者的比例；
- N 列：MEDV，自有住房的中位数报价（以千美元计）。

（2）项目创建

单击自动学习项目任务页面中预测分析下的"创建项目"按钮，创建预测分析项目，进入如图 2-2-32 所示的预测分析项目参数配置页面。

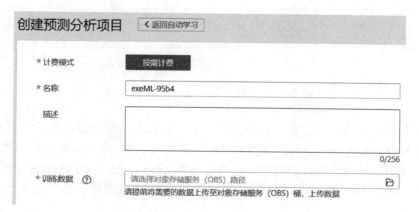

图 2-2-32　预测分析项目配置

预测分析项目参数设置中，可按命名规范自定义项目"名称"；单击"训练数据"后的文件夹图标，选择在数据准备阶段上传到相应 OBS 桶的目录下的 CSV 格式数据文件，如图 2-2-33 所示，选定数据文件后，单击"确定"完成项目参数设置。

（3）数据标注

参数设置完毕以后，按照引导，单击右下角的"项目创建"按钮。跳转到图 2-2-34 所示的数据标注页面。

波士顿房价数据集的前 13 列包含了影响房价的 13 种因素，为自变量数据（预测输入变

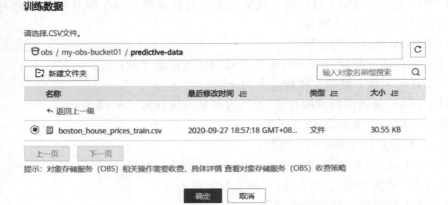

图 2-2-33　训练数据上传路径选择

图 2-2-34　预测目标项目的数据标注

量），而第 14 列包含了房价中位数，为因变量数据（预测输出变量），因此选择"attr_14"列为"标签列"。标签列数据是房价中位数，是连续数据，不是离散数据，因此标签数据类型只能选择为"连续数值"，预测分析将训练回归模型。设置完毕后，单击表格下方的"训练"按钮开始训练。提醒：标签列不选定为"attr_14"，或者标签列数据类型为"离散数值"，都可能导致训练失败。

（4）自动训练

使用默认的训练设置参数完成训练设置。点击"提交"开始训练任务，如图 2-2-35 所示。开始训练后在版本管理框中显示为"训练中"，如图 2-2-36 所示，此训练时间较长，请耐心等待。待训练完成后，变为"已完成"则说明训练成功，如图 2-2-37 所示。目前，华为未提供针对"预测分析"的免费训练资源。

（5）完成训练

训练完成后，可以在完成界面中查看训练详情，本训练为连续数值评估结果，如图 2-2-38 所示，评估值为"MAE"（平均绝对误差）、"MSE"（均方误差）和"RMSE"（均方根误差）。三个误差值能够表征真实值和预测值之间的差距。评判一个模型好坏的方法就是看这三个误差值

训练设置

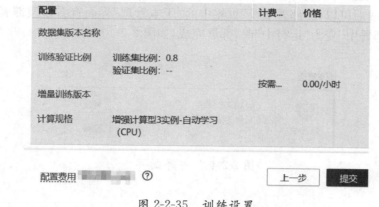

图 2-2-35 训练设置

图 2-2-36 预测模型训练中   图 2-2-37 预测模型训练完成

评估结果

mae ⑦	mse ⑦	rmse ⑦
0.11236765384674073	0.02703531440941713	0.16442419046301288

图 2-2-38 连续数值预测模型评估结果

是否变小,一般来说,误差值越小表示模型越好。

(6) 模型部署

完成模型训练后,可选择准确率理想且训练状态为"运行成功"的版本部署上线,如图 2-2-37 所示,点击"部署"按钮。在弹出的部署对话框中(如图 2-2-39 所示),选择部署上线使用的

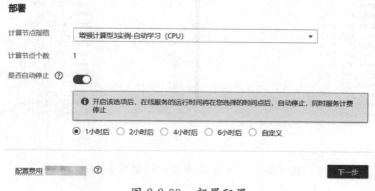

图 2-2-39 部署配置

"资源规格"，然后单击"下一步"开始将模型部署上线为在线服务。目前，"北京四"区域提供了免费的 CPU 部署资源可供选择。

启动部署上线后可以在"部署上线"页签中的"版本管理"界面查看模型部署上线的状态，当管理状态由"部署中"变为"运行中"时，部署完成，如图 2-2-40 所示。

图 2-2-40　部署成功

(7) 服务测试

在"部署上线"页面，选择管理状态为"运行中"的服务版本，在"服务测试"的"代码"区域，输入调试代码进行预测。相关调试代码存放在"配套资源\第 2 章\预测分析\test_data"文件夹中，该文件夹中包含了 54 组调试代码段，可选择任意一组复制到网页中进行预测测试。提醒：从"test_xx. txt"文件中复制的代码段，粘贴到网页后，需要将"attr_14"的值设置为空（即两个英文双引号）。

点击"预测"按钮，将会在"返回结果"区域中的"predictioncol"行查看预测结果，将其与正确的"attr_14"列数据进行比较。如图 2-2-41 所示，预测值为"16.9"，而其实际值为"15.2"。

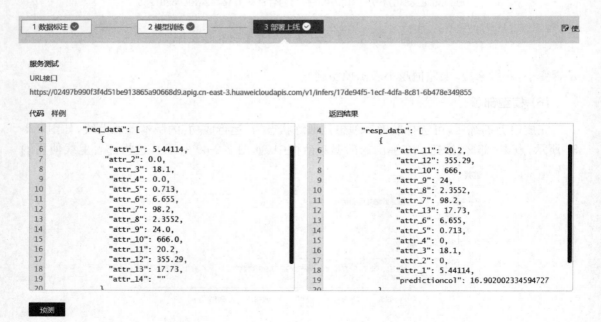

图 2-2-41　连续数值预测模型服务测试

3. 基于 ModelArts 的文本分类

例 2－2－3 互联网上每天产生海量的新闻文本信息，根据新闻标题给新闻文章一个类别具有重要意义。使用 ModelArts 自动学习功能，采用"配套资源\第 2 章\文本分类"中的数据集（包含教育、财经、政治和社会四个主题的新闻标题若干条），自动训练出一个根据新闻标题进行文本分类的模型，在输入新的新闻标题时进行主题自动分类。以下为实验步骤。

(1) 数据文件夹准备
根据"华为云的对象存储服务"介绍，进入华为云对象存储服务 OBS 的控制台，单击导航栏左侧的"桶列表"，点击选择右侧"桶名称"列表下的想要存储数据的桶，跳转页面后，单击页面左侧导航栏的"对象"。

点击"新建文件夹"，分别建立名为"THU-news-out"和"THU-news"的文件夹，如图 2-2-42 所示。

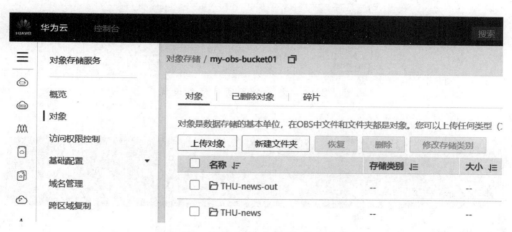

2-2-42 新建存放文本分类文件夹

(2) 项目创建
单击自动学习项目任务页面中文本分类下的"创建项目"按钮，创建文本分类项目，进入如图 2-2-43 所示的文本分类项目参数配置页面。

按命名规范输入"名称"和"数据集名称"；数据集来源选择"新建数据集"；分别单击"数据集输入位置"和"数据集输出位置"后的文件夹图标，选择在数据准备阶段创建的数据集输入文件夹"THU-news"、数据集输出文件夹"THU-news-out"；在添加标签集选项中依次添加教育、时政、财经和社会类标签，可选择不同的标签颜色加以区分。

配置完毕后单击右下角"创建项目"。进入如图 2-2-44 所示的"数据标注阶段"。

(3) 数据上传与标注
如图 2-2-44 所示，单击"未标注"子卡中的"添加文件"，弹出本地文件管理器，选择"配套

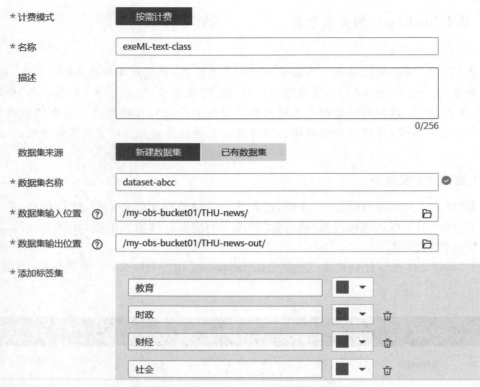

图 2-2-43 文本分类项目参数设置

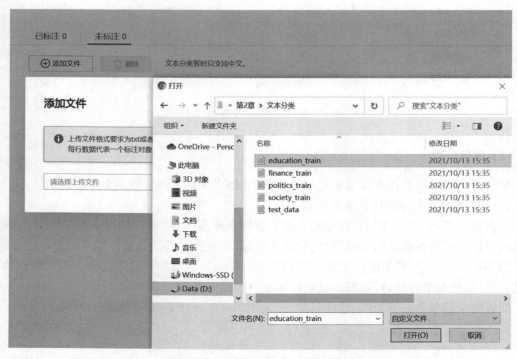

图 2-2-44 添加文本分类数据

资源\第 2 章\文本分类\education_train. txt",点击"打开",上传教育类别的文本数据。添加完成后,进入图 2-2-45 所示页面。

图 2-2-45　标注教育类文本数据

在图 2-2-45 中可以看到前面步骤中已经添加的"财经"、"时政"、"教育"和"社会"四个标签。在左侧的标注对象列表中,选择上传的每一行文本,单击右侧标签集中的"教育"标签,对其进行标注。行末显示"未保存"字样则表示该行文本已标注(但尚未保存),当列表页中当前页的所有文本行都标注完后,单击页面底部的红色按钮"保存当前页",然后再进行下一页的标注。直到全部"教育"类数据标注完成。

重复以上步骤,完成"配套资源\第 2 章\文本分类"目录下的其余三个文本文件 finance_train. txt(财经类)、politics_train. txt(时政类)和 society_train. txt(社会类)中的数据上传和标注。例如,财经类文本标注"财经"类标签如图 2-2-46 所示。注意:为减少标注量,可用记事本打开每个类别的 txt 文件,删除一定行数的数据,但至少要保留 20 行文本。

图 2-2-46　标注财经类文本数据

（4）自动训练

确定标注完成且每个标签类中文本数量至少为 20 个，单击如图 2-2-47 所示页面右上方的"开始训练"按钮，弹出如图 2-2-48 所示的"训练设置"对话框。目前，"北京四"区域提供免费的 GPU 训练资源可供选择。

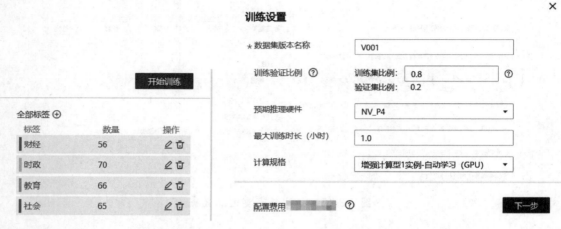

图 2-2-47　四个主题的数据标注完成　　　　图 2-2-48　文本分类训练设置

训练设置中，配置参数选择默认设置即可。参数设置完成后，点击"下一步"进行模型的自动训练。训练时间相对较长，请耐心等待。

（5）完成训练

在"模型训练"页中，版本管理框中的训练状态由"运行中"变为"已完成"，即完成了模型的自动训练。训练完成后，可在完成界面中查看训练详情，如"评估结果"、"训练参数"和"分类统计表"等，如图 2-2-49 所示。

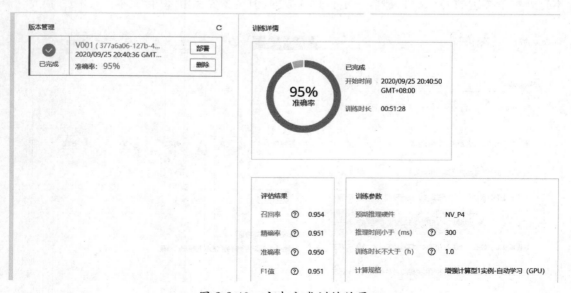

图 2-2-49　文本分类训练结果

(6) 模型部署

训练状态为"已完成"以后，单击版本管理区域中的"部署"，开始将模型部署上线。在弹出的"部署"对话框中，选择资源规格，同时设置在线服务自动停止的时间，如图 2-2-50 所示。目前，"北京四"区域提供免费的 CPU 部署资源可供选择。

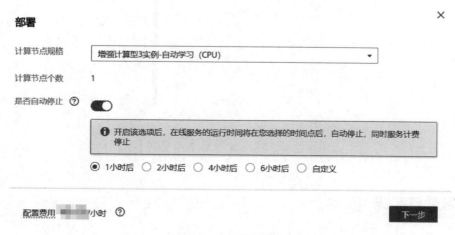

图 2-2-50　部署设置

启动部署上线后，可以在"部署上线"界面查看模型部署上线的状态，部署上线将耗费较长时间。当"部署上线"页中的管理区域的状态由"部署中"变更为"运行中"，部署完成，如图 2-2-51 所示。

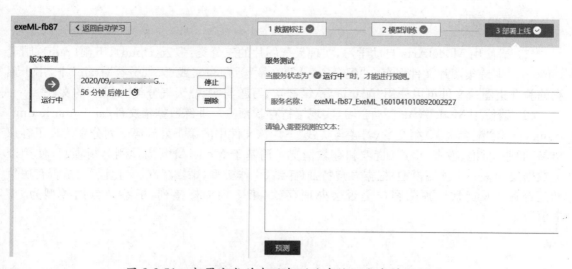

图 2-2-51　部署完成并在服务测试中输入文本进行预测

(7) 服务测试

部署完成后，在"服务测试"文本框中输入想要测试的语句，或者打开测试文件"配套资源\第 2 章\文本分类\test_data.txt"，复制其中的任意一行文本（新闻标题），粘贴到"服务测试"

文本框中，单击"预测"按钮，得到如图 2-2-52 所示的预测结果。根据输入内容的不同，结果有所不同。

预测结果：···

```
 1  {
 2      "predicted_label": "时政",
 3      "scores": [
 4          [
 5              "时政",
 6              "0.968"
 7          ],
 8          [
 9              "社会",
10              "0.012"
11          ],
12          [
13              "教育",
14              "0.010"
15          ],
```

图 2-2-52　文本分类服务测试结果

2.2.5　习题与实践

1. 简答题

（1）请简述 ModelArts 自动学习的操作流程包含哪些阶段。

（2）对于图像分类，如果将二分类（如猫狗识别）扩展到多分类，可能存在哪些应用场景？

（3）请简述文本分类技术可以应用到哪些应用场景中。

2. 实践题

（1）请使用 ModelArts 自动学习，实现天气图片的三分类：多云（cloud）、下雨（rain）、晴天（shine）。训练集图片文件保存在"配套资源\第 2 章\习题与实践\天气分类\train"下，用于预测的验证集图片文件可以使用"配套资源\第 2 章\习题与实践\天气分类\val"下的文件。

（2）请使用 ModelArts 自动学习，实现银行存款预测。训练数据集文件 bank_marketing_train.csv 在"配套资源\第 2 章\习题与实践"下。该文件中的第 1 列到第 7 列分别代表了客户年龄、职业、婚姻、教育、房产、贷款和存款情况。请基于 ModelArts 的预测分析项目，使用以上数据集训练一个预测模型，根据客户特征（年龄、工作类型、婚姻状况、文化程度、是否有房贷和是否有个人贷款），预测客户是否会办理存款（第 7 列为标签列，标签列数据类型为"离散值"）。

2.3　体验人工智能编程语言

2.3.1　扣叮人工智能实验室简介

"腾讯扣叮人工智能实验室"是一个面向人工智能开发的在线编程平台,同时支持代码编程与积木编程两种形式。代码编程服务中,可以在线编写 Python 代码,并在线编译运行,无需在本地计算机上安装任何软件;积木编程服务中,不仅提供基于 Python 基础语法的积木语句块,还提供人工智能算法中常用的张量、层和模型等概念的积木语句块。此外,扣叮人工智能实验室还可以根据语音识别、姿态侦测和图像预测等任务,扩展相应的积木语句块。

1. 登录并选择实验模式

使用浏览器访问腾讯扣叮网站(https://coding.qq.com),如图 2-3-1 所示。单击右上角的"登录",选择合适的登录方式完成登录。腾讯扣叮当前支持扣叮账户、QQ、微信和腾讯教育号四种方式登录。单击右上角的"立即创作"中"人工智能实验室"选项,进入腾讯扣叮人工智能实验室的在线编程页面。

图 2-3-1　腾讯扣叮首页登录界面

腾讯扣叮人工智能实验室提供两种模式:浏览器模式和云模式。两种模式下提供了不同的人工智能应用样例,可单击导航栏的"样例"查看相应模式下的样例。为方便快速适应编程环境,按图 2-3-2 所示,在对应选择栏分别选择"云模式"、"中文积木"和"积木编程"选项。

图 2-3-2　腾讯扣叮人工智能实验室模式选择

2. 了解人工智能实验室中 Python 的数据类型

Python 支持整型、浮点型、字符串、列表、元组、集合和字典等数据类型。变量在使用前都必须赋值,通过赋值确定了变量的数据类型,只有被赋值后变量才会被创建。

进入腾讯扣叮人工智能实验室后,单击左侧导航栏中的各种积木分类,可以打开具体操作的积木块。图 2-3-3 展示了"常用"、"字符串"和"变量"的积木分类。

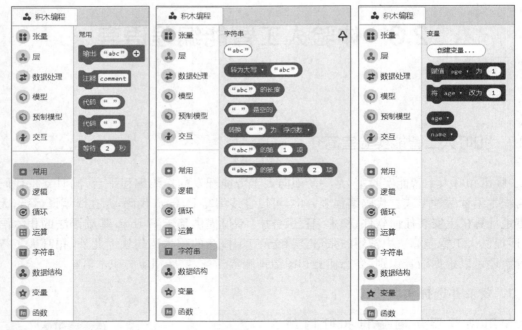

图 2-3-3　"常用"、"字符串"和"变量"的积木分类

例 2-3-1　在腾讯扣叮人工智能实验室中，实现如图 2-3-4 所示的赋值与输出的程序。以下为实验步骤。

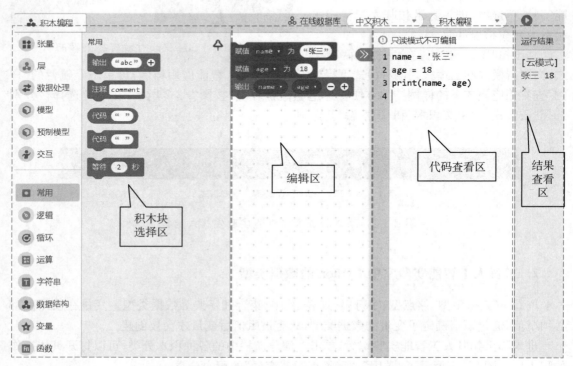

图 2-3-4　腾讯扣叮人工智能实验室积木编程示例

- 首先从"变量"分类中创建两个名为"name"和"age"的变量,并重复两次将赋值积木块拖曳到中间空白的编辑区;
- 然后将编辑区的两个赋值积木块中的变量名称分别改为"name"和"age",并将"age"变量赋值为 18;
- 从"字符串"分类中拖曳一个字符串积木到编辑区的"name"变量赋值积木块中,并修改字符串内容为"张三",实现"name"变量被赋值为字符串"张三";
- 然后从"常用"分类中拖曳"输出"积木块到编辑区,增加输出内容为 2 个,从"变量"分类中分别拖拽变量"name"和"age"到编辑区的"输出"积木块中;
- 最后点击页面右上角的绿色运行 ▶ 图标,使程序运行起来,查看输出结果为"张三 18"。

3. 了解人工智能实验室中 Python 程序的控制结构

Python 支持三大类控制结构:顺序结构、分支结构以及循环结构。任何一个算法都可以使用这三种控制结构来设计完成。

- 顺序结构,就是按照代码顺序自上而下地执行;
- 分支结构,根据判断条件选择不同路径的运行方式;
- 循环结构,对某个语句块形成循环运行模式,直到满足终止条件时退出循环。

例 2-3-2　如图 2-3-5 所示,根据年龄判断是否成年。步骤略。

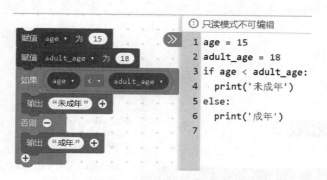

图 2-3-5　分支结构示例

例 2-3-3　如图 2-3-6 所示,通过循环把 1 到 10 之间的整数相加起来,得到累加和。步骤略。

图 2-3-6　循环结构示例

2.3.2 Python 编程体验

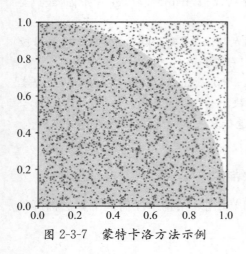

图 2-3-7　蒙特卡洛方法示例

蒙特卡洛方法（Monte Carlo method）又叫统计模拟方法，是一个在数据科学中应用广泛的算法，它依赖于重复随机采样来获取数值结果，基本概念是使用随机性来解决原则上可以确定的问题。

圆周率 π 的计算是蒙特卡洛方法的一个简单示例。如果一个正方形里包含一个内部相切的圆（半径不妨设为 r），在正方形内部随机选择一个点，则该点位于圆之内或圆之外，如果重复该过程很多次，则位于圆内的随机点与正方形中随机点总数的比率，将近似于圆的面积（πr^2）与正方形的面积（$4r^2$）之比（$\pi/4$），根据此比率，可以估算出 π。如图 2-3-7 所示为 1/4 圆在 1/4 正方形中的情况。

例 2-3-4　使用腾讯扣叮人工智能实验室，采用蒙特卡洛方法计算 π。在横纵坐标轴区间都为 $[0,1]$ 的区域随机产生 n 个点，计算点到原点的距离，如果距离小于等于 1，则认为点在圆内，计算圆内点的数目与总数的比例，然后乘以 4，就可以求得圆周率。完整的积木编程如图 2-3-8 所示，其中"beans"变量为总的点数量，"hits"变量为位于圆内点数量。以下为实验步骤。

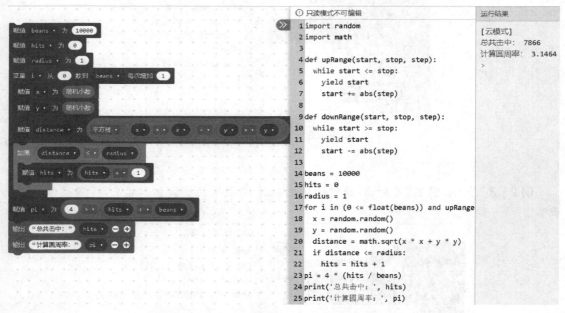

```
1  import random
2  import math
3
4  def upRange(start, stop, step):
5      while start <= stop:
6          yield start
7          start += abs(step)
8
9  def downRange(start, stop, step):
10     while start >= stop:
11         yield start
12         start -= abs(step)
13
14 beans = 10000
15 hits = 0
16 radius = 1
17 for i in (0 <= float(beans)) and upRange
18     x = random.random()
19     y = random.random()
20     distance = math.sqrt(x * x + y * y)
21     if distance <= radius:
22         hits = hits + 1
23 pi = 4 * (hits / beans)
24 print('总共击中: ', hits)
25 print('计算圆周率: ', pi)
```

运行结果

[云模式]
总共击中：7866
计算圆周率：3.1464

图 2-3-8　蒙特卡洛方法计算圆周率

（1）在"变量"积木分类中，逐一创建名称为 beans、hits、radius、i、pi、x 和 y 的变量；

（2）如图 2-3-8 的前 3 个积木块所示，对变量 beans、hits 和 radius 分别赋值为 10000、0 和 1；

（3）创建从 0 数到 beans 每次增加 1 的循环结构；

（4）在循环结构内，对变量 x 和 y 分别赋值为随机小数（即随机指定了坐标点的位置）；

（5）在循环结构内，对变量 distance 赋值为 $\sqrt{x^2+y^2}$；

（6）在循环结构内，创建分支结构，条件为变量 distance 小于或等于 radius（即坐标点到原点的距离小于或等于半径）；

（7）满足分支结构的条件时，对变量 hits 赋值为原 hits 值加 1（即累计所有命中的坐标点数量）；

（8）循环结束后，对变量 pi 赋值 4×hits÷beans；

（9）如图 2-3-8 的后 2 个积木块所示，输出总击中数，以及计算出的圆周率。

2.3.3　习题与实践

1. 简答题

（1）请简述 Python 有哪些数据类型。

（2）请简述 Python 支持的三大控制结构，并说明是否任何一个算法都可以使用这三种控制结构来完成。

2. 实践题

腾讯扣叮人工智能实验室的云模式下，提供了"波士顿房价-积木"的样例，如图 2-3-9 所示，该样例采用神经网络（多层感知机）模型进行波士顿房价预测。一个完整的神经网络模型主要包括准备数据、定义网络、准备训练、训练网络和评估结果五个阶段。请打开该样例，找到并理解以上五个阶段，并完成以下要求：

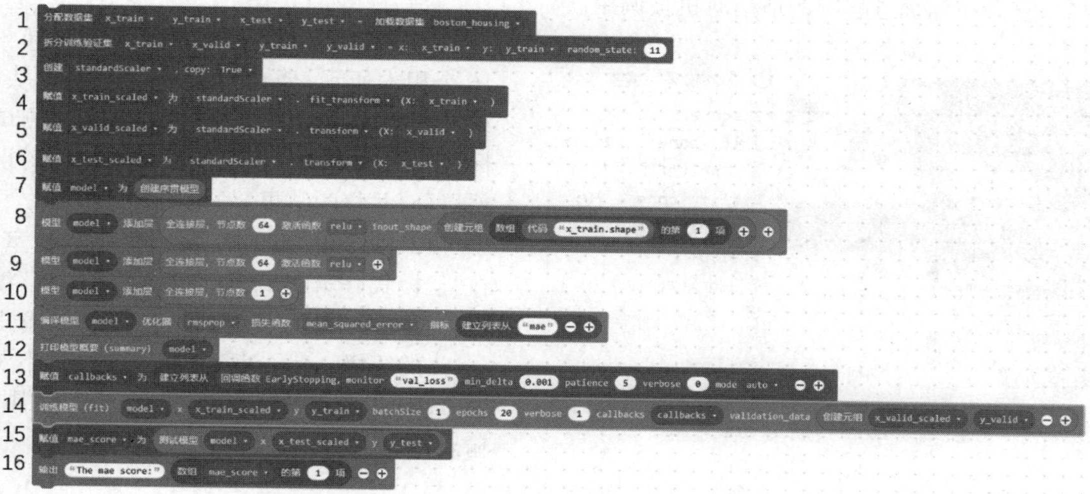

图 2-3-9　神经网络实现波士顿房价预测

- 调整节点数。在第 8 和第 9 两个积木块中，分别更改其全连接层的节点数为 64 与 32、32 与 32，以及 64 与 16 等数值，单击右上方的启动按钮开始训练，比较训练结果"mae score"，选择使得 mae 最小的节点数值。

- 调整激活函数。在上述最优节点数值的基础上，更改激活函数为"relu"、"sigmoid"等，比较不同激活函数下 mae 的大小，选择使得 mae 最小的为激活函数。

- 调整优化器。在第 11 个积木块中，更改优化器为"sgd"、"adam"和"rmsprop"，比较使用不同优化器 mae 的大小，选择使得 mae 最小的优化器。

神经网络模型的五个阶段的简要说明如下：

① 准备数据阶段：如图 2-3-9 中第 1～6 个积木所示，完成加载数据集，分配数据为训练集、验证集和测试集，对数据进行预处理等操作。数据处理相关的语句块在左侧"数据处理"积木分类下，其中 standardScaler 积木的作用是针对每一个特征维度数据，进行去均值和方差归一化的数据预处理。

② 定义网络阶段：如图 2-3-9 中第 7～12 个积木所示。第 7 个积木中定义模型为一个序贯模型（序贯模型是多个网络层的线性堆叠），然后向模型中添加 3 层全连接层，即完成了模型的创建。模型需要知道它所期望的输入尺寸，在序贯模型的第一层需要关于输入尺寸的信息，因此传递一个"input_shape"参数给第一层，参数值应该是一个表示尺寸的元组。第一层下面的层可以自动推断输入尺寸，不再需要接受输入尺寸信息。然后，通过"编译模型"积木块配置学习过程，它接受三个参数：优化器 optimizer（包括 rmsprop、adagrad 或 SGD 等 Keras 内置优化算法）、损失函数 loss（包括 mean_squared_error 和 mean_absolute_error 等 Keras 内置损失函数）、指标 metrics。因为本模型是回归模型，设置回归评价指标为平均绝对误差"mae"。

③ 准备训练阶段：如图 2-3-9 第 13 个积木所示。在训练中，常常希望监控训练状态，当被监控数据的数量不再提升，就停止训练，因此使用回调函数"EarlyStopping, monitor"，参数设置为想要监控的数据，这里设置为验证损失"val_loss"。

④ 训练网络阶段：如图 2-3-9 第 14 个积木所示，使用"训练模型（fit）"积木块，根据传入的参数对模型进行训练。x 为输入数据，y 为标签，batchSize 为梯度下降时每批包含的样本数，epochs 为训练的轮数，训练数据将会被遍历 epochs 次。Callback 为第 13 个积木定义的回调对象，它会在训练过程中的适当时机被调用。

⑤ 评估结果阶段：如图 2-3-9 第 15～16 个积木所示，使用"测试模型"积木块，设置参数 x 为输入的测试数据，y 为测试标签。测试完成后返回测试的平均绝对误差得分，并打印结果。

（2）打开腾讯扣叮人工智能实验室，在"云模式（Python）"下使用"积木编程"编写如图 2-3-10 的程序，用于判断并输出 score 的等级：score 小于 60 分，输出"不及格"，score 小于 70 分，输出"合格"，否则，输出"优良"。

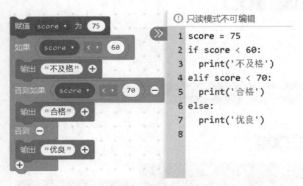

图 2-3-10　判断 score 等级

2.4　Anaconda 开发环境

2.4.1　Anaconda 安装

Anaconda 是一个 Python 的发行版,内置了大批科学计算工具包,包括 NumPy 和 Pandas 等 150 多个工具包及其依赖项。如果单独安装 Python,这些工具包需要逐条自行安装。Anaconda 具有包管理和环境管理的功能,大大简化了开发者的工作流程。开发者可以使用包管理功能方便地安装、更新和卸载工具包,而且在安装工具包时能自动安装相应的依赖包。在多个项目要求不同开发环境的应用场景下,开发者还可以使用 Anaconda 创建不同的虚拟环境隔离各个项目所需要的开发环境。同时,Anaconda 还附带捆绑了 IDLE、Spyder 和 Jupyter Notebook 等优秀的交互式代码编辑软件。

1. 下载 Anaconda

使用浏览器访问 Anaconda 官网下载页面(https://www.anaconda.com/products/individual),选择需要下载的 Anaconda 版本,如图 2-4-1 所示。

(a) Anaconda 个人版下载页面　　　　　　　　(b) Anaconda 下载选择页

图 2-4-1　Anaconda 官网下载页面

2. 安装 Anaconda

双击下载的安装包,进入 Anaconda 安装的欢迎页面,如图 2-4-2(a)所示。单击"Next",进入许可证协议页,阅读许可证协议条款,如图 2-4-2(b)所示。单击"I Agree",进入安装用户选择页。如图 2-4-2(c)所示,用户有两个安装选项,选项"Just Me"表示只为计算机的当前用户安装 Anaconda,选项"All Users"表示为计算机中的所有用户安装 Anaconda,用户可根据需求选择安装选项。单击"Next"进入安装路径选择页,如图 2-4-2(d)所示,这里用户可以使用默认安装路径进行安装,也可以根据自己的需求改变安装路径,单击"Next"进入安装页面。单击"Install"程序进入安装过程,之后各步选择系统默认选项即可完成安装。

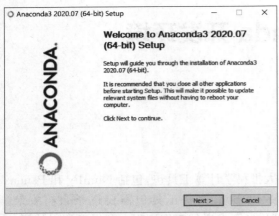

（a）安装欢迎页

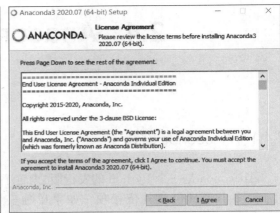

（b）许可协议页

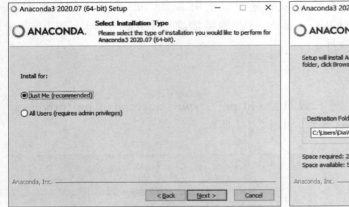

（c）安装用户选择页

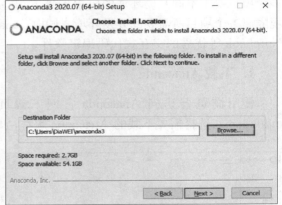

（d）安装路径选择页

图 2-4-2　Anaconda 安装页面

3. 查看 Anaconda

图 2-4-3　Anaconda 安装结果

安装完成后，单击开始菜单，在软件安装列表中找到"Anaconda3（64－bit）"，单击该文件夹，可以看到已经安装了 Anaconda Navigator、Anaconda Prompt、Jupyter Notebook 和 Spyder 等程序，如图 2-4-3 所示。

单击 Anaconda Navigator，等待 Anaconda Navigator 加载完成，可以看到如图 2-4-4 所示的 Anaconda Navigator 可视化界面。Anaconda Navigator 是 Anaconda 发行版中包含的桌面图形用户界面，允许用户启动应用程序并轻松管理软件包、环境和通道，而无需使用命令行命令。

图 2-4-4　Anaconda Navigator

2.4.2　第三方库的安装

Anaconda 中提供了 pip 和 conda 两种方式管理工具包。pip 和 conda 都是开源的包管理系统，可以安装 Python 包的多个版本和依赖，支持 Linux、OS X 和 Windows 系统。pip 是 Python 默认的包管理器，一般来说新发布的工具包优先支持使用 pip 安装。而 conda 还是一个与语言无关的跨平台环境管理器，可以安装任何语言的包，在安装时会检查当前环境下所有包之间的依赖关系，也可以进行虚拟环境的创建和删除等操作。一般来说，在 Anaconda 中，优先使用 conda 的方式管理包，如果 conda 中不存在该工具包，才使用 pip 方式进行管理。

Anaconda 中已经集成了 Anaconda Prompt 命令行程序，在开始菜单的软件安装列表中打开 Anaconda Prompt，如图 2-4-5 所示，在其中输入相关命令，就可以使用 pip 和 conda 进行工具包的管理了。

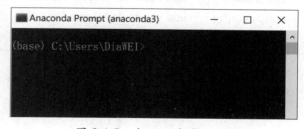

图 2-4-5　Anaconda Prompt

1. pip 中的常用命令

- 安装包：pip install 包名
- 更新包：pip install 包名 —upgrade
- 卸载包：pip uninstall 包名
- 查询已经安装的包：pip list
- 查询已安装包的详细信息：pip show 包名
- 查询可以升级的包：pip list -o
- 查看 pip 的版本：pip -V

- 更新 pip 版本：pip install —upgrade pip

2. conda 中的常用命令

- 安装包：conda install 包名
- 更新包：conda update 包名
- 卸载包：conda uninstall 包名
- 查询已安装的包：conda list
- 查看 conda 的版本：conda -V
- 更新 conda 版本：conda update conda
- 更新 Anaconda 版本：conda update anaconda
- 更新 Python 版本：conda update python

3. 更改镜像源

在使用 pip 或者 conda 安装工具包时，经常会出现超时、无法下载的问题。针对此问题，可以对 pip 和 conda 下载工具包所访问的网站进行变更，改为国内科研机构建立的镜像网站，例如可以使用清华大学的镜像网站等。

（1）更改 pip 的镜像源

可以通过如下命令永久改 pip 的镜像源：

```
pip config set global.index-url https://pypi.tuna.tsinghua.edu.cn/simple
```

（2）更改 conda 的镜像源

可以通过如下命令永久更改 conda 的镜像源：

```
conda config − − add channels https://mirrors.tuna.tsinghua.edu.cn/anaconda/pkgs/free
conda config − − add channels https://mirrors.tuna.tsinghua.edu.cn/anaconda/pkgs/main
conda config − − set show_channel_urls yes
```

2.4.3　IDLE 简介

IDLE 是 Python 软件包自带的一个集成开发环境，可以方便地创建、运行和调试 Python 程序。使用 IDLE 可以直接在 Python Shell 窗口中写入并执行代码，也可以通过创建 Python 文件的方式写入并执行代码。

1. Python Shell 中编程

打开 Anaconda Prompt，输入命令"idle"按回车键执行，即可打开 Python Shell 窗口，如图 2-4-6 所示。注意，此时不能关闭 Anaconda Prompt 窗口。

在 Shell 窗口中输入以下代码：

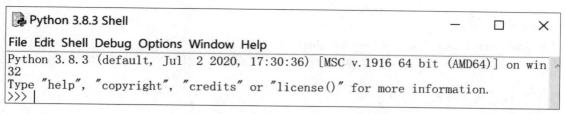

图 2-4-6　Python Shell 窗口

>>>print("Hello World!")

注意"＞＞＞"是 Python Shell 的命令提示符,不用输入。按键盘回车键,代码执行,运行结果如图 2-4-7 所示。

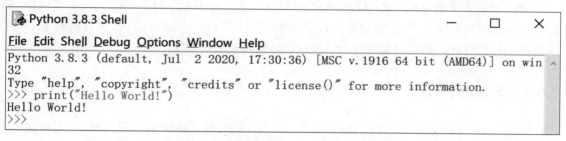

图 2-4-7　IDLE 中写入并执行代码

2. Python 文件中编程

IDLE 中可以通过新建 Python 文件的方式写入并执行代码。单击 Python Shell 窗口中的"File",选择"New File"创建 Python 文件,在文件中写入以下代码:

print("Hello Shanghai!")

单击该 Python 文件窗口中的"File",选择"Save",在弹出的窗口中选择保存路径,输入文件名"idle_shanghai",单击"保存",保存当前代码在指定路径下的"idle_shanghai. py"文件中,如图 2-4-8 所示。

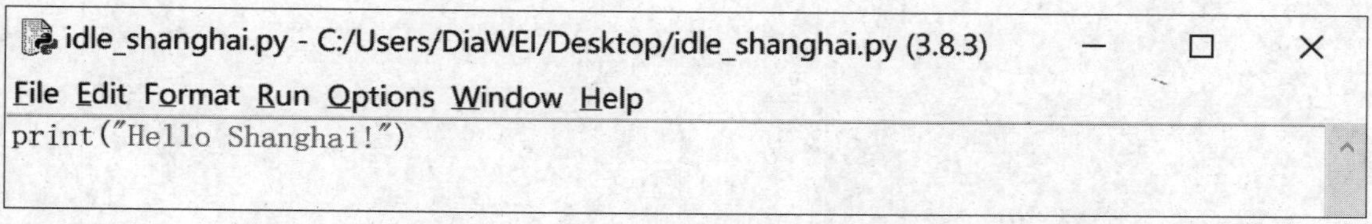

idle_shanghai.py - C:/Users/DiaWEI/Desktop/idle_shanghai.py (3.8.3)　－　□　✕

File Edit Format Run Options Window Help

print("Hello Shanghai!")

图 2-4-8　IDLE 中创建文件编写代码

单击 idle_shanghai. py 文件窗口中的"Run",选择"Run Module"可执行该文件中的代码,在 Python Shell 窗口中可以看到执行结果,如图 2-4-9 所示。

Python 3.8.3 Shell   —   □   ✕

File Edit Shell Debug Options Window Help

```
Python 3.8.3 (default, Jul  2 2020, 17:30:36) [MSC v.1916 64 bit (AMD64)] on win
32
Type "help", "copyright", "credits" or "license()" for more information.
>>> print("Hello World!")
Hello World!
>>>
=============== RESTART: C:/Users/DiaWEI/Desktop/idle_shanghai.py ==============
Hello Shanghai!
>>>
```

图 2-4-9　IDLE 执行文件中代码的结果

3. 打开 Python 文件

关闭上一节中创建的"idle_shanghai. py"文件，然后在 IDLE 的 Python Shell 窗口中，单击"File"，选择"Open..."，在弹出框中查找刚刚关闭的"idle_shanghai. py"文件的位置，选择该文件，单击"打开"，就可以重新打开该文件继续编辑或者运行了。

2.4.4　Spyder 简介

Spyder 是一个强大的交互式 Python 语言开发环境，提供高级的代码编辑、交互测试、调试等功能，支持 Windows、Linux 和 OS X 系统。Anaconda 已经集成了 Spyder 编辑器。

在开始菜单的软件安装列表中打开 Spyder，等待加载成功后，界面布局如图 2-4-10 所示，左侧为文件代码编辑区，右上方为辅助功能区，右下方为 IPython 控制台区。与 IDLE 类似，

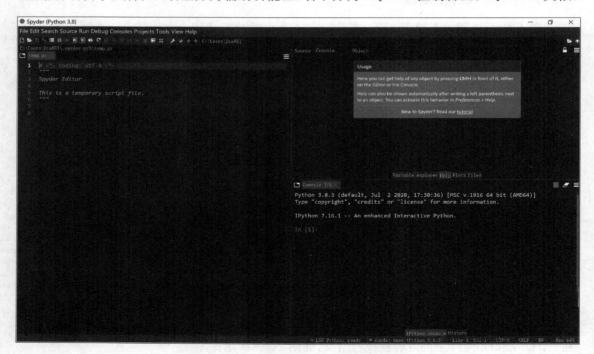

图 2-4-10　Spyder 页面布局

Spyder 既提供了在文件代码编辑区中编写并执行代码的方式,也提供了在 IPython 控制台中逐行执行 Python 代码的方式。

1. IPython 控制台中逐行执行代码

在 IPython 控制台中输入以下代码:

```
print("Hello World!")
```

按键盘回车键,代码执行,运行结果如图 2-4-11 所示。

```
Console 1/A

Python 3.8.3 (default, Jul  2 2020, 17:30:36) [MSC v.1916 64 bit (AMD64)]
Type "copyright", "credits" or "license" for more information.

IPython 7.16.1 -- An enhanced Interactive Python.

In [1]: print("Hello World!")
Hello World!

In [2]:
```

图 2-4-11　Spyder IPython 控制台的使用

2. 文件代码编辑区中编程

也可以在文件代码编辑区写入并执行代码,在代码编辑区输入以下代码:

```
print("Hello Shanghai!")
```

单击工具栏中的程序运行图标 ▶ ,程序执行,并在右下方的 IPython 控制台中显示执行结果:"Hello Shanghai!",如图 2-4-12 所示。

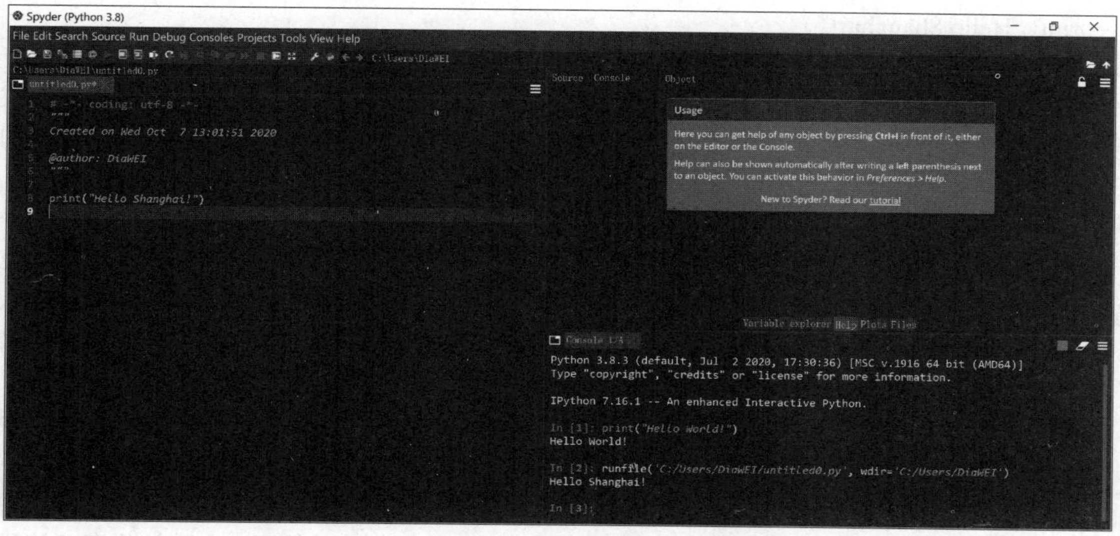

图 2-4-12　Spyder 代码编辑区的使用

单击功能栏中的"File",选择"Save",可以保存该 Python 代码文件到指定位置。

2.4.5 Jupyter Notebook 简介

Jupyter Notebook 是一个基于网页的交互式代码编辑软件,可应用于代码开发、文档编写、代码运行和结果展示的全过程计算。用户以网页的形式打开 Jupyter Notebook,可以直接在网页中编写和运行代码,运行结果直接在代码块下显示,用户也可以在网页中编写代码说明文档。与原始的 Python Shell 相比,Jupyter Notebook 将代码、文字说明、图片等集中在一处,让使用者一目了然。

Anaconda 中已经集成了 Jupyter Notebook,在开始菜单的软件安装列表中单击 Jupyter Notebook 即可打开。Jupyter Notebook 的运行分为服务器端和浏览器端,首先会弹出 Anaconda Prompt 窗口,在其中自动启动 Jupyter Notebook 服务,并显示一系列 Jupyter Notebook 的服务器信息;同时浏览器将会自动打开,并跳转到地址为 http://localhost:8888/tree 的本机 Web 地址,用以访问刚刚启动的 Jupyter Notebook 服务。接下来,用户就可以在浏览器中使用 Jupyter Notebook 了。

1. Jupyter Notebook 中编程

在 Jupyter Notebook 的主界面单击右上角的下拉列表 New▾ ,选择"Python3",可以创建一个新的"ipynb"格式笔记,浏览器在新标签页中显示该笔记本。在笔记本的第一行输入以下代码:

```
print("Hello World!")
```

单击工具栏中的 ▶ 运行 按钮执行该代码块,代码块下方会显示代码的执行结果"Hello World!"。

在执行代码的同时,笔记本中还会创建新的代码输入块,输入以下代码:

```
print("Hello Shanghai!")
```

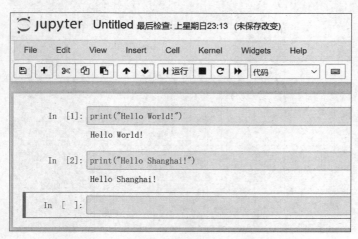

图 2-4-13 使用 Jupyter Notebook 编写代码

单击"运行"按钮执行该代码,代码下方同样会显示代码的执行结果,如图 2-4-13 所示。

笔记本的默认名为"Untitled",单击左上角"Untitled"位置,可以对笔记本重命名,输入"fl2-4-1",命名当前笔记本名为"fl2-4-1"。

Jupyter Notebook 默认的根目录为当前用户目录"C:\Users\用户名",在 Jupyter Notebook 中创建的笔记本会默认保存至该目录下,Jupyter Notebook 的主界面中显示当前用户目录下的所有文件。单击主界面中的"fl2 - 4 - 1. ipynb"就可以打开该笔记本,之后可对该笔记本进行修改、运行等操作。用户若需打开其他位置的"ipynb"格式的笔记本,可以将笔记本移入当前用户目录中,刷新 Jupyter Notebook 的主界面就可以看到该笔记本,之后可以进行打开、修改、运行等操作。

2. Jupyter Notebook 中文档书写

Jupyter Notebook 也可以作为文档书写工具使用。选择一个输入框,单击工具栏中的 代码 下拉框,选择"Markdown"(或"标记"),此时在输入框的格式由"代码"转为"Markdown"(或"标记"),用户就可以在输入框中写入说明文字。然后,单击工具栏中的"运行"按钮后,该处说明文字将以文档的形式呈现。图 2-4-14 展示的是在输入框中写入"你好上海!"并单击"运行"后的文档效果。注意,此处输入的说明文字支持 Markdown 语法,感兴趣的读者可以进一步查阅学习。

图 2-4-14　使用 Jupyter Notebook 编写文档

2.4.6　习题与实践

1. 简答题

(1) Anaconda 应用中集成了哪些程序?

(2) conda 和 pip 在使用上有什么区别? 分别有哪些常用的命令?

(3) 简述使用 IDLE 创建 Python 文件、写入代码、保存文件并执行代码的操作流程。

(4) 简述使用 Jupyter Notebook 进行代码开发、文档编写、代码运行的操作流程。

2. 实践题

(1) 请从 Anaconda 官网(https://www.anaconda.com/products/individual)下载并安装

Anaconda 环境。

（2）请在 Anaconda Prompt 命令行程序中，分别查看 pip 和 conda 的版本，以及 pip 和 conda 中已经安装的包名称及版本。

（3）在 IDLE、Spyder 和 Jupyter Notebook 三个软件中实现"I love China!"的输出。

2.5　综合练习

2.5.1　选择题

1. 华为 EI 智能体验馆中,适用于模糊图像重建高清图像,并保持图像内容真实可信,颜色不失真的人工智能应用是_____。
   A. 图像标签　　　　　B. 低光照增强　　　　C. 图像去雾　　　　D. 视频标签

2. 图像去雾的应用场景不包括_____。
   A. 视频监控　　　　　B. 远程感应　　　　　C. 自动驾驶　　　　D. 美颜相机

3. 客流分析可准确分析顾客年龄、性别等信息,区别新老客户,助力精准营销,其应用的主要技术不包括_____。
   A. 人脸识别　　　　　B. 比对　　　　　　　C. 文字识别　　　　D. 搜索技术

4. _____可以根据邮件内容判断邮件为垃圾邮件。
   A. 文本分类　　　　　B. 机器视觉　　　　　C. 专家系统　　　　D. 智能控制

5. 不属于图像分类技术应用领域的是_____。
   A. 商品自动分类　　　B. 运输车辆识别　　　C. 残次品自动分类　　D. 自动驾驶技术

6. 华为 ModelArts 面向简单应用的开发者,可使用_____功能,低门槛、零代码地快速构建 AI 应用。
   A. 自动学习　　　　　B. 深度学习　　　　　C. 机器学习　　　　D. 自动开发

7. 关于 Python 变量,说法正确的是_____。
   A. 变量无需赋值便可以直接使用
   B. 变量无需声明数据类型便可以直接赋值
   C. Python 变量只有数字型和字符串型 2 种
   D. Python 变量与其他所有高级程序设计语言变量的数据类型没有区别

8. 没有集成在 Anaconda 中的应用程序是_____。
   A. Jetbrains PyCharm　　　　　　　　B. IDLE
   C. Spyder　　　　　　　　　　　　　D. Jupyter Notebook

9. 在 Anaconda 中进行第三方库的安装,正确的命令是_____。
   A. pip install 包名　　　　　　　　　B. conda 包名
   C. conda setup 包名　　　　　　　　　D. pip setup 包名

10. Anaconda 集成的_____是一个基于网页的交互式代码编辑软件,可被应用于代码开发、文档编写、代码运行和结果展示的全过程计算。
    A. IDLE　　　　　　　　　　　　　　B. Spyder
    C. Prompt　　　　　　　　　　　　　D. Jupyter Notebook

2.5.2 是非题

1. 图像标签基于高性能计算技术，用于准确识别图像中的视觉内容。
2. 文本分类是自然语言处理领域非常经典的问题，可用于新闻主题分类、情感分析、垃圾邮件的判定、商品评论和影视评论的分类等。
3. 华为的 ModelArts 使用对象存储服务（OBS）进行数据存储以及模型备份。
4. 腾讯扣叮人工智能实验室是一个面向人工智能开发的在线编程平台，同时支持代码编程与云编程两种形式。
5. Python 控制结构中的循环结构是根据判断条件选择不同路径的运行方式。
6. Python 软件包自带的最基本集成开发环境是 IDLE。

2.5.3 综合实践

1. 使用华为 EI 智能体验馆，体验更多人工智能应用。使用浏览器访问 EI 智能体验馆，尝试体验"内容审核"分类下的"电商评论审核"等功能。
2. 请使用 ModelArt 自动学习，实现新闻文本分类。训练数据集和测试数据集在"配套资源\第 2 章\习题与实践\新闻文本分类"文件夹下，四个训练数据集文件 enducation_train. txt、entertainment_train. txt、finance_train. txt、military_train. txt 分别包含教育类、娱乐类、金融类、军事类新闻文本训练数据，文件 test_data. txt 包含测试数据集。请基于 ModelArts 的文本分类项目，使用训练数据集训练一个模型，将模型部署上线，对测试数据集中的数据逐条进行分类验证。
3. 打开腾讯扣叮人工智能实验室，在"云模式（Python）"下使用"积木编程"完成自然数 1～100 中的偶数求和，查看并复制搭建积木所对应的代码，然后打开 IDLE，新建 Python 文件，粘贴上述代码，并保存运行，体验 Python 编程。

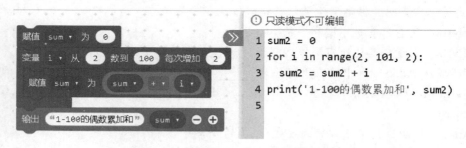

图 2-5-1　自然数 1～100 中的偶数求和

本章小结

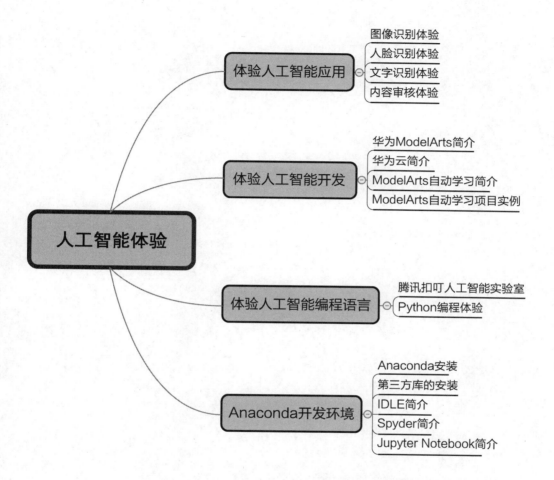

体验人工智能应用
- 图像识别体验
- 人脸识别体验
- 文字识别体验
- 内容审核体验

体验人工智能开发
- 华为ModelArts简介
- 华为云简介
- ModelArts自动学习简介
- ModelArts自动学习项目实例

人工智能体验

体验人工智能编程语言
- 腾讯扣叮人工智能实验室
- Python编程体验

Anaconda开发环境
- Anaconda安装
- 第三方库的安装
- IDLE简介
- Spyder简介
- Jupyter Notebook简介

## PART 03

第 3 章 人工智能实践基础

<本章概要>

Python 语言连续多年蝉联 *IEEE Spectrum* 期刊编程语言排行榜榜首,已经成为人工智能领域最重要的编程语言。本章介绍了 Python 语言编程基础,包括 Python 语言的概述及基本语法要素;讲解了 Python 语言的整型、浮点型、复数类型、布尔类型四种基本数据类型;常量和变量;运算符及表达式求值;程序语句;输入输出等。然后介绍了 Python 的组合数据类型,包括字符串、元组和列表等序列类型的创建及使用,集合、字典等无序类型的典型应用。并讲解了程序设计的顺序、选择、循环三种基本结构的程序设计。最后介绍了 Python 内置函数、标准模块函数的使用,结合实例讲解了自定义函数的定义及调用方法,模块化设计程序的方法。

<学习目标>

通过本章学习,要求达到以下目标:

1. 了解 Python 语言及其特点,知道 Python 语言的基本语法要素。
2. 掌握基本数据类型的表示、变量的创建、表达式的计算机语句的书写。
3. 掌握组合数据对象的创建及使用。
4. 了解程序的结构化流程控制,学会简单 Python 程序的编写。
5. 掌握常用的 Python 内置函数、标准模块函数的使用。
6. 掌握函数的定义及调用,学会用模块化设计程序。

3.1　Python 语言及基本语法

人工智能功能的实现依靠程序设计语言编写程序。每一种编程语言都有它的应用目的和使用场景，例如 C/C++是面向计算机硬件设备的编程语言，主要用于与计算机硬件设备打交道或复杂计算。JAVA 的诞生和应用是基于互联网应用软件开发的。Python 具有丰富而强大的库函数（功能模块），比如人工智能深度学习所需要的程序框架和功能模块，而且 Python 能轻松地将其他语言开发（尤其是 C/C++）的各种模块轻松的联结在一起。因此，Python 是人工智能研究与开发的一门非常有用的语言。

3.1.1　Python 语言概述

Python 是由荷兰人吉多·范罗苏姆（Guido van Rossum）于 1989 年发明，第一个公开发行版发行于 1991 年。Python 语言自发明以来，一直在 Python 社区的推动下向前发展。Python 2.0 于 2000 年 10 月正式发布，解决了解释器和运行环境中的诸多问题，使得 Python 得到了广泛应用。Python 3.0 于 2008 年 12 月正式发布，这个版本在语法和解释器内部做了很多改进，解释器内部采用了完全面向对象的方式，相对于 Python 的早期版本，这是一个较大的升级。为了不带入过多的累赘，Python 3.0 在设计的时候没有考虑向下兼容。因此，所有基于 2.0 系列编写的代码都要经过修改后才能被 3.0 系列的解释器运行。Python 官方公布，已在 2020 年元旦停止对 Python 2 的官方支持。

Python 社区一直致力于第三方库的开发，形成了一个良好运转的计算生态圈，从游戏制作，到数据处理，再到数据可视化分析、人工智能等诸多计算生态，为 Python 使用者提供了更加便捷的操作，以及更加灵活的编程方式。所有的库在官网的 PyPI 里面都可以查询到。

Python 语言是一种广泛使用的高级通用脚本语言，有很多区别于其他语言的特点，它有以下重要特点：

- 面向对象

Python 既支持面向过程的编程，也支持面向对象的编程。Python 支持继承、重载，有益于源代码的复用性。

- 数据类型丰富

在 C 和 C++中，数据的处理往往采用数组或链表的方式，但数组只能存储同一类型的变量；链表虽然储存的内容可变，但结构死板，插入删除等操作都需遍历列表，初学者使用极其不方便。针对这点 Python 提供了丰富的数据结构，包括列表、元组、字典，以及 Numpy 拓展包提供的数组、Pandas 拓展包提供的 DataFrame 等。这些数据类型各有特点，可以极大地减少程序的篇幅，使逻辑更加清晰，提高可读性。

- 功能强大的模块库

由于 Python 是一款免费、开源的编程语言，也是 FLOSS（自由/开放源代码软件）之一，许多优秀的开发者为 Python 开发了无数功能强大的拓展包,使所有有需要的人都能免费使用,极大地节省了开发者的时间。

Python 提供功能丰富的标准库,包括正则表达式、文档生成、单元测试、数据库、GUI 等,还有许多其他高质量的库,例如 Python 图像库等。

- 可拓展性(可嵌入性)

Python 的底层是由 C 和 C++编写的,对于程序中某些关键且运算量巨大的模块,设计者可以运用 C 和 C++编写,并在 Python 中直接调用。这样可以极大地提高运行速度,同时还不影响程序的完整性。所以 Python 语言也被称为"胶水"语言。

- 易读、易维护性

Python 编写的程序相较其他语言编写的来说更加简洁和美观,思路也更加清晰。这就使得程序的易读性大大提高,维护成本也大大降低。

- 可移植性

基于开源本质,如果 Python 程序没有依赖于系统特性,无须修改就可以在任何支持 Python 的平台上运行。

3.1.2 基本字符、标识符和关键字

1. 基本字符

一般把用程序语言编写的未经编译的程序称为"源程序"。源程序实际上是一个字符序列。Python 的源程序是以 py 为后缀名的文本文件,Python 语言的基本字符包括:
- 数字字符:0,1,2,3,4,5,6,7,8,9
- 大小写英文字母:a~z,A~Z
- 中文字符
- 其他一些可打印字符,如:!,@,#,$,%,&,(),*,?,:,<>,+-=,\,[],{}
- 特殊字符,如:空格符、换行符、制表符等

2. 标识符

程序中有很多需要命名的对象,标识符是指用户在程序书写中给一些特定对象的名称,包括变量名、函数名、类名等。

Python 中的标识符命名规则如下:
- 由大小写英文字母、汉字、数字、下划线组成

除上述字符之外的其他字符的标识符是不合法的,例如:abc $ def、* py、@PikachuP。以下这些为合法的标识符:Python_、_hello_world、a3、你好、你好 Python。
- 首字符只能是英文字母、汉字、下划线,长度任意,大小写敏感

数字开头的标识符是不合法,例如:3c、135792468、233 次列车。Python 对大小写敏感,也就是说对于标识符,Python 区分其大小写,所以,python 和 Python 是两个不同的标识符。
- 不能与 Python 关键字同名

如:while、True、except 都是 Python 的关键字,不能作为用户定义的标识符使用。

在实际中,为了增加程序的可读性,标识符的选择通常采用"望名生义"的原则,如用 name、age 作为姓名、年龄变量的标识符,应尽量避免使用汉字作为标识符。

3. 关键字

在 Python 中,具有特殊功能的标识符称为关键字。Python 的关键字随版本不同有一些差异,可以在 Python Shell 的交互方式中按如下所示的方法查阅,下面查阅的示例是 Python3.7 版本中的关键字。

```
>>>help()
help>keywords

Here is a list of the Python keywords.    Enter any keyword to get more help.

False           class           from            or
None            continue        global          pass
True            def             if              raise
and             del             import          return
as              elif            in              try
assert          else            is              while
async           except          lambda          with
await           finally         nonlocal        yield
break           for             not

help>quit
```

注意:在本书中,存在以下两种代码的书写和运行方式,请注意区分。
- Python Shell 中的交互式运行:代码以">>>"方式逐行给出,并逐行回车后运行;
- 完整的程序段:直接给出整块的完整代码,可以在 IDLE 的新建文件中编写和整体运行,也可以在 Spyder 或 Jupyter Notebook 中编写和整体运行。

3.1.3 常量和变量

1. 常量

常量,是指不需要改变、也不能改变的字面值,例如整数 389,浮点数 23.56,字符串' hello ',都是常量。这些数据是不会改变的,也称为字面量。

Python 语言是面向对象的程序设计语言,数据储存在内存后被封装为一个对象,每一个对象都由对象 ID、类型和值来标识。

对象 ID 用于唯一标识一个对象,对应 Python 对象的内存地址,使用内置函数 id()可以查看对象的 ID 值,内置函数 type()可以查看对象的类名。

例 3 - 1 - 1　常量查看示例。

```
>>>123              #创建一个值为 123 整数常量对象
123
>>>id(123)          #内置函数 id()查看常量对象的 ID 值
1711129472
>>>type(123)        #内置函数 type()查看常量对象类型
<class ' int '>
```

以上为 123 整数常量对象的查看。其中 ID 值"1711129472"是整数对象 123 在 Python 系统中内存分配的内部地址。Python 用 class(类)定义数据类型,int 类名表示 123 常量为整数类型。

2. 变量

与常量相反,变量的值是可以改变的。在 Python 中,不需要事先声明变量名及其类型,直接赋值即可创建任意类型的对象变量。不仅变量的值是可以变化的,变量的类型也是随时可以发生改变的。如:以下为 x 变量的创建与修改。

例 3 - 1 - 2　x 变量的创建与修改示例。

```
>>>x = 354          #创建整型变量 x
>>>type(x)
<class ' int '>
>>>id(x)
34539888
>>>x = "word"       #创建字符串变量 x
>>>type(x)
<class ' str '>
>>>id(x)
33407296
```

Python 语言使用"动态类型"技术管理变量的数据类型。当对变量 x 赋值整数 354 时,Python 在内存中创建整数对象 354,并使变量 x 指向这个数据对象,变量 x 的类型为整型 int,此时变量 x 所指向的对象的 ID 为 34539888。如再次对 x 赋值"word"时,Python 在内存中创建字符串对象"word",并使变量 x 指向这个字符串数据对象,变量 x 的类型变为字符串 str,变量 x 所指向的对象的 ID 为 33407296,如图 3-1-1 所示。

也就是说,并不是 x 所代表的内存空间的内容发生了改变,而是 x 去指向了存储在其他内存空间的另一个对象。

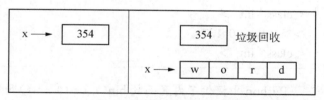

图 3-1-1　Python 的动态类型技术

当 x 从整数对象 354 转向字符串对象"word"后,整数对象 354 没有变量引用它,它就成了某种意义上"垃圾",Python 会启动"垃圾回收"机制回收垃圾数据的内存单元,供其他数据使用。

3.1.4 基本数据类型

Python 的基本数据类型包括整型(int)、浮点型(float)和复数(complex)等 3 种数字类型。以及表示逻辑值的布尔类型(bool)。

1. 整型数据 int

与数学中的整数概念一致,在 Python 3.X 里只有一种整数类型 int。Python 的整数在理论上没有取值范围限制,实际上的取值范围受限于使用的计算机的内存大小。

整数类型可以用 4 种进制表示,分别为:十进制、二进制、八进制和十六进制。如表 3-1-1 所示,默认情况下采用十进制,其他进制使用时需要增加引导符号加以区别。

表 3-1-1 整数的四种进制表示

进制	引导符号	说　　明
十进制	无	默认,例如:100,－100
二进制	0B 或 0b	用数字 0 和 1 来表示,例如:0b1011,0B1011
八进制	0o 或 0O	用数字 0~7 来表示,例如:0o701,0O701
十六进制	0x 或 0X	用数字 0~9 和字母 A~F 或 a~f 来表示,例如: 0x10AB,0X10AB

例 3-1-3 int 数据示例。

```
>>>100
100
>>>0o137
95
>>>0b111
7
>>>0xff
255
>>>type(28346283742874)
<class ' int '>
>>>type(0o137)
<class ' int '>
```

Python 中提供了内置函数 bin()、oct()、int()和 hex()对整数进行各种进制之间的转换。函数 bin()把任意进制数转化为二进制数;函数 oct()把任意进制数转化为八进制数;函数

int()把任意进制数转化为十进制数;函数 hex()把任意进制数转化为十六进制数。

2. 浮点型数据 float

浮点类型数据表示存在小数部分的数据,支持小数形式表示和指数形式表示。

在 Python 中要求浮点数必须带有小数部分,小数部分可以是 0。例如 12 是整数,12.0 就是浮点数。

科学计数法由正号、负号、数字和字母 e(或 E)组成,e 是指数标志,表示以 10 为基数。在 e 之前要有数值,e 之后的指数只能是整数。8.9e−4 表示 8.9×10^{-4} 即 0.00089。

例 3−1−4　float 数据示例。

```
>>>type(12.0)
<class ' float '>
>>>8.9e-4
0.00089
>>>type(1.2e1)
<class ' float '>
```

计算机中的浮点数都是以近似值存储数据,Python 的 float 类型数通常可提供至多 15 个数字的精度。

例 3−1−5　float 数据的精度示例。

```
>>>1.23456789 * 1.23456789
1.5241578750190519
>>>123456789 * 123456789
15241578750190521
```

对比上述浮点数运算和整数的运算结果,前 15 个数字是一致的。浮点数的运算结果从第 16 个数字开始就可能有误差,这与浮点数的二进制表示有关。Python 的整数类型的大小是没有限制的,所以必要时可以考虑把要求高精度的浮点数的运算转换为整数运算再求解。

3. 布尔类型数据 bool

Python 的布尔类型数据只有两个:True 和 False,表示真和假。注意书写,首字母要大写。以 True 和 False 为值的表达式称为布尔表达式,用于表示某种条件是否成立,是选择控制和循环控制中必不可少的条件判断表达式。

例 3−1−6　bool 数据示例。

```
>>>type(True)
```

```
<class ' bool '>
>>>x,y = 10,20          #10 赋值给 x 变量,20 赋值给 y 变量
>>>x>y
False
>>>x + 10< = y
True
```

4. 复数类型数据 complex

Python 提供复数类型数据,复数由实数部分(real)和虚数部分(image)构成,表示为:

real＋imag(J/j 后缀)

其中,实数部分和虚数部分都是浮点数。

例 3－1－7 complex 数据的操作示例。

```
>>>aComplex = 4.23 + 8.5j
>>>aComplex
(4.23 + 8.5j)
>>>aComplex.real          # num.real 获取复数的实数部分
4.23
>>>aComplex.imag          # num.imag 获取复数的虚数部分
8.5
```

3.1.5 表达式及语句

1. 运算符及表达式

Python 语言提供了丰富的运算符,例如算术运算符、关系运算符、逻辑运算符等,表 3-1-2 列出了优先级由高到低排列的 Python 常用运算符。

表 3-1-2 Python 常用运算符

优先级	运算符	描　述
1	＊＊	指数/幂
2	＋(正号),－(负号)	正负号
3	＊,/,//,%	乘、除、整除、求余
4	＋,－	加、减
5	<,< = ,>,> = , = = ,! =	关系比较运算

(续表)

优先级	运算符	描　　述
6	in,not in	成员测试
7	not	逻辑非
8	and	逻辑与
9	or	逻辑或

　　表达式是数据对象和运算符按照一定的规则写出的式子,描述计算过程。与上述运算符对应的表达式可以分为算术表达式、关系表达式、逻辑表达式等。最简单的表达式可以是一个常量或一个变量。

(1) 算术运算

　　Python 提供的算术运算包括加、减、乘、除和求余数运算,与数学中的算术运算的定义基本相同,不同的地方是 Python 支持的除法区分为普通的除法和整除。

例 3-1-8　整数的除法和整除运算示例。

```
>>>x = 8
>>>y = 5
>>>x/y          ＃普通除法
1.6
>>>x//y         ＃整除取整数商
1
>>>x%y          ＃整除取余数
3
```

　　％运算可以用来判断一个整数是否能被另一个整数整除。

(2) 关系运算

　　数值运算的关系表达式由数值数据对象和关系运算符构成,得到的结果为 True 或 False 布尔类型数据,一般形式为:

＜数值1＞＜关系运算符＞＜数值2＞

　　关系运算符包括＜、＜=、＞、＞=、==、!=,分别表示小于、小于等于、大于、大于等于、等于和不等于。其中要注意等于运算符“==”和赋值符号“=”的区别,初学者常犯的错误就是以“=”来表示“==”的关系。

例 3-1-9　区别赋值运算“=”与关系相等运算“==”。

```
>>>20 = 20
```

```
SyntaxError:can't assign to literal
>>>x=10
>>>y=x
>>>y
10
>>>x==y
True
```

在 Python 中还允许使用级联比较形式，可用"a<=b<=c"形式表示 a、b、c 三者之间的大小关系。

例 3-1-10 级联比较形式示例。

```
>>>a=10
>>>b=20
>>>c=30
>>>a<=b<=c
True
```

对浮点数据进行相等的关系运算时，不能直接用等于"=="操作。浮点数类型能够进行高精度的计算，但是由于浮点数在计算机内是用固定长度的二进制表示，有些数可能在计算机内部没有办法精确的表示，计算存在一定的误差。

例 3-1-11 浮点数的误差示例。

```
>>>x=3.141592627
>>>x-3.14          #表达式 x-3.14 并没有得到 0.001592627,结果略小一些
0.0015926269999999576
>>>2.1-2.0          #结果又略大了一些
0.10000000000000009
```

从这个例子可以得到一条经验：不能用"=="来判断两个浮点数是否相等，而是要检查两个浮点数的差值是否足够小，从而判定是否相等。

例 3-1-12 判断两个浮点数是否相等示例。

```
>>>2.1-2.0==0.1
False
>>>esp=0.000000001
>>>abs((2.1-2.0)-0.1)<esp    #abs()为内置函数,求绝对值
True
```

(3) 逻辑运算

关系运算只能表示简单的布尔判断,复杂的布尔表达式还需要逻辑表达式来构成。逻辑表达式通过逻辑运算:与(and)、或(or)、非(not),可以将简单的布尔表达式联结起来,构成更为复杂的逻辑判断,如表 3-1-3 所示为逻辑运算的真值表。

表 3-1-3　逻辑运算的真值表

a	b	a and b	a or b	not a
False	True	False	True	True
False	False	False	False	True
True	True	True	True	False
True	False	False	True	False

例 3-1-13　判断某一年是否是闰年。

符合下面两个条件之一就属于闰年:

- 该年能被 4 整除但不能被 100 整除;
- 该年能被 400 整除。

```
>>>y = 2010        #y 两个条件都不符合
>>>(y%4 == 0 and y%100 != 0)or(y%400 == 0)
False
>>>y = 2012        #y 符合第一个条件
>>>(y%4 == 0 and y%100 != 0)or(y%400 == 0)
True
>>>y = 2000        #y 符合第二个条件
>>>(y%4 == 0 and y%100 != 0)or(y%400 == 0)
True
```

2. 语句

语句是程序最基本的执行单位,程序的功能就是通过执行一系列语句来实现的。Python 语言中的语句分为简单语句和复合语句。

简单语句包括:表达式语句、赋值语句、输入输出语句、函数调用语句、return 语句、break 语句、continue 语句、import 语句等。

复合语句包括:if 选择语句、while 循环语句、for 循环语句、函数定义等。

(1) 语句书写规则

- Python 语言通常一行一条语句,使用回车换行符分割。
- 从第一列开始顶格书写,前面不能有多余空格。

- 复合语句的构造体必须缩进。
- 如果语句太长，可以使用反斜杠(\)来实现多行语句。
- 分号(;)可以用于就在一行书写多条语句。

例 3-1-14 多行语句和多条语句。

```
>>>#多行语句示例
>>>print("Python is a programming language that\
lets you work quickly\
and integrate systems more effectively. ")
Python is a programming language that lets you work quickly and integrate systems more
effectively.
>>>#多条语句示例
>>>a=0;b=0;c=0
```

(2) 注释

注释是代码中加入的一行或多行信息，对程序的语句、函数、数据结构等进行说明，以此来提升代码的可读性。注释是一种辅助性文字，在解释时会被解释器忽略，不会被计算机执行。

Python 语言中只提供了用于单行注释的符号。单行注释用"#"开始，Python 在执行代码的时候会默认忽略"#"和该行中"#"后的所有内容。

如果希望在 Python 程序中实现多行注释，可以使用多行字符串常量表示。多行字符串常量用三个单引号开始，三个单引号结束。或者三个双引号开始，三个双引号结束，不可混用。如果在调试程序的时候想大段删去代码，可以使用多行注释将这些代码注释掉。想重新加入这段代码运行的时候，只要将多行注释去掉就可以了，十分方便。

(3) 赋值语句

在 Python 中，变量只是一个名称。Python 的赋值语句通过赋值符号"="实现，用赋值运算符将右边数据对象与左边的变量名建立了引用关系，其一般使用方法如下，尖括号的内容表示具体使用时需要替代：

$$<变量>=<表达式>$$

- 连续赋值

Python 支持多个变量连续赋值，连续赋值的实质是多个变量引用同一个数据对象。

例 3-1-15 多个变量连续赋值。

```
>>>x=y=10
>>>id(x),id(y)
(1 619 899 744,1 619 899 744)
>>>x,y
(10,10)
```

上述通过查看 x、y 两个变量的 ID，ID 都是 1619899744 是相等的，说明两个变量引用了同一个整数数据对象 10。

- 同步赋值语句

如果要在一条语句中同时赋予 N 个变量值，可以使用同步赋值语句，其使用方法为：

<变量 1>,<变量 2>,…,<变量 N>=<表达式 1>,<表达式 2>,…,<表达式 N>

Python 语言在处理同步赋值语句的时候先运算右边的 N 个表达式，然后一次性把右边所有的表达式的值赋给左边的 N 个变量。

例 3-1-16　同步赋值语句的使用示例。

```
>>>x,y=10,20
>>>print("交换前 x=",x,",y=",y)
交换前 x=10,y=20
>>>x,y=y,x
>>>print("交换后 x=",x,",y=",y)
交换后 x=20,y=10
```

上例中，交换两个变量的值可以使用同步赋值语句实现。

- 复合赋值语句

将运算符和赋值符结合起来的赋值语句称为复合赋值语句，复合赋值语句可以简化代码，提高计算的效率。Python 中的常用复合赋值符号如表 3-1-4 所示。

表 3-1-4　Python 常用复合赋值符号

符号	描　述	符号	描　述
+=	x+=y　等价与　x=x+y	//=	x//=y　等价与　x=x//y
-=	x-=y　等价与　x=x-y	%=	x%=y　等价与　x=x%y
*=	x*=y　等价与　x=x*y	**=	x**=y　等价与　x=x**y
/=	x/=y　等价与　x=x/y		

例 3-1-17　复合赋值语句示例。

```
>>>i=9
>>>i+=1
>>>i%=2
>>>i
0
```

3.1.6 输入与输出

计算机程序的目的是执行一个特定的任务。有了输入，用户才能告诉计算机程序所需的信息，有了输出，程序运行后才能告诉用户任务的结果。

1. 输入

(1) input( )函数

Python 提供内置的 input( )函数，用于在程序运行时接收用户的键盘输入。
input( )函数的使用方法如下，方括号表示内容可选，即<提示文本串>不是必需的。

<变量>＝input([<提示文本串>])

例3-1-18 输入语句示例，返回值为字符串类型的数据。

```
>>>s = input("请输入:")
请输入:Google
>>>print("你输入的内容是:",s)
你输入的内容是:Google
```

(2) int( )、float( )函数

input( )函数只能返回字符串数据类型，当需要返回数值数据时，可以使用内置函数 int( )和 float( )将字符转换为对应类型数值。

例3-1-19 输入语句示例，返回值为相应的数值型数据类型。

```
>>>num = int(input("请输入整数:"))        ＃转换成 int 类型
请输入整数:45
>>>type(num)
<class 'int'>
>>>dig = float(input("请输入浮点数:"))        ＃转换成 float 类型
请输入浮点数:1.23
>>>type(dig)
<class 'float'>
```

2. 输出

(1) print( )函数

Python 提供内置 print( )函数用于输出显示数据。print( )函数的一般使用方式为：

$$\mathbf{print(value,\cdots,sep='\ ',end='\backslash n\ ')}$$

- 参数 value 表示输出对象,可以是变量、常数、字符串等。value 后的"…"表示可以列出多个输出对象,以逗号间隔。
- 参数 sep 表示多个输出对象显示时的分隔符号,默认值为空格。
- 参数 end 表示 print()函数的结束符号,默认值为换行符,也就是说 print()默认输出后换行。

例 3 - 1 - 20 输出多个对象示例。

```
>>>x,y,z=10,20,30
>>>print(x,y,z)            #输出多个对象,默认间隔一个空格
10 20 30
>>>print(x,y,z,sep=",")    #输出多个对象,设置间隔一个逗号
10,20,30
```

(2) 格式化字符串方法 format( )

format()方法基本语法是用花括号{}来表示一个需要替换的值的格式,完成字符串的格式化一般格式如下:

"<输出字符串>". format(参数列表)

- 输出字符串:由{}和输出的具体文字组成。其中{}表示替换参数值的占位符。
- 参数列表:包含一个或多个参数,每个参数用逗号分隔。

其中占位符{}的格式为:

{字段名:格式说明符}

字段名可以省略,默认顺次,对应参数列表中的参数,也可以是整数,对应参数列表中的参数的序号,第一个参数的序号为 0,依次递增。

格式说明符在此不再展开,可自行查阅 Python 相关文档。简单举例如下:

例 3 - 1 - 21 format()方法构造输出格式示例。

```
>>>name=input("你的名字:")
你的名字:李白
>>>print("你好,{}!".format(name))    #只有一个占位符{},输出时用参数 name 值代替
你好,李白!
```

例 3 - 1 - 22 format()方法构造数值输出格式示例。

```
>>>#计算指定边长的矩形面积。
>>>a,b=3,4
```

```
>>>c = a * b
>>>print('边长是{:d}和{:d}的矩形面积是:{:7.2f}'.format(a,b,c))
边长是3和4的矩形面积是: 12.00
```

其中:{:d}表示相应数据以十进制整数形式显示,{:7.2f}表示相应数据以浮点数,输出总宽度为7位形式,保留两位小数并四舍五入,宽度不足7位左边补空格。

3.1.7 习题与实践

1. 简答题

(1) 请指出下面合法的 Python 标识符有哪些?
    A. Day   B. e10   C. 2n   D. a[10]   E. False
    F. aAbB   G. a+b   H. _ifdef   I. day_of_year

(2) 请指出以下哪些不是 Python 的关键字?
    A. list   B. for   C. from   D. dict   E. False
    F. print   G. or   H. in   I. and

(3) 请指出以下哪些不是 Python 支持的数据类型?
    A. char   B. int   C. long   D. float   E. list
    F. bool   G. complex

(4) Python 程序中表示注释的方法有哪些?

2. 实践题

(1) 请在 Python Shell 中尝试输入以下数据类型的常量,使用 type()函数查看数据的类型,注意每种常量的字面表示方式。
    A. 128   B. 128.0   C. 2+5j   D. True
    E. (1,2,3,4,5) F. {1,2,2,3,4} G. {"a":94,"c":96,"A":65,"C":67}

(2) 请在 Python Shell 中尝试以下有关 BMI 值计算的操作语句。

- 输入身高 height,单位:cm(要求有适当的提示文字)。
- 输入体重 weight,单位:kg(要求有适当的提示文字)。
- 计算 BMI 值。
- 输出 BMI 值,要求格式为"你的 BMI 值为:××.×",保留小数点后一位。

3.2　组合数据对象

Python 的内置类型如图 3-2-1 所示,主要区分为基本数据类型和组合数据类型。

基本数据类型	序列对象	其他类型
· 整型 int · 浮点型 float · 复数 complex · 布尔类型 bool	· 字符串 str · 元组 tuple · 列表 list	· 集合类型 set · 字典类型 dict

图 3-2-1　Python 的内置类型一览表

组合数据类型可以应用于表示一组数据的场合。其中支持访问给定顺序的对象的称为序列,包括字符串 str、元组 tuple 和列表 list。除序列之外的组合数据类型有无序的集合 set 和字典 dict 类型。

3.2.1　字符串

在 Python 语言中,字符串是最常用的数据类型之一。可以把一个或多个字符用单引号(')、双引号(")或者三引号(''')括起来,三者的差别在于:使用单引号表示字符串时,字符串中可以包含双引号;使用双引号表示字符串时,字符串中可以包含单引号;使用三引号表示字符串时,字符串内容可以包含单引号、双引号和换行符。

1. 字符串创建

例 3-2-1　字符串的常量表示及转义字符使用示例。

```
>>>print("It ' s fine!")
It ' s fine!
>>>print("hello everyone\ntoday is a great day!")
hello everyone
today is a great day!
```

Python 同样支持以"\"为前缀的转义字符,例如使用转义字符"\n"可以在输出时使字符串换行。只有引号''或""无任何字符的为空字符串。

例 3-2-2　字符串变量示例。

```
>>>s = "hello"
```

```
>>>print(s)
hello
>>>t = s
>>>id(s) = = id(t)    # t 和 s 指向同一个字符串对象"hello"
True
```

字符串可以使用字符串变量来操作。字符串变量的实质是一个指向字符串对象的标识符。

2. 字符串的基本运算

Python 中提供了 5 个字符串的基本运算符，如表 3-2-1 所示。

表 3-2-1　字符串基本运算符

运算符	描　　述
a + b	连接字符串 a 和 b
a * n	复制生成 n 次字符串 a
a[n]	获取字符串中索引号为 n 的字符
a[m:n]	截取字符串 a 中索引号从 m 到 n-1 的子串
a in b	如果字符串 a 是字符串 b 的子串，返回 True，否则返回 False

(1) 索引操作

字符串是一个序列对象，每一个字符都有索引号，也称为下标。而且 Python 支持正向索引号和反向索引号两种索引体系。

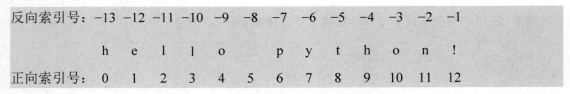

图 3-2-2　字符串的索引

使用下标来获取字符串中指定的某个字符，称为索引操作，下标是一个整数值，可以是整数常量，整数变量，也可以是一个整数表达式，用法如下：

＜字符串＞[下标]

例 3-2-3　字符串索引操作示例。

```
>>>s = "hello Python!"
```

```
>>>s[0]
'h'
>>>i = 10
>>>s[i + 1]
'n'
>>>s[-1]
'!'
```

注意：Python 中下标位置是从 0 开始计数的，数值表达式可以为负数，则表示从右向左计数。

(2) 切片操作

Python 提供了切片操作获取子串，子串是一个字符串中连续或不连续的部分字符。常用的使用方法为：

<字符串>[start：end：step]

即获取索引号从 start 到 end-1 的间隔为 step 的子串。

例 3-2-4　获取字符串的子串示例。

```
>>>str = "Python 语言"
>>>str[:6]        #截取 str 字符串下标从 0 到 5 的子串
'Python'
>>>str[6:]        #截取 str 字符串下标从 6 到最后的子串
'语言'
>>>str[-2:]       #使用逆序下标，-2 与 6 是一致的
'语言'
>>>s = 'abcdefg'
>>>print(s[::])   #获取原串
abcdefg
>>>print(s[::-1])    #翻转字符串
gfedcba
```

(3) 连接和复制操作

字符串类型支持使用"+"联接两个字符串，使用"＊"进行字符串的复制。

例 3-2-5　联接运算示例。

```
>>>s = 'shang'
```

```
>>>s + = ' hai '
>>>s
' shanghai '
```

例 3 - 2 - 6 复制运算示例。

```
>>>s = "hi"
>>>t = s * 3
>>>t
' hihihi '
```

(4) 子串测试运算

子串测试运算 in 可以测试一个子串是否存在于另一个字符串中,计算结果返回布尔值。用法为:

＜子串＞in＜字符串＞

例 3 - 2 - 7 子串测试运算示例。

```
>>>s = ' python '
>>>' py ' in s
True
>>>t = ' the '
>>>t in s
False
```

(5) str 对象的方法

str 类型提供了丰富的字符串操作的方法,如格式化字符串方法 format()即是 str 对象的方法之一。表 3-2-2 所示为常用 str 对象方法,S 表示一个 str 对象。读者同样可以通过 help(str)查询更多的字符串操作的方法。

表 3-2-2　str 类的常用方法

str 的常用方法	描　　述
S. capitalize( )	返回首字符大写后的字符串,S 对象不变
S. lower( )	返回所有字符改小写后的字符串,S 对象不变
S. upper( )	返回所有字符改大写后的字符串,S 对象不变
S. strip( )	返回删去前后空格后的字符串,S 对象不变

(续表)

str 的常用方法	描　述
S. replace(old,new)	返回所有的 old 子串用 new 子串代替的字符串,S 对象不变
S. count(sub[,start[,end]])	计算子串 sub 在 S 对象中出现的次数,start 和 end 定义起始位置和结束位置
S. find(sub[,start[,end]])	计算子串 sub 在 S 对象中首次出现的位置
S. join(iterable)	将 iterable 序列对象中所有字符串合并成一个字符串,S 对象为连接分隔符
S. split(sep = None)	将 S 对象按分隔符 sep 拆分为字符串列表,默认为用空格分隔

str 对象方法的调用形式为:

<字符串>. 方法名(<参数>)

在交互方式的提示符>>>后输入**对象名.** 稍作停留,会显示该对象的所有方法的列表,使用上下光标键可以选择所需的方法。

例 3-2-8　str 对象方法示例。

```
>>>s = '   hello python   '
>>>t = s. strip()   ♯去除左右空格
>>>s
'   hello python   '
>>>t
' hello python '
>>>t. upper()   ♯所有字符转换成大写
' HELLO PYTHON '
>>>t. count('o')    ♯统计查找子串'o'出现的次数
2
>>>t. find('o')    ♯寻找子串'o',返回首次出现的下标值
4
>>>t. replace('hello','hi')   ♯字符串'hello'替换成'hi'字符串
' hi python '
>>>t
' hello python '
```

由上例可以看出 str 对象的 strip()、upper()和 replace()等方法都是对字符串修改的操作,但都是返回一个新的字符串对象,而原字符串对象本身的内容是不变的。

3.2.2　列表和元组

Python 中的元组和列表可以存储任意数量的一组相关数据,形成一个整体。其中的每一

项可以是任意数据类型的数据项。各数据项之间按索引号排列并允许按索引号访问。

　　元组和列表的区别为：元组是不可变对象，创建之后就不能改变其数据成员，这点与字符串是相同的；而列表是可变对象，创建后允许修改、插入或删除其中的数据成员，列表可以看作是一组数据变量的集合，可以对变量重新赋值，也可以增加或删除变量。

1. 元组和列表的创建

(1) 元组的创建

元组（tuple）一般使用圆括号()来标识，数组项之间用逗号分隔，可以是不同的数据类型。

例 3 - 2 - 9　创建元组示例。

```
>>>#使用字面量创建元组
>>>t1 = (1,2,3)
>>>t1
(1,2,3)
>>>t2 = "east","south","west","north"
>>>t2
('east','south','west','north')
>>>#数据项可以是相同数据类型,也可以是不同数据类型
>>>t3 = "0010110","张山","men",18
>>>t3
('0010110','张山','men',18)
>>>#元组只有一个数据项时,需要逗号结束
>>>t4 = "one",
>>>t4
('one',)
>>>#tuple()函数创建空元组
>>>t5 = tuple()
>>>t5
()
```

其中，元组的字面表示可以加上圆括号，也可以不加。例如创建 t2 对象时，就没有加圆括号。

(2) 列表的创建

列表（list）用方括号[]来标识，数据项之间以逗号分隔，可以是不同的数据类型。

例 3 - 2 - 10　创建列表示例。

```
>>>#创建一个由字符串构成的列表
```

```
>>>L1 = ["one","two","three","four","five"]
>>>#创建由数据类型不同数据项构成的列表
>>>L2 = ["10170926","高欣","19960103",164,47.8]
>>>#创建一个空的列表
>>>L3 = []
```

list()函数可以生成一个空的列表,也可以将字符串、元组和集合等转化为列表。

例3-2-11 list()函数创建列表示例。

```
>>>#创建一个空列表
>>>L = list()
>>>L
[]
>>>#将元组转化为列表
>>>L4 = list(t2)
>>>L4
['east','south','west','north']
>>>#将一个字符串转化为列表
>>>L5 = list("python")
>>>L5
['p','y','t','h','o','n']
```

2. 元组和列表的序列操作

(1) 联接和复制操作

元组和列表中的每一个数据项又称为元素。与字符串的联接和复制操作相同,"+"运算符可以将两个序列的内容联接生成一个新序列,"*"运算符复制序列的内容,生成一个新序列。

例3-2-12 联接和复制列表元素示例。

```
>>>#将两个列表的元素连接为一个列表
>>>L4 = L4 + ['middle']
>>>L4
['east','south','west','north','middle']
>>>#将列表的内容复制10次
>>>L5 = [0] * 10
>>>L5
[0,0,0,0,0,0,0,0,0,0]
```

(2) 索引访问操作

与字符串的索引访问相同,元组和列表中的元素可以通过下标访问,下标从 0 开始,同时也可以通过切片操作获取部分元素。

例 3－2－13 元组和列表的访问示例。

```
>>>t2
('east','south','west','north')
>>>t2[2]          #元组索引操作
'west'
>>>L1
['one','two','three','four','five']
>>>L1[2]          #列表索引操作
'three'
>>>t2[2:4]        #元组切片操作
('west','north')
>>>L1[::-1]       #列表切片操作
['five','four','three','two','one']
```

列表和元组、字符串的根本区别在于列表是可变对象,每一个数据项可以视为一个变量,通过下标访问修改变量的值,所以列表元素可以读取,可以修改,而元组和字符串的元素是不能通过下标访问修改的。这使得列表可以通过索引操作更灵活地完成修改、删除和插入等维护操作。

(3) 序列函数

Python 为序列对象提供了 max()、min()、len()和 sorted()等内置函数,支持求序列最大值、序列最小值、序列长度和序列排序操作。

例 3－2－14 统计列表的长度、最大值和最小值。

```
>>>L6=[76,36,1,7,96,7,85,33,62,100]
>>>len(L6)
10
>>>max(L6)
100
>>>min(L6)
1
```

sorted()函数可以对列表、元组、字符串排序,排序后产生一个新的列表,语法格式如下:

$$sorted(iterable, /, * , key＝None, reverse＝False)$$

参数说明：

- iterable：需要排序的迭代序列，可以是字符串、列表、元组等；
- key：参数值是一个函数，在每个数据项比较前被调用，决定排序关键字；
- reverse：参数值为 True 则排降序，False（默认值）排升序．

例 3 - 2 - 15　*sorted( )函数排序示例。*

```
>>>sorted(L6)
[1,7,7,33,36,62,76,85,96,100]
>>>sorted(L6,reverse = True)
[100,96,85,76,62,36,33,7,7,1]
>>>L6
[76,36,1,7,96,7,85,33,62,100]
```

注意：无论对列表、字符串还是元组进行排序，sorted( )函数都是返回一个新序列对象，对原来的序列对象没有影响。

(4) 逻辑判断操作

使用 in 和 not in 来测试是否是元组或列表元素，测试结果返回布尔值 True 或 False。

例 3 - 2 - 16　*判断列表元素的存在示例。*

```
>>>85 in L6
True
>>>85 not in L6
False
```

(5) 遍历操作

遍历操作是指依次访问序列中的每一个元素，遍历操作有迭代访问和下标访问两种算法模式。

- 迭代访问的算法模式

迭代访问支持依次读取序列中的每一个元素。序列中的列表、元组、字符串都支持迭代访问，算法模式如下：

$$\textbf{for x in 迭代序列：}$$
$$\textbf{...x...}$$

该模式中通过顺次读取迭代序列中的每一个元素赋值给 x 变量，然后对 x 进行相应操作。

例 3－2－17　列表的迭代访问示例。

```
>>>L1=["one","two","three","four","five"]
>>>for x in L1：
        print(x,end=' ')
one  two  three  four  five
```

- 下标访问的算法模式

下标访问支持根据序列中元素的下标值依次访问每一个元素。序列中每一个元素都有下标值，一次遍历操作就是穷举每一个下标值，达到访问序列中每个元素的目的。序列中的列表、元组、字符串也都支持下标访问，算法模式如下：

for i in range(N)：
　　...序列对象[i]...

该模式中 N 为序列中元素的个数，由 range()函数生成 **0～N－1** 的整数值依次赋给变量 i，i 即为序列对象元素的下标值，则依次获取序列的每一个元素值为序列对象[i]，然后可以对**序列对象[i]**进行相应操作。

例 3－2－18　列表的下标访问示例。

```
>>>L1=["one","two","three","four","five"]
>>>for i in range(len(L1))：     #列表的下标访问,len(L1)计算列表的元素个数
        print(L1[i],end=' ')
one  two  three  four  five
```

3. 元组和列表的方法

由于元组对象创建后不能改变自身的值，是只读属性的对象，它的方法只有两个，如表 3-2-3 所示，T 表示一个元组对象。

表 3-2-3　元组对象的常用方法

方　　法	描　　述
T.count(value)	计算 value 值在元组 T 中出现的次数
T.index(value,[start,[stop]])	计算 value 值在元组 T 中指定区间第一次出现的下标值

例 3－2－19　元组对象方法示例。

```
>>>t2
('east','south','west','north')
```

```
>>>t2.index(' west ')
2
>>>t=1,2,1,2,3,1,2,3,3,2,1
>>>t.count(3)            #统计元组中值为 3 的个数
3
>>>t.index(3)            #元组中第一次出现值为 3 的下标
4
```

注意:index()方法只能返回在指定范围内第一个 value 对应的下标值。t 中虽然有多个 3,返回值只有第一个 3 出现的下标位置 4。默认时范围为整个序列,可以使用参数(start, stop)设定搜寻范围。

相对于元组对象的方法,列表的方法就丰富得多,如表 3-2-4 所示,L 表示一个列表对象。

表 3-2-4　列表对象的常用方法

方　法	描　述
L. append(object)	在列表 L 尾部追加 object 对象
L. clear( )	移除列表 L 中的所有元素
L. count(value)	计算 value 在列表 L 中出现的次数
L. copy( )	返回 L 的备份的新对象
L. extend(Lb)	将 Lb 中的元素扩充到 L 的末尾
L. index(value,[start,[stop]])	计算 value 在列表 L 指定区间第一次出现的下标值
L. insert(index,object)	在列表 L 的下标为 index 的元素前插入 object 元素对象
L. pop([index])	返回并移除下标为 index 的元素,默认最后一个
L. remove(value)	移除第一个值为 value 的元素
L. reverse( )	倒置列表 L
L. sort( )	对列表中的元素按升序排序

一个列表对象可以赋值给多个变量,这时,所有变量都引用同一个列表对象。若通过 copy()方法获取列表元素值相同的新备份对象,此时新列表与原列表有相同的值但不是同一个对象。

例 3-2-20　列表对象的赋值及 copy 示例。

```
>>>L7=[10,20,30,40,50,60,70,80,90,100]
>>>L8=L7
```

```
>>>print(id(L8),id(L7))
2495868546440 2495868546440
>>>L = L7. copy()
>>>L7[0] = 1
>>>L7
[1,20,30,40,50,60,70,80,90,100]
>>>L
[10,20,30,40,50,60,70,80,90,100]
>>>print(id(L),id(L7))
2495868546696 2495868546440
```

例 3-2-21 使用列表方法完成列表元素的增删改示例。

```
>>>L. insert(0,1)              #在下标为 0 的位置插入 1
>>>L. append(110)             #在尾部添加 110
>>>L. extend([120,130,140])   #将列表[120,130,140]中的元素添加到 L 中
>>>L
[1,10,20,30,40,50,60,70,80,90,100,110,120,130,140]
>>>L. pop(0)                  #弹出下标为 0 的列表元素
1
>>>L. remove(140)            #删除值为 140 的列表元素
>>>L
[10,20,30,40,50,60,70,80,90,100,110,120,130]
```

reverse()方法可以倒置列表元素，sort()方法与内置函数 sorted()类似，区别在于 sort()方法是原地排序会改变调用它的列表，而 sorted()函数是返回新列表。

例 3-2-22 列表的排序和倒置示例。

```
>>>L6
[76,36,1,7,96,7,85,33,62,100]
>>>L6. sort()
>>>L6
[1,7,7,33,36,62,76,85,96,100]
>>>L6. reverse()
>>>L6
[100,96,85,76,62,36,33,7,7,1]
```

说明：列表对象调用 reverse()和 sort()方法都是对列表本身的破坏性修改，如果不希望这种修改发生，可以使用 copy()方法获取备份，对备份列表操作。

3.2.3　字典和集合

1. 集合

集合是无序的对象的聚集,是可变对象。但因集合是无序的,不能通过数字进行索引,而且集合中元素不能重复出现。根据集合的特性和集合运算,集合经常应用于去除列表中的重复元素、求两个列表的相同元素(交集)、求两个列表的不同元素(差集)等场合。

(1) 创建集合

Python 的集合可分为可变集合(set)和不可变集合(frozenset)。对可变集合(set),可以用花括号{}标识直接创建,也可以通过 set()函数创建,数据项之间以逗号分隔。

例 3 - 2 - 23　字面量创建集合示例。

```
>>> #使用字面量创建集合
>>> s1 = {2,4,6,8,10}
>>> s1                    #集合是无序的
{8,10,4,2,6}
```

注意:在用字面量创建集合时,python 中不可变的对象,如:字符串,元组可作为集合的元素,而可变对象,如:字典,列表,集合不可作为集合的元素。

使用 set()函数来创建集合,函数的参数,可以是字符串,元组和列表,它是将序列的数据元素转化为集合的元素。

例 3 - 2 - 24　使用函数 set()创建集合示例。

```
>>> #创建空集合对象
>>> s2 = set()
>>> s2
set()
>>> #将字符串对象转换为集合
>>> s3 = set(' hello ')
>>> s3
{' l ',' e ',' o ',' h '}
```

注意:创建一个空集合必须用 set()而不是{},因为{}是用来创建一个空字典。由上例可以看出,字符串"hello",由五个字符构成,其中'l'出现了两次,转换到集合中,重复项只能保留一个,且字符次序与原字符串的次序不同。集合的这种特性,可以很方便地对列表对象执行去重操作。

例 3-2-25 列表去重复示例。

```
>>>L1=[1,2,3,4,1,2,3,4]
>>>L2=list(set(L1))  #通过 set()函数创建去重复的集合,再通过 list()函数把去重后的
集合转换为列表
>>>print(L2)
[1,2,3,4]
```

(2) 集合运算

集合支持的运算有:交集、并集、差集、对称差集,和中学数学中学习的集合的运算的概念相同,常用的集合运算如表 3-2-5 所示。

表 3-2-5 集合的常见运算

运算	描　述	运算	描　述
x in s1	检测 x 是否在集合 s1 中	s1 == s2	判断集合是否相等
s1 | s2	并集	s1 <= s2	判断 s1 是否是 s2 的子集
s1 & s2	交集	s1 < s2	判断 s1 是否是 s2 的真子集
s1 - s2	差集	s1 >= s2	判断 s1 是否是 s2 的超集
s1 ∧ s2	异或集,求 s1 与 s2 中相异元素	s1 > s2	判断 s1 是否是 s2 的真超集
s1 | = s2	将 s2 的元素并入 s1		

(3) 集合对象的方法

集合对象的常用方法如表 3-2-6 所示,其中 s1 表示一个集合对象。

表 3-2-6 集合对象的常用方法

方　法	描　述
s1.union(s2)	s1 | s2,返回一个新的集合对象
s1.difference(s2)	s1 - s2,返回一个新的集合对象
s1.intersection(s2)	s1 & s2,返回一个新的集合对象
s1.issubset(s2)	s1 <= s2
s1.issuperset(s2)	s1 >= s2
s1.update(s2)	将 s2 组合对象中的元素并入 s1
s1.add(x)	增加元素 x 到 s1
s1.remove(x)	从 s1 移除 x,x 不存在报错
s1.clear()	清空 s1
s1.copy()	复制 s1,返回一个新的集合对象

2. 字典

字典是 Python 中唯一内置映射数据类型,与集合类型一样是无序的,是通过指定的键从字典访问对应值。键值对没有特定的排列顺序,不能通过索引操作访问字典元素。

(1) 字典的创建

字典可以通过"字面量"直接创建,也可以通过 dict() 函数创建,还可以使用序列创建字典。

字典的每个键值对形如 key:value,每个键值对之间用逗号分隔,整个字典包括在花括号{}中,格式如下所示:

$$d = \{key1 : value1, key2 : value2, \cdots\}$$

例 3 - 2 - 26　字面量创建字典示例。

```
>>>#使用字面量创建字典
>>>d1 = {1:' MON ',2:' TUE ',3:' WED ',4:' THU ',5:' FRI ',6:' SAT ',0:' SUN '}
>>>d1
{0:' SUN ',1:' MON ',2:' TUE ',3:' WED ',4:' THU ',5:' FRI ',6:' SAT '}
>>>#使用空花括号{}创建空字典
>>>d2 = {}
>>>d2
{}
```

用 dict() 函数创建字典时,参数为键值对,键值对之间以逗号分隔,键值对的书写形式为 key=value。格式如下所示:

$$d = dict(key1 = value1, key2 = value2, \cdots)$$

例 3 - 2 - 27　dict() 函数创建字典示例。

```
>>>monthdays = dict(Jan = 31, Feb = 28, Mar = 31, Apr = 30, May = 31, Jun = 30, Jul = 31,
Aug = 31, Sep = 30, Oct = 31, Nov = 30, Dec = 31)
>>>monthdays
{' May ':31,' Aug ':31,' Feb ':28,' Mar ':31,' Jan ':31,' Jul ':31,' Jun ':30,' Sep ':30,' Nov ':
30,' Dec ':31,' Oct ':31,' Apr ':30}
```

使用 dict() 函数创建字典时,对键值对的要求比使用字面量创建字典时键值对的要求更严格,键名 key 必须是一个标识符,而不能是表达式,例如:类似 d1 的字典不能使用 dict() 函数创建,因为整数不能作为 key。

（2）字典的访问操作

字典元素的访问方式是通过键访问相关联的值,设 d 为字典对象,常用访问操作有:

- d[key]:返回键为 key 的 value,如果 key 不存在,导致 keyError 异常报错;
- d[key]＝value:如果 key 存在,设置值为 value,如果 key 不存在,增加该键值对。

例 3-2-28 字典元素的访问操作示例。

```
>>>monthdays = dict(Jan = 31,Feb = 28,Mar = 31,Apr = 30,May = 31,Jun = 30,Jul = 31,
Aug = 31,Sep = 30,Oct = 31,Nov = 30,Dec = 31)
>>>monthdays
{'Jan':31,'Feb':28,'Mar':31,'Apr':30,'May':31,'Jun':30,'Jul':31,'Aug':31,'Sep':
30,'Oct':31,'Nov':30,'Dec':31}
>>>#字典元素是可读取的
>>>monthdays['Jan']
31
>>>#字典元素是可修改的
>>>monthdays['Feb'] = 29
>>>monthdays
{'Jan':31,'Feb':29,'Mar':31,'Apr':30,'May':31,'Jun':30,'Jul':31,'Aug':31,'Sep':
30,'Oct':31,'Nov':30,'Dec':31}
```

（3）字典对象的方法

字典对象的常用方法如表 3-2-7 所示,其中 d 表示一个字典对象。

表 3-2-7　字典对象的常用方法

方　法	描　述
d. keys()	返回字典 d 中所有键的迭代序列,类型为 dict_keys
d. values()	返回字典 d 中值的迭代序列,类型为 dict_values
d. items()	返回字典 d 中由键和相应值组成的元组的迭代序列,类型为 dict_items
d. clear()	删除字典 d 的所有键值对
d. copy()	返回字典 d 的浅复制拷贝,不复制嵌入结构
d. update(x)	将字典 x 中的键值对加入字典 d
d. pop(k)	删除键值为 k 的键值对,返回 k 所对应的值
d. get(k[,y])	返回键 k 对应的值,若未找到该键返回 None,若提供 y,则未找到 k 时返回 y

keys()、values()、items()函数分别返回 dict_keys、dict_values 和 diect_items 迭代序列对

象,返回后,可以转化为列表或元组继续操作,也可以用迭代循环遍历返回序列中的元素,实现相应算法,常用算法模式如下:

```
for key in d.keys():
    ......
for key in d.values():
    ......
for key,value in d.items():
    ......
```

例 3 - 2 - 29　keys()、values()和 items()字典方法示例。

```
>>> #获取字典 monthdays 的键序列
>>> monthdays.keys()
dict_keys(['Jan','Feb','Mar','Apr','May','Jun','Jul','Aug','Sep','Oct','Nov','Dec'])
>>> #获取字典 monthdays 的值序列
>>> monthdays.values()
dict_values([31,28,31,30,31,30,31,31,30,31,30,31])
>>> #获取字典 monthdays 的键值对序列
>>> monthdays.items()
dict_items([('Apr',30),('Jul',31),('Jun',30),('Oct',31),('Mar',31),('Jan',30),('May',31),('Nov',30),('Dec',31),('Aug',31),('Sep',30),('Feb',28)])
>>> #输出字典 monthdays 的键序列
>>> for i in monthdays.keys():
        print(i,end=" ")
Jan Feb Mar Apr May Jun Jul Aug Sep Oct Nov Dec
>>> #输出字典 monthdays 的值序列
>>> for i in monthdays.values():
        print(i,end=" ")
31 28 31 30 31 30 31 31 30 31 30 31
>>> #输出字典 monthdays 的键值对序列
>>> L = list(monthdays.items())
>>> L
[('Jan',31),('Mar',31),('Apr',30),('May',31),('Jun',30),('Jul',31),('Aug',31),('Sep',30),('Oct',31),('Nov',30),('Dec',31),('Feb',28)]
```

3.2.4 习题与实践

1. 简答题

(1) 请写出判断一个字符 ch 是数字字符的条件表达式。

(2) 如何使用 Python 实现一个英文标题的单词首字符大写?

(3) 求一个序列 S1 的逆序序列 S2 的表达式是什么?

(4) 请查阅排序函数 sort 或 sorted 函数中 key 参数的使用方法,实现对一个字符串列表按字符串长度排序。

(5) 已有运动会上参加各个项目的运动员名单,一位运动员可以参加多个项目,请简述使用 Python 求解参加了运动会的运动员名单的方法。

2. 实践题

在 Python Shell 中完成下面有关字符串、元组、列表、字典的操作,并回答问题。

(1) 输入 s1="Hello",输入 s2="Python" 再输入 s=s1+s2,显示 s 的值。输入 s1 in s,测试成员。输入 s3=s1+s2*3,显示 s3 的值。

s:_____,s1 in s 的结果:_____,s3:_____。

(2) 输入 str="Hello,Python World!",输入 str[0],输入 str[5],输入 str[5],输入 str[6:-7],输入 str[::-1]。

(3) 输入 s="Python String",再输入下面语句,理解字符串运算

s. upper():_____ s. lower():_____ s:_____

s. find('i'):_____ s. replace('ing','gni'):_____

t=s. split(' '),t:_____。

(4) 输入 s1=' programming ',再输入 s2=' language ',

利用 s1、s2 和字符串操作,写出能产生下列结果的表达式。

'program':_____;

'prolan':_____;

'amamam':_____;

'progr@mming l@ngu@ge':_____。

(5) 输入:t1=' 001001 ',' Li Si ',' men ',18,再输入:t1,显示该变量值,输入:t1[0]和 t1[1],显示部分数据,最后输入:type(t1),显示变量类型,输入:len(t1),显示长度。

t1[0]:_____,t1[1]:_____,t1 的类型是:_____,t1 的长度是:_____。

(6) 输入:t2=['001001','Li Si','men',18],再输入:t2,显示该变量值,输入:t2[0]和 t2[1],显示部分数据,最后输入:type(t2),显示变量类型,输入:'men' in t2,测试成员。

t2[0]:_____,t2[1]:_____,t2 的类型是:_____。

(7) 输入:t2+=[' 021-65789293 '],再输入:t2,查看该变量值。输入:t2[0:1]=[],再输入:t2,查看该变量值。

列表的"+"运算的作用是:_____。

t2[0:1]＝[]的作用是：＿＿＿＿＿＿＿＿＿＿＿。

(8) 输入：a＝4，输入：d＝{}，输入：d[a]＝10，输入：d['1']＝20

print(d) 的结果是：＿＿＿＿＿＿＿＿＿＿＿。

(9) 输入：t＝1,2,3，输入：p＝[1,2,3]，输入：s＝{1,2,3}

下面输入会出现异常的是：＿＿＿＿＿＿＿＿＿＿＿。

>>>q＝{t}　　>>> r＝{p}　　>>>w＝{s}

(10) 输入：d1＝{"A":65,"B":66,"a":97,"c":99}，输入：d2＝d1，输入：d2["A"]＝0，

输入：s＝d1["A"]＋d2["A"]。

s 的值：＿＿＿＿＿＿＿＿＿＿＿＿。

3.3　程序控制结构

一个好的程序不但要能正确地解决问题,还应该执行效率高、结构清晰、易于理解、易于维护。结构化流程控制以顺序结构、选择结构和循环结构这三种基本结构作为表示一个良好算法的基本单元,可以实现任何复杂的功能。

3.3.1　顺序结构

顺序结构是最简单、最直观的控制结构。任何一个程序都可以看作是一个顺序结构,程序中的语句按照它们出现的先后顺序一条一条地执行,一条语句执行结束,自动地执行下一条语句。

本节使用流程图描述程序算法,流程图采用标准的图形符号来描述程序的执行步骤。常用的流程图符号如表 3-3-1 所示。

表 3-3-1　常用的流程图符号

符　号	名　称	解　释
▭	起止框	表示一个算法的开始和结束
▭	处理框	表示要处理的内容,该框有一个入口和一个出口
▱	输入/输出框	表示数据的输入或结果的输出
◇	判断框	表示条件判断的情况。满足条件,执行一条路径;不满足条件则执行另外一条路径
○	连接框	用于连接因画不下而断开的流程线
↓→	流程线	指出流程控制方向,即运作的次序

例 3-3-1　已知一个圆的半径,求其内接正五边形的面积。

问题分析:这是一个典型的数学公式求解问题。已知圆的半径,可以通过公式求内接的五边形的边长;已知正五边形的边长就可以再通过公式求正五边形的面积。

求内接五边形面积问题的 IPO(输入处理输出)描述如下:

输入:圆的半径 r

处理:计算内接正五边形的边长 $a = 2r\sin\left(\dfrac{\pi}{5}\right)$.

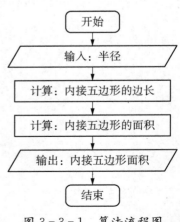

图 3-3-1　算法流程图

计算内接正五边形的面积 $s = \dfrac{5a^2}{4\tan\left(\dfrac{\pi}{5}\right)}$.

输出：内接正五边形的面积 s.

程序的实现算法如图 3-3-1 的流程图所示。

程序的完整实现代码如下：

```
import math    ＃为使用 sin()、tan() 函数及 pi 值，导入 math 数学库，import 用法见 3.4.1 节
r = float(input("请输入圆半径:"))
s = 2 * r * math.sin(math.pi/5)
area = (5 * s * s)/(4 * math.tan(math.pi/5))
print("内接正五边形的面积:{:.2f}".format(area))
```

运行结果示例：

```
>>>
请输入圆半径:5.5
内接正五边形的面积:71.92
```

3.3.2　选择结构

选择结构也称分支结构，是指程序的执行出现了分支，它需要根据某一特定的条件选择其中的一个分支执行。常见的选择结构有单分支、二分支和多分支三种形式。Python 使用 if 语句实现选择结构，分别为 if 语句、if-else 语句和 if-elif-else 语句。

1. 双分支结构

用 Python 的 if 语句实现的双分支选择结构，语句格式如下：

if<**条件表达式**>：
　　<**语句块 1**>
else：
　　<**语句块 2**>

计算条件表达式的值，如果条件表达式的值为 True，则执行语句块 1，否则执行语句块 2。语句块 1 和语句块 2 向里缩进，表示隶属关系。

行首空白（空格和制表符）称为缩进，是语法的一部分，用来决定语句的结构。

同一层次的语句必须有相同的缩进，每一组这样的语句称为一个语句块。错误的缩进会引发错误。不要混合使用制表符和空格来缩进，因为这在跨越不同的平台的时候，无法正常工作。在编写程序代码时，在需要缩进格式的语句块前行末输入回车后，会自动确定缩进的位置。

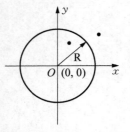

图 3-3-2　点和圆的位置

例3-3-2　如图 3-3-2，判断一个点在圆内还是圆外。

问题分析：在平面坐标系中，求一个点到圆心的距离，如果点到圆心的距离小于等于圆的半径则在圆内，否则在圆外。

判断一个点在圆内还是圆外的 IPO 描述如下：

输入：圆的半径 R，点的坐标 (x,y)。

处理：计算点到圆心的距离，公式如下，其中：圆心坐标为 $(0,0)$。

$$d=\sqrt{(x_2-x_1)^2+(y_2-y_1)^2}.$$

输出：将点到圆心的距离与半径作比较，输出结论。

程序的实现算法如图 3-3-3 的流程图所示。

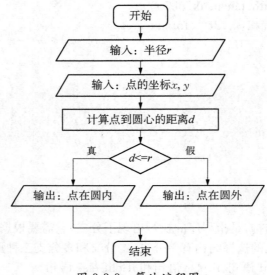

图 3-3-3　算法流程图

由流程图可知，根据计算得到点到圆心的距离 d，与圆的半径 r 比较有两个结果：点到圆心的距离 d 小于等于圆的半径 r，点在圆内；点到圆心的距离 d 大于圆的半径 r，点在圆外。不同的分支输出的结果不一样，使用双分支选择结构进行处理。

程序完整实现代码如下：

```
＃判断一个点在圆内还是圆外
from math import sqrt
r = float(input("请输入圆半径："))
print("请输入点的坐标：")
x = float(input("x："))
y = float(input("y："))
d = sqrt(x * x + y * y)
```

```
if d< = r：
            print("点在圆内")
else：
            print("点在圆外")
```

该选择结构中根据条件表达式的计算结果是 True 或 False,再决定选择哪一条分支语句继续执行。

2. 单分支结构

单分支结构的语句格式如下:

if<**条件表达式**>：
　　　　<**语句块**>

当条件表达式的值为 True 时,执行语句块;当条件表达式的值为 False 时,执行下一条语句。

例 3-3-3　求一个整数的绝对值,当这个整数小于零的时候需要处理,取它的相反值。其他情况都不需要作处理。

程序完整实现代码如下:

```
x = int(input("x = "))
if x<0：
    x = - x
print("x 的绝对值是",x)
```

3. 多分支结构

多分支结构的语句格式如下:

if<**条件表达式 1**>：
　　<**语句块 1**>
elif<**条件表达式 2**>：
　　<**语句块 2**>
elif<**条件表达式 3**>：
　　<**语句块 3**>
　……
else：
　　<**语句块** *n*+1>

与双分支结构不同的是,多分支结构增加了若干个 elif 语句,是 else if 的缩写形式。当前一个条件表达式为 False 的时候,进入 elif 语句,继续计算 elif 的条件表达式,如果为 True,执行 elif 的语句块。最后一条是 else 语句,当前面所有的条件表达式都不成立时,执行 else 的语句块。注意:else 语句是没有条件表达式的。

例 3-3-4　用多分支结构实现下面的符号函数，根据任意一个实数 x 的取值，决定 y 的值为 -1、0 和 1。

$$y = \begin{cases} -1, x < 0; \\ 0, x = 0; \\ 1, x > 0. \end{cases}$$

程序完整实现代码如下：

```
x = float(input("x = "))
if x < 0：
    y = -1
elif x == 0：
    y = 0
else：
    y = 1
print("y = ", y)
```

3.3.3　循环结构

循环结构是指程序中满足某一条件时要重复执行某些语句，直到条件为假时才可终止循环。在循环结构中的关键是：满足什么条件时执行循环？重复执行哪些步骤？

Python 语言提供了有两种循环语句：while 语句和 for 语句是迭代循环语句。

1. while 语句

while 循环语句的语法格式为：

while＜条件表达式＞：
＜语句块＞

条件表达式为真时，执行缩进格式中的语句块，再次计算条件表达式值，若为 True 继续执行循环语句块，若为 False 退出循环结构。

例 3-3-5　用循环语句 while 实现的 1～100 的累加和计算。

程序完整实现代码如下：

```
total = 0
i = 0
while i <= 100：
    total = total + i
    i = i + 1
print("1～100 的累加和为：{}".format(total))
```

2. for 语句

for 循环语句的语法如下：

for<变量>in<可迭代对象>:
<语句块>

迭代是访问聚合数据对象的一种方式。迭代器对象从聚合的第一个元素开始访问，直到所有的元素被访问完结束，产生一个序列。支持迭代的对象统称为可迭代对象 Iterable，Python 的组合数据类型都是可迭代对象，如 list(列表)，tuple(元组)，dict(字典)，set(集合)，str(字符串)等。

for 循环就是依次访问这个可迭代对象中的第一个元素到最后一个元素并赋值给循环变量，称之为一次遍历。

例 3-3-6 将字符串对象 s 中的字符以一列方式显示。
程序完整实现代码如下：

```
s = "Python"
for c in s:
    print(c)
```

说明：本例中，每循环一次，变量 c 依次取 s 中的一个字符，执行一次 print(c)语句，print 语句输出换行，获得一列字符输出。

使用 Python 中内置的函数 range()，可以创建一个从 start 到 end-1，步长为 step 的有序的整数数列。语法如下：

range(start,end,step)

需要注意的是：start 和 end 组成了半开区间，数列的终值取不到 end。例如：range(2,12,2)，创建数列 2,4,6,8,10。步长参数省略，默认为 1，例如 range(3,6)，创建数列 3,4,5。一个参数时表示 end，获得从 0 开始到 end-1，间隔为 1 的数列，例如 range(5)，创建数列 0,1,2,3,4。注意：step 不可以为零，否则将发生错误。

例 3-3-7 使用 for 语句实现求 1～100 的累加和。
程序完整实现代码如下：

```
total = 0
for i in range(1,101):
    total = total + i
print("1～100 的累加和为:{}".format(total))
```

3. break 和 continue 语句

在循环的过程中,可使用 break 和 continue 循环控制语句来控制循环的执行。

当 break 语句在循环结构中执行时,它会忽视后面的代码块,立即跳出其所在的最内层的循环结构,转而执行该内层循环结构后面的语句。

与 break 语句不同,当 continue 语句在循环结构中执行时,并不会退出循环结构,而是立即结束本次循环,重新开始下一轮循环,也就是说,跳过循环体中在 continue 语句之后的所有语句,继续下一轮循环。

例 3-3-8 break 语句控制循环示例。

程序完整实现代码如下:

```
n = 1
while n<10：
    n = n + 1
    if n%2! = 0：      #如果 n 是奇数,执行 break 语句
        break          #break 语句会退出循环
    print(n)
```

运行结果如下:

```
>>>
2
```

例 3-3-9 continue 语句控制循环示例。

程序完整实现代码如下:

```
n = 1
while n<10：
    n = n + 1
    if n%2! = 0：      #如果 n 是奇数,执行 continue 语句
        continue       #continue 语句会直接继续下一次循环,不执行 print() 语句
    print(n)
```

运行结果如下:

```
>>>
2
4
```

```
6
8
10
```

3.3.4　习题与实践

1. 简答题

（1）构成流程控制的三种基本结构是什么？

（2）试比较循环结构语句 while 和 for 的使用场合。

（3）break 语句和 continue 语句的区别是什么？

2. 实践题

（1）打开"配套资源\第 3 章\sy3－3－1. py"，补全程序，完成以下功能：如果点正好在圆的边线上（d＝＝r），显示"点在圆上"。

（2）分别打开"配套资源\第 3 章"下 sy3－3－2－1. py、sy3－3－2－2. py、sy3－3－2－3. py，补全程序，依次完成以下功能：

- 求 2＋4＋6＋8＋…＋100 的和；
- 求（－1）＋（－2）＋（－3）＋…＋（－100）的和；
- 求 $m\sim n$ 之间所有整数之和（$m<n$）.

（3）判断三角形并计算面积。打开"配套资源\第 3 章\sy3－3－3. py"，补全程序，完成以下功能：输入三个浮点数 a,b,c，判断能否以它们为三个边构成三角形。若能，输出 YES 和三角形面积值，否则输出 NO。

程序运行示例如下：

运行示例一

```
>>>
a＝3.4
b＝1.2
c＝6.7
NO
```

运行示例二

```
>>>
a＝2.3
b＝5.6
c＝4.1
YES
4.107554016686819
```

（4）分段函数的计算。打开"配套资源\第 3 章\sy3 - 3 - 4.py"，补全程序，完成以下分段函数的计算。

$$f(x)=\begin{cases} \dfrac{x}{y}, & y\neq 0; \\ 0, & y=0. \end{cases}$$

程序运行示例如下：

运行示例一

```
>>>
请输入被除数 x:68
请输入除数 y:9
z = x/y = 7.56
```

运行示例二

```
>>>
请输入被除数 x:37
请输入除数 y:0
z = x/y = 0
```

（5）N 阶乘的计算。打开"配套资源\第 3 章\sy3 - 3 - 5.py"，补全程序，完成以下功能：键盘输入 N 的值，输出 $N!$ 结果。

程序运行示例如下：

```
>>>
input N:5
5! = 120
```

3.4　模块和函数

3.4.1　模块

一般的高级语言程序系统中都提供了系统函数丰富语言功能。Python 的系统函数由标准库中的很多模块提供。标准库中的模块，又分成内置模块和非内置模块，内置模块 __builtin__ 中的函数和变量可以直接使用，非内置模块要先导入模块，再使用。

1. 内置模块

Python 中的内置函数是通过__builtin__模块提供的，该模块不需手动导入，启动 Python 时系统会自动导入，任何程序都可以直接使用它们。该模块定义了一些软件开发中常用的函数，这些函数实现了数据类型的转换，数据的计算，序列的处理、常用字符串处理等等，常见内置函数如表 3-4-1 所示。

表 3-4-1　Python 常用内置函数。

函数名	功　能	函数名	功　能
abs( )	获取绝对值	set( )	创建一个可变集合
chr( )	返回十进制数对应的 Unicode 字符	tuple( )	创建元组
dict( )	创建数据字典	max( )	返回给定对象里最大值
int( )	将一个数值字符串转换为整数	min( )	返回给定对象里最小值
eval( )	将字符串 str 当成有效的表达式来求值并返回计算结果	ord( )	返回某个 Unicode 码对应的十进制数
float( )	将一个数值字符串或整数转换为浮点数	pow( )	幂函数
len( )	返回对象元素个数	print( )	输出函数
list( )	创建列表	range( )	生成一个指定范围的数列
round( )	四舍五入	sum( )	求和

内置函数的调用方式与数学函数类似，函数名加上相应的参数值，多个参数值之间以逗号分隔：

<函数名>（参数序列）

例 3-4-1 内置模块函数示例。

```
>>>round(78.3456,2)    #按四舍五入对 78.3456 保留 2 位小数
78.35
>>>len("Good morning")   #使用计算字符串的长度
12
>>>pow(3.0,2)#计算 3.0 的 2 次方
9.0
```

可以在 Python 交互方式中通过 dir(__builtins__)查阅当前版本中提供的内置函数有哪些，再通过 help()函数查阅函数的使用方法。

2. 非内置模块

非内置模块指的是 Python 的一些标准库，常用的包括：数学运算的 math 库、random 库、decimal 库，日期和时间处理的 datetime 库、time 库，文字处理的 re 库，数据对象的 array 库、queue 库、系统信息的 sys 库、os 库和网络应用的 socket 库等。标准库函数支持程序功能的快速开发。

(1) 库的导入和使用方法 1

标准库函数在使用前要先导入其所在模块库，Python 中使用 import 语句来导入标准库：

import　＜模块名＞

其中模块名也可以有多个，多个模块之间用逗号分隔。该语句通常放在程序的开始部分。模块导入后，可以在程序中使用模块中定义的函数或常量值。方法如下：

＜模块名＞.＜函数＞(＜参数＞)
＜模块名＞.＜字面常量＞

例 3-4-2 math 数学库使用示例 1。

```
>>>import math         #导入数学库
>>>math.pi             #查看圆周率 π 常数,调用时需要 math 模块名作为前缀
3.141 592 653 589 793
>>>math.pow(math.pi,2)    #函数 math.pow(x,y)即为求 x 的 y 次方
9.869 604 401 089 358
>>>#计算边长为 8.3 和 10.58,两边夹角为 37 度的三角形的面积的表达式
>>>8.3*10.58*math.sin(37.0/180*math.pi)/2
26.423 892 221 536 985
```

(2) 库的导入和使用方法2

还可以通过 import 命令明确引入模块的函数名,有多个函数导入时函数名之间用逗号分隔:

from <模块名> **import** <函数名1>,<函数名2>...

使用这种方法导入指定的函数,调用时函数名前不需要加模块前缀,方法如下:

<函数>(<参数>)

或者通过星号(＊)导入模块中的所有函数或其他对象:

from <模块名> **import** ＊

调用时同样在函数名前不需要加模块前缀,但要注意所导入模块中的函数名等与现有系统中的函数不能产生冲突。

例3-4-3 math 数学库使用示例2。

```
>>>from math import sqrt        ♯只导入数学库中的 sqrt()函数
>>>sqrt(16)                     ♯调用 sqrt()无需 math 模块名前缀
4.0
>>>from math import*            ♯导入数学库中所有的函数及其他对象
>>>sqrt(16)
4.0
```

对于以上两种库的导入和使用方法,在导入命令的末尾还可以使用 as 为所导入的库或函数取别名。拟定别名后,只能通过别名来使用该库或函数。

3. 扩展模块

如果说强大的标准库奠定了 Python 发展的基石,丰富的扩展模块则是 Python 不断发展的保证。扩展模块一般是第三方开发的,称之为第三方库。为了追求高性能或绕过 Python 的一些限制,也可以使用 C 或 C＋＋来为 Python 开发特殊的模块库,提升 Python 开发效率。

人工智能与数据分析领域密切相关,NumPy 和 Pandas 等第三方库是常用的机器学习数据科学包,NumPy 是典型的数据分析及科学计算的基础库,提供直接的矩阵运算,广播函数,线性代数等功能;Pandas 是主要的数据分析功能库,基于 NumPy 开发,提供高层次的数据结构和数据分析工具。Anaconda 集成开发环境中已自带 NumPy 模块和 Pandas 模块。

3.4.2 自定义函数

1. 函数的定义

函数的定义包括函数名称、形参以及函数体,定义函数的语法如下:

def 函数名(形参列表):
函数体

例3-4-4 求最大公约数的 gcd() 函数定义。如图 3-4-1 所示求两个整数的最大公约数的 gcd() 函数定义。

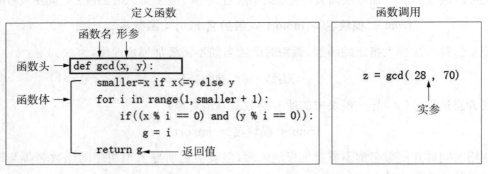

图 3-4-1　定义和调用一个函数

gcd() 函数定义包括函数头和函数体。

- 函数头

从关键字 def 开始，接着是函数名，函数名命名应该体现"望名生义"，此处 gcd 是最大公约数（Greatest Common Divisor）的缩写。函数名后的一对圆括号是函数的标志符，括号中定义参数，多个参数间以逗号分隔。函数定义处的参数称为形式参数，简称形参。

- 函数体

是实现函数功能的程序语句段。先找到 x、y 两个整数变量中较小的一个赋值给 smaller 变量，遍历 i 从 1～smaller，验证 i 是否是 x 和 y 的公约数，如果是则记录在变量 g 中。在遍历的过程中，找到一个公约数，就改写 g，最后一个就是最大公约数。最后的 return 语句，将计算的最大公约数作为返回值返回到调用处。

函数区分为有返回值的函数和无返回值的函数。有返回值的函数需要通过 return 语句返回一个值，无返回值的函数体中可以无 return 语句。

执行到 return 语句意味着函数执行的终止。同样无 return 语句的函数当函数体执行结束时也会终止该函数的执行。

2. 函数的调用

函数定义后，未经调用，是不会执行的。需要时使用函数调用语句，这时先要传递对应的值给形参，这个传递的值称为实际参数，简称实参。函数调用时可以不包括参数，例如：random. random() 就不包含参数。

根据函数是否有返回值，函数的调用也是不同的。

(1) 有返回值的函数调用

如果函数有返回值，函数调用的时候需要安排接受返回值。

- 可以是赋值语句，将返回值赋值给一个变量。

例如：如图 3-4-1 所示的函数调用 z＝gcd(28,70)。

求 28 和 70 的最大公约数，28 和 70 是实参，28 传递给形参 x，70 传递给形参 y。函数执行结束，return 语句将 g 的值返回到调用处，赋值给变量 z，执行后 z 的值为 14。

- 可以是表达式语句,将返回值作为表达式的一个数值,继续参加运算。

例如:print(gcd(28,70) ∗ gcd(26,65))。

输出 28 和 70 的最大公约数与 26 和 65 的最大公约数的乘积。返回的最大公约数作为表达式的一部分继续参加乘法运算。

- 可以作为函数调用的实参。

例如:z=gcd(gcd(28,70),21)。

gcd(28,70)的返回值 14 作为外层 gcd()函数的第一个实参,和 21 一起求最大公约数,执行后 z 的值为 7。

(2) 无返回值的函数调用

print()函数的调用是一个典型的无返回值的函数调用,执行一个输出的操作。没有返回值的函数的调用形式是函数语句。

例如:print(num1,"和",num2,"的最大公约数为",gcd(num1,num2))。

函数语句就是一个函数调用,从函数名开始,一对圆括号,圆括号中是实参列表。

例 3-4-5　pause()函数的定义及调用。

```
>>> #pause()函数的定义
>>> def pause(times):
        c=0
        while(c<times):
            c=c+1
>>> #pause()函数的调用
>>> pause(100 000 000)
```

说明:pause()函数的作用是暂停,时间长短由参数 times 的值决定。

(3) 函数的执行过程

当程序调用一个函数时,程序的控制权就会转移到被调用的函数,当执行到函数结束或执行到一个 return 语句,函数将程序的控制权归还给函数调用处。

例 3-4-6　完整程序,键盘输入两个整数,调用 gcd()函数求两个整数的最大公约数。
程序完整实现代码如下:

```
def gcd(x,y):
    smaller = x if x<=y else y
    for i in range(1,smaller+1):
        if((x % i==0) and (y % i==0)):
            g=i
    return g
```

```
def main():
    num1 = int(input("输入第一个数:"))
    num2 = int(input("输入第二个数:"))
    print( num1,"和",num2,"的最大公约数为",gcd(num1,num2))

main()
```

运行示例如下：

输入第一个数:28
输入第二个数:70
28 和 70 的最大公约数为 14

这个程序包含了 gcd() 函数和 main() 函数，在 main() 函数的 print() 函数的实参位置调用了 gcd() 函数。执行过程如图 3-4-2 所示：

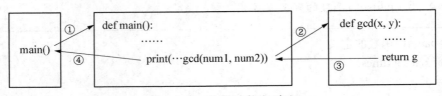

图 3-4-2   函数的执行过程

Python 翻译器从程序的第一行开始逐行读取脚本，当它读取 gcd() 函数和 main() 函数的函数定义时，并不执行。最后读取到 main() 函数调用语句，程序才开始执行，调用 main() 函数，程序的控制权转向 main() 函数，如箭头①所示。

main() 函数的执行从函数的第一句开始，先输入两个数给 num1 和 num2 变量，然后执行 print() 函数，这时调用 gcd(num1,num2)，程序的控制权转移到 gcd() 函数，如箭头②所示，开始执行 gcd() 函数。

当 gcd() 函数执行到 return 语句，程序的控制权返回到 main() 函数的调用处，如箭头③所示，完成 print() 函数的输出。此时 main() 函数的语句全部执行完毕，程序的控制权返回到主程序的调用处，如箭头④所示，整个程序结束。

在 Python 中，所有的函数定义在执行时，都被 Python 翻译器读入到内存，函数定义的顺序和函数的执行顺序是无关的。也就是说，多个函数定义的顺序是可前可后的，只需函数的调用语句出现在函数定义之后即可。

3.4.3　lambda 函数

1. lambda 函数的定义

lambda 函数是匿名函数，所谓匿名函数，通俗地说就是没有名字的函数。lambda 函数没有名字。定义 lambda 函数的语法如下：

lambda 参数列表:表达式

其中,lambda 是 Python 预留的关键字,参数列表和表达式由用户自定义。参数列表的结构与 Python 中函数的参数列表是一样的。表达式是一个包含参数的表达式,并且表达式只能是单行的。lambda 函数有输入和输出,输入是传入到参数列表的值,输出是根据表达式计算得到的值,lambda 会返回一个函数对象。

例 3 - 4 - 7　lambda 函数使用示例。

```
>>>z = lambda x,y:x + y
>>>z(10,20)
30
```

说明:z 变量获取 lambda 返回的函数对象,使用 z 变量调用匿名函数,传递实参 10,20 给形参 x 和 y,返回 x,y 的和 30。

2. lambda 函数的应用

lambda 函数一般功能简单,单行表达式决定了 lambda 函数一般不可能完成复杂的逻辑,适合完成较为简单的功能。由于其实现的功能一目了然,甚至不需要专门的名字来说明。

lambda 函数比起 def 定义的用户自定义函数,行文更简单。但是它更适合的场合是作为 Python 的一些内置高阶函数的参数。

- filter()函数

filter()函数用于过滤序列,过滤掉不符合条件的元素,返回由符合条件元素组成的新 filter 对象,filter 对象可以转化为序列对象。它的语法格式为:

filter(function,iterable)

filter()函数接收两个参数,第一个参数 function 为函数,第二个参数 iterable 为迭代序列。迭代序列中的每个元素作为参数传递给 function 函数进行判断,返回 True 或 False,将返回 True 的元素放到 filter 对象中。此时可以用 lambda 函数作为 function 参数,用于指定过滤列表元素的条件。

例 3 - 4 - 8　将 L 列表中的偶数过滤出来,在 filter()函数中使用 lambda 函数指定过滤条件。

```
>>>L = [4,1,4,3,8,2,8,5,8,9]
>>>Ld = list(filter(lambda x:x%2 == 0,L))
>>>Ld
[4,4,8,2,8,8]
```

说明:lambda 函数的参数 x 依次取 L 中的每一个数据项,当 x 能被 2 整除,lambda 函数返回 True,filter()函数就会留下 x 的值。

• map()函数

map()函数的作用是根据提供的函数对指定序列做映射。它的语法格式为：

$$map(function, iterable, ...)$$

第一个 function 参数为函数，第二个 iterable 参数为迭代序列，可以有多个迭代序列。以迭代序列中的每一个数据项作为参数调用 function 函数，返回包含 function 函数所有返回值的新 map 对象，map 对象可以转换为列表对象。此处用 lambda 函数作为 function 参数，用于指定对列表中每一个元素的共同操作。

例 3 - 4 - 9 将 salary 列表中的每一个工资值增加 20%，在 map() 函数中使用 lambda 函数指定对序列的操作。

```
>>>salary = [3 580, 5 320, 7 380, 4 720, 5 269]
>>>m_salary = list(map(lambda x: x * 1.20, salary))
>>>m_salary
[4 296.0, 6 384.0, 8 856.0, 5 664.0, 6 322.8]
```

说明：调用 lambda 函数将列表 salary 中的每一个数据项传递给参数 x，分别乘以 1.2 返回，其结果是 [4 296.0, 6 384.0, 8 856.0, 5 664.0, 6 322.8]。

3.4.4 习题与实践

1. 简答题

(1) 请简述使用标准库函数有哪些方法。

(2) 分别用 def 和 lambda 定义一个函数，函数功能为判断一个数是否是偶数。试比较说明两种函数定义和调用有何不同。

2. 实践题

(1) 最大公约数和最小公倍数

打开"配套资源\第 3 章\sy3 - 4 - 1. py"，补全程序，完成以下功能：键盘输入两个正整数，计算这两个数的最大公约数和最小公倍数并输出。要求分别自定义求最大公约数函数和最小公倍数函数。

程序运行示例如下：

运行示例一

```
>>>
3
13
最大公约数为:1
最小公倍数为:39
```

运行示例二

```
>>>
24
12
最大公约数为:12
最小公倍数为:24
```

(2) 闰年输出

打开"配套资源\第 3 章\sy3 - 4 - 2. py",补全程序,完成以下功能:输出 1900 年至 2020 年所有的闰年,控制一行最多是 10 个闰年打印。要求:编写 isLeap(year)函数,判断 year 是否为闰年,如果是闰年返回 True,否则返回 False。

程序运行示例如下:

```
>>>
1904   1908   1912   1916   1920   1924   1928   1932   1936   1940
1944   1948   1952   1956   1960   1964   1968   1972   1976   1980
1984   1988   1992   1996   2000   2004   2008   2012   2016   2020
```

(3) 垫片面积统计

打开"配套资源\第 3 章\sy3 - 4 - 3. py",补全程序,完成以下功能:计算若干相同大小垫片的面积和。垫片是在一个圆的中心挖去一个半径小一些的同心圆后形成的带孔圆片。要求定义一个函数计算圆面积,参数是半径,计算圆面积时调用该函数实现。垫片的外径、内径和总数量由用户输入。(结果保留小数点后 2 位有效数字)

程序运行示例如下:

```
>>>
外径 = 2.5
内径 = 1.5
数量 = 200
垫片的面积:2513.27
```

3.5 综合练习

3.5.1 选择题

1. 下面关于 Python 语言的说法，错误的是＿＿＿＿＿＿。

A. Python 源代码区分大小写

B. Python 语言是解释性的，可以在＞＞＞提示符下交互输入 Python 语句

C. python 语言是编译执行的，不支持逐条语句执行方式

D. Python 用 ♯ 引出行注释

2. 已有变量 x 和 y，以下＿＿＿＿＿＿不能实现交换变量 x 和变量 y 的值。

A. x＝y;y＝x

B. x,y＝y,x

C. t＝y;y＝x;x＝t

D. x＝y＋x;y＝x－y;x＝x－y

3. 以下选项中，Python 代码的注释使用的符号是＿＿＿＿＿＿。

A. // 　　　　　　B. /*......*/ 　　　　　　C. % 　　　　　　D. ♯

4. 可以使用＿＿＿＿＿＿接受用户的键盘输入。

A. input 命令 　　B. input()函数 　　C. int()函数 　　D. format()函数

5. 已知 area＝1963.4375000000002，执行 print("{:.2f}".format(area))语句，输出结果为＿＿＿＿＿＿。

A. 19 　　　　　B. 1963 　　　　　C. 1963.43 　　　　　D. 1963.44

6. 下列数据类型中，＿＿＿＿＿＿属于无序数据类型。

A. set、tuple 　　B. str、list 　　C. list、tuple 　　D. set、dict

7. 设有变量 a＝"Me","You"，则变量 a 属于＿＿＿＿＿＿。

A. 字符串 　　　B. 元组 　　　　C. 列表 　　　　D. 集合

8. 已知列表对象 ls，以下哪个选项对 ls.append(x)的描述是正确的＿＿＿＿＿＿。

A. 向 ls 中增加元素，如果 x 是一个列表，则可以同时增加多个元素

B. 只能向列表 ls 最后增加一个元素 x

C. 向列表 ls 最前面增加一个元素 x 　　D. 替换列表 ls 最后一个元素为 x

9. 以下代码的输出结果是＿＿＿＿＿＿。

```
x＝["Python","is","open"]
y＝["simple"]
x[2:]＝y
print(x)
```

A. [' Python ',' is ',' simple '] 　　　　B. ["Python","is","simple"]

C. ["Python","is","open","simple"] 　　D. 出错

10. 以下代码的输出结果是_____。

```
lt = ["apple","orange","banana"]
ls = lt
lt.clear()
print(ls)
```

　　A．'apple','orange','banana'　　　　B．['apple','orange','banana']
　　C．[]　　　　　　　　　　　　　　　D．变量未定义的错误

11. 执行结果为[1,2,3,1,2,3,1,2,3]的表达式是_____。
　　A．[1,2,3]+[1,2,3]
　　B．['1','2','3']+['1','2','3']+['1','2','3']
　　C．[1,2,3]**3
　　D．[1,2,3]*3

12. _____不能生成一个空字典。
　　A．{}　　　　　　B．dict()　　　　　　C．dict([])　　　　　　D．{[]}

13. 设有变量定义:s＝set('hello'+'!'),则表达式 len(s)的值为_____。
　　A．2　　　　　　B．4　　　　　　C．5　　　　　　D．6

14. 设有:color＝{1:"red",2:"green",3:"yellow"},则 color.get(1)的值是_____。
　　A．"red"　　　　B．"green"　　　　C．"yellow"　　　　D．语法错误

15. 关于{},描述正确的是_____。
　　A．直接使用{}将生成一个空集合　　　B．直接使用{}将生成一个空列表
　　C．直接使用{}将生成一个空元组　　　D．直接使用{}将生成一个空字典

16. Python 通过_____来判断操作是否在分支结构中。
　　A．引号　　　　　B．缩进　　　　　C．大括号　　　　　D．冒号

17. 分析下面程序,如果输入 score 为 80,输出的 grade 是_____。

```
if   score>90:
        grade = 'A'
elif score>80:
        grade = 'B'
elif score>70:
        grade = 'C'
else:
        grade = 'D'
```

　　A．A　　　　　　B．B　　　　　　C．C　　　　　　D．D

18. 在 Python 中,循环结构可以使用_____语句实现。
　　A．print　　　　B．while　　　　C．loop　　　　D．if

19. 在 Python 中,适合实现多路分支的结构是_____。
　　A．try　　　　　B．if-elif-else　　　　C．if　　　　D．if-else

20. continue 语句用于_____。

A. 退出循环程序　　　　　　　　　　 B. 结束本轮循环

C. 空操作　　　　　　　　　　　　　 D. 根据 if 语句的判断进行选择

21. 在循环语句中,_____语句的作用是结束当前所在的循环。

A. while　　　　 B. for　　　　 C. break　　　　 D. continue

22. 判断并求一个数的绝对值,用_____结构实现最简单。

A. 多分支结构　　 B. 双分支结构　　 C. 单分支结构　　 D. 循环结构

23. 执行完以下语句段后,sum 和 i 的值分别为_____。

```
sum = 0
for i in range(1,5):
    sum + = i
```

A. sum＝15,i＝5　　 B. sum＝10,i＝4　　 C. sum＝10,i＝5　　 D. sum＝15,i＝4

24. 执行完以下语句段后,sum 和 i 的值分别为_____。

```
sum = 0,i = 1
while i< = 5:
    sum + = i
    i = i + 1
```

A. sum＝15,i＝4　　 B. sum＝15,i＝5　　 C. sum＝15,i＝6　　 D. sum＝15,i＝1

25. 执行完以下语句段后,sum 和 i 的值分别为_____。

```
sum = 0,i = 1
while i<5:
    sum + = i
    i = i + 2
```

A. sum＝4,i＝4　　 B. sum＝4,i＝5　　 C. sum＝9,i＝5　　 D. sum＝9,i＝4

26. Python 中定义函数的关键字是_____。

A. def　　　　　 B. return　　　　 C. if　　　　　 D. function

27. 函数要返回一个数据到调用处,使用_____语句。

A. 函数名＝　　　 B. goto　　　　　 C. return　　　　 D. 赋值

28. 执行完以下程序,输出的结果为_____。

```
def func(a,b):
    c = a * b
    return c
s = func(10,2)
print(c,s)
```

A. 20 20　　　　　　　　　　　　B. 0 20

C. 0 10　　　　　　　　　　　　D. NameError：name ' c ' is not defined

29. 以下语句的输出结果是_____。

```
>>>f = lambda x,y:y + x
>>>f(10,10)
```

A. 10　　　　　　B. 10,10　　　　　　C. 100　　　　　　D. 20

30. 在程序中需要使用 math 库中的 gcd() 函数计算两数的最大公约数,已知调用语句为:x＝gcd(a,b),那么导入的语句是_____。

A. import math

B. import gcd

C. from math import gcd

D. from gcd import math

3.5.2　综合实践

1. 与 7 无关数计算

打开"配套资源\第 3 章\sy3－5－1.py",补全程序,完成以下功能:一个正整数,如果它能被 7 整除,或者它的十进制表示法中某一位的数字为 7,则称其为与 7 相关的数。编程输出所有小于 n(n ＜ 100)的与 7 无关的正整数以及它们的平方和。

程序运行示例如下:

```
>>>
n＝(n<100):15
[1, 2, 3, 4, 5, 6, 8, 9, 10, 11, 12, 13]
sum＝770
```

2. 计算总分

打开"配套资源\第 3 章\sy3－5－2.py",补全程序,完成以下功能:小组成员的语文和数学分数已按学号顺序分别存放于 chinese 和 math 两个列表中:chinese＝[76,63,79,82,53,78,67],math＝[88,56,78,92,69,75,82],计算每位小组成员的总分、小组最高分和小组平均分并输出。

输出结果样式如下:

```
>>>
每位组员总分:[164, 119, 157, 174, 122, 153, 149]
最高总分:174,小组平均分 24.86
```

3. 合格密码的检查

打开"配套资源\第 3 章\sy3－5－3.py",补全程序,完成以下功能:合格的密码需要满足:

密码长度不小于 8 个字符，并且不能全为数字或全为字母。编程实现：输入一个密码字符串。根据要求检查密码的是否合格，若输入不合格的密码回应相应信息后继续输入，输入合格的密码回应"你的密码合格了"后退出。不合格密码的回应信息如下：

（1）如果小于 8 个字符，就显示"密码长度要不小于 8 个字符，请重新输入"；

（2）如果全是字母，就显示"密码要包含数字，请重新输入"；

（3）如果全是数字，就显示"密码要包含字母，请重新输入"。

程序运行示例如下：

```
>>>
myname
密码长度要不小于 8 个字符，请重新输入
123456789
密码要包含字母，请重新输入
myfirstname
密码要包含数字，请重新输入
myname111
你的密码合格了
```

4. 寻找字符串中的英文字母

打开"配套资源\第 3 章\sy3 - 5 - 4. py"，补全程序，完成以下功能：从键盘输入字符串，找出里面的字母，不区分大小写，重复的只输出一次。参考以下程序中的注释，完成程序中的下划线部分并调试。

输出结果样式如下：

```
>>>
请输入字符串：d8fdj92&＊DDy
找到的英文字母有：
dfjy
```

5. 分离发烧级网虫和普通网虫

打开"配套资源\第 3 章\sy3 - 5 - 5. py"，补全程序，完成以下功能。已知在线的时间 ≥ 90 分钟的为发烧级网虫，否则是普通网虫。以下程序中的 namelist 为网名和一天内玩网游的时间（分钟）组成的多个键值对构成的字典。通过对时间的判断，将字典中发烧级网虫和普通网虫分离成两个字典，分别输出他们的网名和一天内玩网游的时间。参考程序中的注释，完成程序中的下划线部分并调试。

输出结果样式如下：

```
>>>
发烧级网虫：
大黄鸭 102
```

腿脚细 90
水蛇腰 116

普通网虫：
草肥熊 65
黄小丫 52
胳膊粗 89
水桶腰 53

6. 素数的打印

打开"配套资源\第 3 章\sy3－5－6.py"，补全程序，完成以下功能：求[m,n]范围内的全部素数并输出。m、n 是键盘输入的正整数，如果 m、n 有 0 及负整数，则输出"输入不是正整数！"；如果范围内有素数，则输出素数，若无素数，则输出"不存在素数！"。要求：

1）定义 isPrime(m) 函数，判断正整数 m 是否是素数，是素数返回 True，否则返回 False。

2）定义 prtPrime(m,n) 函数，打印[m,n]范围内的素数，该函数返回值是找到的素数个数，同时控制一行最多是 5 个素数打印。

程序运行示例如下：

运行示例一

```
>>>
输入 m,n：1,100
[1,100]范围内的素数有：
2 3 5 7 11
13 17 19 23 29
31 37 41 43 47
53 59 61 67 71
73 79 83 89 97
```

运行示例二

```
>>>
输入 m,n：10,1
[1,10]范围内的素数有：
2 3 5 7
```

运行示例三

```
>>>
输入 m,n：－2,10
输入不是正整数！
```

本章小结

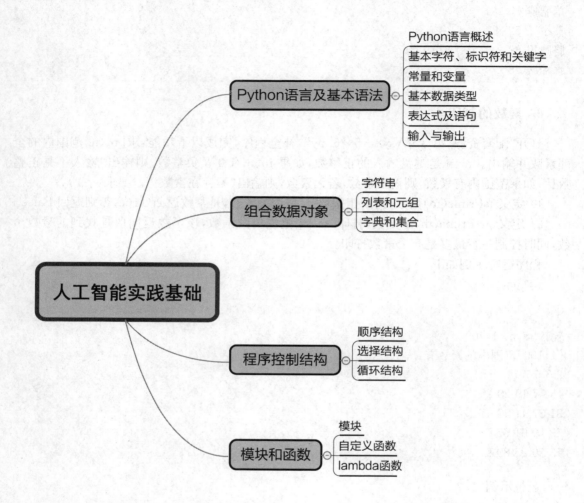

## PART 04

第4章 人工智能数据处理

<本章概要>

随着信息技术和人类生产生活越来越融合，数据呈现爆发式的增长，因此对数据的处理显得尤为重要。人工智能的训练过程中需要进行大量的数据处理，同时也需要将训练结果进行可视化展示。本章主要介绍 NumPy 和 Pandas 这两个重要的数据类型，以及相关的运算和处理方法，并对数据的预处理、数据的统计分析和数据的可视化进行了介绍，同时给出了他们的综合运用练习。

<学习目标>

通过本章学习，要求达到以下目标：

1. 了解 NumPy 数据类型。
2. 了解 Pandas 数据类型。
3. 掌握表数据处理方法。
4. 了解数据统计分析。
5. 掌握数据可视化。

4.1 NumPy 数据类型*

NumPy 是使用 Python 进行科学计算的基础软件包。它包括功能强大的 N 维数组对象、精密广播功能函数、强大的线性代数、傅立叶变换和随机数等功能。NumPy 提供了多维数组对象 ndarray，能支持多种数据类型的数值元素的表示和计算。与 Python 提供的列表最大的区别是 NumPy 的数据结构中每一个数据成员的数据类型是相同的，主要支持数值数据的计算。NumPy 模块是第三方模块，使用前需要导入，本节下文的描述中，默认已将这个库导入，代码如下：

```
import numpy as np
```

如需获得更加完整的函数资料，可以访问 NumPy 官网。在浏览器中输入网址 https://numpy.org/doc/stable/reference/index.html，进入 NumPy 官网界面，如图 4-1-1 所示。在左侧的搜索栏中输入 NumPy 函数名直接进行搜索，可以查找到更加具体的函数定义和解释。

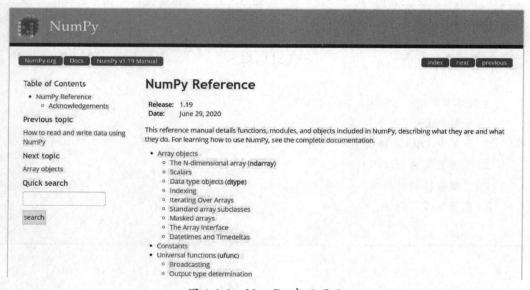

图 4-1-1　NumPy 官网页面

4.1.1　多维数组对象 ndarray

NumPy 的核心是 ndarray 对象。ndarray 对象是封装了相同数据类型的 n 维数组，可以表示一维数组、二维数组以及多维数组。访问 ndarray 对象的属性值，可以获取数组的维数、形状、元素个数、数据类型等数据，narray 对象的常用属性如下表 4-1-1 所示。

表 4-1-1　ndarray 对象的常用属性

属　性	说　明
ndim	返回整数,表示多维数组的维数
shape	返回整数元组,表示多维数组的尺寸,例如 n 行 m 列的数组的形状为(n,m)
size	返回整数,表示多维数组总的元素个数
dtype	返回 data-type,表示多维数组元素的数据类型
itemsize	返回 int,表示数组中每个元素的字节大小

1. 创建多维数组对象

(1) 一维数组对象的创建

• 调用 array()函数创建一维数组

使用 NumPy 中的 array()函数可以创建一维数组,其格式如下所示:

$$numpy.\,array(object,dtype=None,ndmin=0)$$

其中,object 表示可被转换成数组的其他数据对象,例如列表;dtype 表示数组所需的数据类型;ndmin 为指定生成数组的维数。

例 4 - 1 - 1　创建一个名为 persons 的一维数组对象,存储'宋江'、'吴用'、'林冲'和'秦明'这 4 位水浒传英雄的名字。查看 persons 对象的属性。

```
>>>persons = np.array(['宋江','吴用','林冲','秦明'])
>>>persons
array(['宋江','吴用','林冲','秦明'],dtype = '<U2')
>>>persons.ndim #查看 persons 对象的维度数目
1
>>>persons.size #查看 persons 对象的尺寸
4
>>>persons.dtype #查看 persons 对象的数据类型
dtype('<U2')
```

• 调用 arange()函数创建一维数组

使用 NumPy 中的 arange()函数可以生成数组,其格式如下所示:

$$numpy.\,arange([start,]\,stop,[step,],\,dtype=None)$$

与 Python 中内置函数 range()用法类似,numpy.arange()函数的参数 start 表示开始的数字,stop 表示结束的数字,但不包括 stop,step 表示步长的数字,dtype 表示输出的数组的数据类型。

例 4-1-2　示例使用 arange( )函数生成一维数组对象,查看对象的数据类型,注意与 range( )函数不同,arange( )函数支持 float 数据类型。

```
>>>num1 = np. arange(1,10)
>>>num1. dtype    #查看 num1 对象的数据类型
dtype(' int32 ')
>>>num2 = np. arange(1.0,10.0)
>>>num2. dtype    #查看 num2 对象的数据类型
dtype(' float64 ')
>>>num1
array([1,2,3,4,5,6,7,8,9])
>>>num2
array([1.,2.,3.,4.,5.,6.,7.,8.,9.])
```

- 调用 linspace( )函数创建一维数组

使用 NumPy 中的 linspace( )函数可以创建等间隔一维数组,它的常用格式如下所示:

$$numpy. linspace(start,stop,num＝50,\cdots)$$

其中,start 表示起始的值;stop 表示结束的值;num 表示在这个区间里生成数字的个数,生成的数组是等间隔生成的。start 和 stop 这两个数字可以是整数或者浮点数。注意区分 stop 参数在 numpy. linspace( )与 numpy. arange( )函数用法上的差异,默认情况下,生成的数组元素包括 stop。

例 4-1-3　示例使用 linspace( )函数创建三个等间隔的一维数组对象。

```
>>>np. linspace(1,10,4)
array([1.,4.,7.,10.])
>>>np. linspace(1,10,6)
array([1.,2.8,4.6,6.4,8.2,10.])
>>>np. linspace(2.5,15.5,8)
array([2.5,4.35714286,6.21428571,8.07142857,9.92857143,
        11.78571429,13.64285714,15.5])
```

(2) 二维数组对象的创建

- 调用 array( )函数创建二维数组

NumPy 中的 array( )函数也可以基于 Python 的嵌套列表创建二维数组。

例 4-1-4　创建一个记录三位同学语、数、英三门课程的二维 NumPy 数组对象,查看数组对象的属性。

```
>>>scores = np.array([[96,73,78],[90,89,92],[60,70,83]])
>>>scores
array([[96,73,78],
       [90,89,92],
       [60,70,83]])
>>>scores.ndim #查看 scores 对象的维度数目
2
>>>scores.size #查看 scores 对象的尺寸
9
>>>scores.shape #查看 scores 对象的数组形状
(3,3)
>>>scores.dtype #查看 scores 对象的数据类型
dtype(' int32 ')
```

（3）创建多维数组的常用方法

Numpy 库还提供了一些数组创建函数，以满足对不同维度的需求。

• 调用 reshape() 函数创建多维数组

ndarray 对象的 reshape() 函数用于将一维数组转换为指定的多维数组，其格式如下所示：

$$\textbf{ndarray. reshape(newshape,\dots)}$$

其中 newshape 表示新数组的形状，newshape 的类型为整数或者整数元组。

reshape() 函数经常与 arange() 函数结合使用，生成任意 n 维数组。

例 4 - 1 - 5　创建一个形状为 2×3×4 的三维数组对象 num_reshape。

```
>>>num = np.arange(0,24,1) #创建 0 到 23 的步长为 1 的一维数组
>>>num_reshape = num.reshape((2,3,4))
>>>num_reshape
array([[[0,1,2,3],
        [4,5,6,7],
        [8,9,10,11]],
       [[12,13,14,15],
        [16,17,18,19],
        [20,21,22,23]]])
```

• 调用 zeros() 函数创建多维数组

NumPy 中的 zeros() 函数用于生成指定形状的全 0 数组，其格式如下所示：

$$\textbf{numpy. zeros(shape,\dots)}$$

其中，shape 表示新的数组形状，shape 的类型为整数或者整数元组。

例 4-1-6 创建一个 3×2,元素都为 0 的二维数组对象 num。

```
>>>num = np.zeros((3,2))
>>>num
array([[0.,0.],
       [0.,0.],
       [0.,0.]])
```

- 调用 ones()函数创建多维数组

NumPy 中的 ones()函数用于生成指定形状的全 1 数组,其格式如下所示:

$$numpy.\ ones(shape,\dots)$$

其中,shape 表示新的数组形状,shape 的类型为整数或者整数元组。

例 4-1-7 创建一个 3×2,元素都为 1 的二维数组对象 num。

```
>>>num = np.ones((3,2))
>>>num
array([[1.,1.],
       [1.,1.],
       [1.,1.]])
```

- 调用 eye()函数创建多维数组

NumPy 中的 eye()函数用于生成指定维数的单位矩阵。单位矩阵是指对角线元素都为1,其他元素都为 0 的方阵。由于在数学中单位矩阵一般用"I"表示,因此 NumPy 中采用了同音的 eye 单词作为函数名称。eye()函数格式如下所示:

$$numpy.\ eye(N,M,\dots)$$

其中,N 表示输出数组的行数,M 表示输出数组的列数。

例 4-1-8 创建一个 3×3 的单位矩阵数组对象 num。

```
>>>num = np.eye(3,3)
>>>num
array([[1.,0.,0.],
       [0.,1.,0.],
       [0.,0.,1.]])
```

- 调用随机函数创建多维数组

表 4-1-2 提供了 NumPy 中常用随机函数。其中,size 可以是一个整数,定义一维数组的

长度,也可以是一个元组,定义一个二维数组的形状。

表 4-1-2　NumPy 中常用随机函数

函　数	描　述
numpy. random. rand(size)	随机产生一组[0,1]之间服从均匀分布的浮点值
numpy. random. randint(start,end,size)	随机产生一组[start,end]之间服从均匀分布的离散整数值
numpy. random. uniform(start,end,size)	随机产生一组[start,end]之间服从均匀分布的浮点值
numpy. random. normal(loc,scale,size)	随机产生一组给定均值 loc 和标准差 scale 的服从正态分布的浮点值。loc 对应着整个分布的中心;scale 对应于分布的幅度,scale 越大分布图像越矮胖,scale 越小,越瘦高

例 4 - 1 - 9　使用随机函数创建数组示例。

```
>>> #创建一个 2 行、2 列的[0,1]之间的随机数组
>>> arr1 = np. random. rand(2,2)
>>> arr1
array([[0.379 355 32,0.147 749 08],
       [0.840 724 17,0.511 356 3]])
>>> #创建一个 2 行、3 列的[0,10)之间的随机数组
>>> arr2 = np. random. randint(0,10,(2,3))
>>> arr2
array([[9,3,2],
       [3,0,9]])
>>> #创建一个 3 行、4 列的[1,2)之间的服从均匀分布的随机数组
>>> arr3 = np. random. uniform(1,2,(3,4))
>>> arr3
array([[1.454 703 72,1.334 238 32,1.375 449 1,1.570 416 66],
       [1.153 650 77,1.003 728 28,1.570 199 74,1.726 988 03],
       [1.970 391 78,1.348 668 39,1.657 198 36,1.499 996 88]])
>>> #创建一个 2 行、3 列的服从标准正态分布的随机数组
>>> arr4 = np. random. normal(0,1,(2,3))
>>> arr4
array([[-0.748 671 63,0.900 696 39,0.678 656 12],
       [0.367 780 34,0.617 947 26,0.186 986 51]])
```

　　正态分布(Normal distribution),也称"常态分布",又名高斯分布(Gaussian distribution),是一个在数学、物理及工程等领域都非常重要的概率分布,在统计学的许多方面有重大的应用。正态分布有两个参数:数学期望 μ 和标准差 σ。期望值 μ 决定了分布的中心位置,其标准差 σ 决定了分布的幅度。$\mu=0,\sigma=1$ 的正态分布是标准正态分布。对于 numpy. random. normal()函数而言,loc 就是期望值,scale 就是标准差。

· 151 ·

2. 数组元素的访问

(1) 通过索引方式进行查询

每一个数组元素都是由一个整数值或整数元组标识，称为索引或下标。通过索引可以获取对应的数组元素。可以一次访问一个数组元素，也可以通过行、列索引值列表访问多个数组元素。

例 4-1-10 访问一维数组对象 persons 和 persons 中的数组元素。其中，persons 对象已在例 4-1-1 中创建。

```
>>>persons    #显示 persons 对象
array(['宋江','吴用','林冲','秦明'],dtype='<U2')
>>>persons[2]    #取索引号为 2 的元素,得到字符串对象
'林冲'
>>>persons[[0,2]]    #取索引号为 0 和 2 的元素,得到数组对象
array(['宋江','林冲'],dtype='<U2')
```

例 4-1-11 访问二维数组 scores 和 scores 中的数组元素。其中，scores 对象已在例 4-1-4 中创建。

```
>>>scores    #显示 scores 对象
array([[96,73,78],
       [90,89,92],
       [60,70,83]])
>>>scores[1,0]    #取索引号为(1,0)的数组元素
90
>>>scores[[0],[0,2]]    #取索引号为(0,0),(0,2)的数组元素,返回数组
array([96,78])
>>>scores[[0,1],[0,2]]    #取索引号为(0,0),(1,2)的数组元素,返回数组
array([96,92])
```

(2) 通过切片方式进行查询

例 4-1-12 切片访问 persons 中的数组元素。

```
>>>persons[2:]    #取索引号大于等于 2 的元素
array(['林冲','秦明'],dtype='<U2')
>>>persons[1:3]    #取索引号从 1 到 2 的元素
array(['吴用','林冲'],dtype='<U2')
```

例 4 - 1 - 13　切片访问 scores 对象中的数组元素。

```
>>>scores[1:,1:]    #取行索引号和列索引号都为大于等于1的元素
array([[89,92],
       [70,83]])
>>>scores[:,1:3]    #取列索引号从1到2的所有行的元素
array([[73,78],
       [89,92],
       [70,83]])
```

例 4 - 1 - 14　同时使用索引值和切片方式访问 scores 对象。

```
>>>scores[:,[0,2]]    #取列索引号为0和2的元素
array([[96,78],
       [90,92],
       [60,83]])
```

（3）通过布尔运算方式进行查询

　　ndarry 对象可以通过布尔运算方式获取满足布尔表达式的元素。布尔表达式可以由关系运算构造,多个条件使用 &(与)、|(或)、~(非)连接。

例 4 - 1 - 15　使用布尔运算式查询 scores 对象中高于 90 或者低于 80 的成绩。
　　mask 是用于筛选的布尔数组,具有与访问数组相同的行数和列数,布尔表达式计算结果为 True 或 False,使用布尔数组就能筛选出符合条件的数组元素。也可以不产生 mask 数组,在 scores 数组的方括号中直接使用布尔表达式。

```
>>>scores
array([[96,73,78],
       [90,89,92],
       [60,70,83]])
>>>mask=(scores>90)|(scores<80)
>>>mask
array([[True,True,True],
       [False,False,True],
       [True,True,False]])
>>>scores[mask]
array([96,73,78,92,60,70])
```

4.1.2 多维数组的运算

1. 基本算术运算

Python 支持的常见算术运算，如："＋"，"－"，"＊"，"/"，"＊＊"等都可以对 NumPy 的 ndarray 对象实现整体运算。

(1) 多维数组与标量运算

多维数组运算规则是，对于同维数组，相应位置的两个元素执行运算；对于不同维的数组，运算使用 Python"广播机制"，即单个标量会扩展为与原来数组一样的形状，再进行运算。

例 4－1－16 将 scores 数组中的成绩都加 2 分。

```
>>>scores
array([[96,73,78],
       [90,89,92],
       [60,70,83]])
>>>scores = scores + 2
>>>scores
array([[98,75,80],
       [92,91,94],
       [62,72,85]])
```

scores 是一个 3×3 数组，和标量 2 相加，先把 2 扩展为 3×3 的数组，再逐一相加。计算过程如图 4-1-2 所示。

96	73	78		2	2	2		98	75	80
90	89	92	+	2	2	2	=	92	91	94
60	70	83		2	2	2		62	72	85

图 4-1-2　二维数组与标量的计算过程

(2) 二维数组与一维数组的运算

二维数组与一维数组运算时，两个数组的列数要一致，一维数组将扩展行数，再进行计算。

例 4－1－17 创建二维数组对象 a 和一维数组对象 b，相加后赋值给 c。

```
>>>a = np.ones((2,5))  #创建 2 行 5 列的全 1 二维数组
>>>a
array([[1.,1.,1.,1.,1.],
       [1.,1.,1.,1.,1.]])
```

```
>>>b = np. arange(1,6,1)  # 创建数值为 1 到 5 的一维数组
>>>b
array([1,2,3,4,5])
>>>c = a + b
>>>c
array([[2.,3.,4.,5.,6.],
       [2.,3.,4.,5.,6.]])
```

一维数组 b 将与二维数组 a 的列数相同,首先将 b 扩展行数,在逐一计算,如图 4-1-3 所示。如果列数不一致,扩展失败出错。

a+b=

1	1	1	1	1
1	1	1	1	1

+

1	2	3	4	5

=

1	1	1	1	1
1	1	1	1	1

+

1	2	3	4	5
1	2	3	4	5

=

2	3	4	5	6
2	3	4	5	6

图 4-1-3　一维数组 a 和二维数组 b 的加法运算过程

2. 函数运算

(1) 通用函数

NumPy 中常用的数学函数如表 4-1-3 所示。

表 4-1-3　NumPy 中常用的数学函数

函　数	描　述
abs、fabs	计算各元素的绝对值
sqrt	计算各元素的平方根
square	计算各元素的平方
exp	计算各元素的指数
log、log10	计算各元素的自然对数
sign	计算各元素的正负号
ceil	计算各元素的大于或等于该元素的最小整数(各元素上取整)
floor	计算各元素的小于或等于该元素的最大整数(各元素下取整)
cos、sin、tan	三角函数
mod	求模运算

(续表)

函　数	描　述
equal、not_equal	比较两个数组对应元素是否相等,返回布尔型数组
astype	转换数据类型

上述函数中,除了 astype()函数的使用方法为"对象名. astype('数据类型')"外,其余函数的使用方法都是"numpy. 函数名(参数)"。

NumPy 模块支持的基本数据类型表 4-1-4 所示。

表 4-1-4　NumPy 的基本数据类型

类　型	描　述	类　型	描　述
bool	数据长度为一位,布尔类型(True,False)	uint64	无符号整数,范围为 $0\sim2^{64}-1$
int8	整数,范围为 $-128\sim127$	float16	半精度浮点数(16 位)
int16	整数,范围为 $-32\,768\sim32\,767$	float32	半精度浮点数(32 位)
int32	整数,范围为 $-2^{31}\sim2^{31}-1$	float	半精度浮点数(64 位)
int64	整数,范围为 $-2^{63}\sim2^{63}-1$	complex64	复数,分别用两个 32 位浮点数表示实部和虚部
uint16	无符号整数,范围为 $0\sim65\,535$	complex	复数,分别用两个 64 位浮点数表示实部和虚部
uint32	无符号整数,范围为 $0\sim2^{32}-1$		

例 4 - 1 - 18　将浮点数类型的一维数组转换为整数类型的一维数组。

```
>>>arr1 = np. array([1.1,2.8,3.3,4.4,5.3221])
>>>arr2 = arr1. astype(' int32 ')
>>>arr2
array([1,2,3,4,5])
```

(2) 聚集函数

NumPy 中常用的统计函数如表 4-1-5 所示。

表 4-1-5　NumPy 常用的统计函数

函数	描　述	函数	描　述
sum	求和	min、max	求最大值和最小值
mean	求算术平均值	argmin、argmax	求最大值和最小值的索引

NumPy 的统计函数的统计含义与内置模块或其他数值计算模块的同名函数相同,不同之

处在于增加了 axis 参数设置轴,统计则沿着轴方向分组进行统计。如果不设置 axis 参数,对所有数组元素统计。

在 NumPy 中,维度(ndim)是由轴(axis)构成的,如图 4-1-4 所示。一维数组只有一个维度,只有一个水平轴,axis 的值只有一个,默认为 0。二维数组的维度为 2,有行列两个方向的轴,行方向的轴 axis＝1,列方向的轴 axis＝0。如果求每行的最大值,则是在行方向上求最大值,axis 的值为 1。如果求每列的最大值,则是在列方向上求最大值,axis 的值为 0。

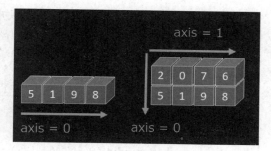

图 4-1-4　NumPy 数组的维度和轴

例 4 - 1 - 19　求二维数组 arr1 的最大值、最大值的序号和每行的最大值,其过程如图 4-1-5。

```
>>>arr1 = np. random. randint(1,100,(3,4))
>>>arr1
array([[81 26 96 92]
       [70 59 81 93]
       [12 60 80 74]])
>>>arr1.max()    ＃数组的最大值
96
>>>arr1.argmax()    ＃数组的最大值的序号
2
>>>arr1.max(axis＝1)    ＃每行的最大值
array([96,93,80])
>>>arr1.max(axis＝0)    ＃每列的最大值
array([81,60,96,93])
```

arr1

81	26	96	92
70	59	81	93
12	60	80	74

.max() = 96

arr1

81	26	96	92
70	59	81	93
12	60	80	74

.argmax() = 2

arr1

81	26	96	92
70	59	81	93
12	60	80	74

.max(axis=1) =

96
93
80

arr1

81	26	96	92
70	59	81	93
12	60	80	74

.max(axis=0) =

81	60	96	93

图 4-1-5　多维数组的聚合函数运算过程

3. NumPy 的综合运用

例 4 - 1 - 20 创建一个存储了 9 个城市的 12 个月降雨量的 NumPy 对象 rain，降雨量的值由 NumPy 的随机函数 randint() 产生，降雨量的范围为 0～500 毫米。求每个城市的平均降水量和每个城市最大降水量出现的月份。

程序实现代码如下：

```
import numpy as np
♯(1) NumPy 对象 rain 的创建
rain = np. random. randint(0,501,(9,12))
print(rain)
♯(2) 每个城市平均降水量的计算
print(np. around(rain. mean(axis = 1),decimals = 1))
♯(3) 每个城市最大降水量月份的计算
print(rain. argmax(axis = 1) + 1)
```

上述程序的分段解释如下：

(1) NumPy 对象 rain 的创建

np. random. randint(start,end,size) 可以生成取值范围为从 start 到 end-1 的数组元素，size 是一个整数或一个整组元组，给出数组的形状。通过调用 randint() 函数完成对 rain 的创建，生成一个 9 行 12 列的数组，表示 9 个城市、12 个月的降雨量。

程序运行结果如下所示：

```
[[52   20   104   60   199   167   158   211   14   92   2   14]
 [0    2    7    46   69    196   120   116   10   0    3]
 [0    0    4    13   60    115   216   199   51   44   4   0]
 [1    0    2    41   3     4     6     1     3    5    0   3]
 [4    1    43   32   22    20    71    24    24   64   8   0]
 [30   21   21   27   118   225   167   51    77   101  46  39]
 [42   71   78   104  71    219   275   316   168  305  6   5]
 [67   140  115  136  134   470   128   120   17   128  22  30]
 [60   90   100  138  137   200   210   220   210  270  78  79]]
```

(2) 每个城市平均降水量的计算

使用 np. mean() 函数，并设置按行方向计算每个城市的降雨量的平均值，同时使用了 np. around() 函数设置输出精度为浮点数小数点后保留一位小数。

程序运行结果如下所示：

```
[91.1   47.8   58.8   5.8   26.1   76.9   138.3   125.6   149.3]
```

(3) 每个城市最大降水量月份的计算

使用 np. argmax() 函数取得最大值对应的索引号,由于索引号从 0 开始,而月份从一月记录,所以做了加 1 操作。

程序运行结果如下所示:

$$[8\ 7\ 7\ 4\ 7\ 6\ 8\ 6\ 10]$$

4.1.3　习题与实践

1. 简答题

(1) 简述使用 NumPy 数组跟 Python 列表对象有哪些区别。

(2) 简述使用索引方式查询和切片方式查询数组元素有哪些区别。

(3) 举例说明随机函数 uniform() 和 linspace() 函数创建多维数组对象有哪些不同点。

2. 实践题

(1) 归一化问题

打开"配套资源\第 4 章\sy4 - 1 - 1. py",补全程序,完成以下功能:创建一个由 10 到 20 之间的随机整数组成的 5 * 5 二维 NumPy 数组 Z,并将数组元素归一化到 0~1,即最小的变成 0,最大的变成 1。输出参考如下运行示例:

```
矩阵 Z=
[[19  19  13  10  15]
 [11  18  16  18  13]
 [10  16  14  16  10]
 [18  18  12  14  16]
 [18  13  17  18  16]]
归一化后的 Z:
[[1.          1.          0.33333333  0.          0.55555556]
 [0.11111111  0.88888889  0.66666667  0.88888889  0.33333333]
 [0.          0.66666667  0.44444444  0.66666667  0.        ]
 [0.88888889  0.88888889  0.22222222  0.44444444  0.66666667]
 [0.88888889  0.33333333  0.77777778  0.88888889  0.66666667]]
```

【提示】 假设 a 是数组中的一个元素,max,min 分别是数组元素的最大,最小值,则归一化后 $a=(a-min)/(max-min)$

(2) 二维数组的查询

打开"配套资源\第 4 章\sy4 - 1 - 2. py",补全程序,完成以下功能:创建一个由 1~16 的整数组成的一维 NumPy 数组对象，再变换为 4 * 4 二维数组对象 arr；使用索引的方式获取 arr 数组中第二行第一列和第三行第二列的数据；使用切片方式获取 arr 数组中除了第一列和第一行以外的数据；使用布尔运算方式将 arr 数组中为奇数的数据都置为零。输出参考如下运行示例：

```
[[ 1.  2.  3.  4.]
 [ 5.  6.  7.  8.]
 [ 9.10.11.12.]
 [13.14.15.16.]]
5.0 10.0
[[ 6.  7.  8.]
 [10.11.12.]
 [14.15.16.]]
[[ 0.  2.  0.  4.]
 [ 0.  6.  0.  8.]
 [ 0.10.  0.12.]
 [ 0.14.  0.16.]]
```

(3) 二维数组的统计分析

打开"配套资源\第 4 章\sy4 - 1 - 3. py"，补全程序，完成以下功能：创建 20 到 40 之间均匀分布的 4 * 5 二维 NumPy 数组对象；计算数组中每行的平均值；计算数组中每列的最大值；返回数组中最小值的索引。输出参考如下运行示例：

```
[[29.48591588   34.57499983   21.27115897   23.18698503   28.21444796]
 [32.97357652   30.65051114   31.48933997   27.20078626   33.8412767]
 [28.98182815   25.98894751   39.72888597   33.68851555   25.43153054]
 [36.99616393   31.45147628   32.90841107   25.31617524   20.94952576]]
[27.34670693   31.23109812   30.76394234   29.52435045]
[36.99616393   34.57499983   39.72888597   33.68851955   33.8412767]
19
```

4.2 Pandas 数据类型*

Pandas 是 Python 的一个第三方库,由 PyData 团队开发,常用于数据分析。Pandas 的代码风格与 NumPy 相似,但在表格数据的处理上更有优势。Pandas 拥有更加便捷的数据载入方法,提供对缺失数据处理和数据归一化处理,同时支持数据格式转换,以及过滤重复数据,是一个优秀的数据处理分析工具。Pandas 有两种常用的数据类型——Series 和 DataFrame。Pandas 库已被默认安装在 Anaconda 中。由于使用 Pandas 库时,往往需要使用到 NumPy 库,因此本节下文的描述中,默认已将这两个库同时导入,代码如下:

```
import pandas as pd
import numpy as np
```

4.2.1 Series

Series 是一种带索引(Index)的类似一维数组的数据结构。它拥有两个属性 values 和 index:values 是一个值数组,用于存储一组任意类型的数据元素,index 是一个索引数组,用于存储上述数据元素的索引名。Series 结构如图 4-2-1 所示,例如索引名为 1 的元素值为 74。除了 index 索引,和 NumPy 数组一样,每一个 Series 对象同样绑定了一组默认的 $0 \sim n-1$ 的整数索引,为了加以区分,我们把 index 设置的索引称为索引名,默认的整数索引称为位置索引号。图例中第一个元素 74 的索引名是 1,它的位置索引号是 0。

index	values
1	74
2	99
3	82
…	…

图 4-2-1 Series 数据结构

1. Series 的创建

使用 Pandas 中的 Series()函数创建 Series 对象,其常用格式如下所示:

pandas. Series([data, index=[…],…])

其中,data 包含了 Series 对象中存储的数据,data 的类型可以是 NumPy 的一维数组或列表;index 包含了 Series 对象中存储数据对应的索引名,如果省略,则自动生成 $0 \sim n-1$ 的整数索引号,n 为 data 中元素的个数。

例4-2-1 创建一个名为 ability 的 Series 对象，用于存储水浒传中 4 位英雄的武力值，其中值为[99,87,88,75]，索引名为['宋江','吴用','林冲','秦明']。

```
>>>ability = pd. Series([99,87,88,75],index = ['宋江','吴用','林冲','秦明'])
>>>ability
宋江    99
吴用    87
林冲    88
秦明    75
dtype：int64
```

如需获得更加完整的函数资料，可以访问 Pandas 官网。在浏览器中输入网址 https://pandas. pydata. org/pandas-docs/stable/reference/，进入 Pandas 官网查询界面，如图 4-2-2 所示。选择左侧的"Series"链接，可展开 Series 相关的内容资料；或者在左上侧的搜索栏中输入Pandas 函数名直接进行搜索，可以查找到更加具体的函数定义和解释。

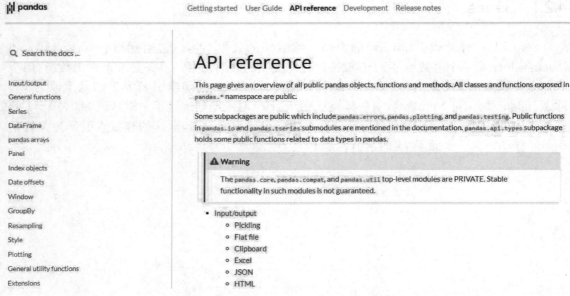

图 4-2-2　Pandas 官网中函数查询界面

2. Series 的相关操作

本节介绍 Series 中数据元素的增加、删除、修改和查询操作，其中涉及的例子具有连续性，且应已完成了上节 Series 对象的创建。

Series 对象的索引和值的对应关系类似于字典中的键和值，在增加、修改、访问的操作上也类似字典操作。

(1) Series 中元素的查询

Series 对象既可以类似于序列,使用位置索引号获取对应的元素;也可以类似字典,通过索引名获取对应的元素。

Series 对象[索引名]

还可以通过布尔运算表达式查找满足条件的元素。

Series 对象[布尔表达式]

例 4-2-2　显示 ability 中索引名为'宋江'的元素,显示 ability 中所有大于等于 80 的元素。

```
>>>ability['宋江']        #使用 index 索引名访问
99
>>>ability[0]             #使用位置索引号
99
>>>ability[ability.values>=80]
宋江   99
吴用   87
林冲   88
dtype:int64
```

(2) Series 中元素的增加和修改

通过赋值语句能很方便地完成 Series 中元素的增加和修改,格式如下:

Series 对象[索引名]=值

当索引名是已存在的,赋值语句完成修改操作;当索引名是不存在的,赋值语句完成增加操作。

例 4-2-3　为 ability 对象增加'武松'的武力值 80,修改宋江的武力值为 95。

```
>>>ability['武松']=80
>>>ability['宋江']=95
>>>ability
宋江   95
吴用   87
林冲   88
秦明   75
武松   80
dtype:int64
```

(3) Series 中元素的删除

- 调用 pop() 函数进行删除

pop() 函数用于从 Series 对象中弹出索引名对应的元素,即:删除索引名对应的元素,且返回被删除的元素值。pop() 函数会修改原始对象,其常用格式如下:

$$Series.\ pop(item)$$

其中,item 是将要被删除元素对应的索引名。

- 调用 drop() 函数进行删除

drop() 函数表示从 Series 中删除单个或多个索引名对应的元素,并返回删除元素后的 Series,该函数在默认情况下不修改原始对象,其常用格式如下:

$$Series.\ drop(labels,\ \dots)$$

其中,labels 可以是单个索引名也可以是多个索引名组成的列表。

例 4 - 2 - 4 删除 ability 对象中索引名为'林冲'的元素,并将该值记录在变量 popvalue 中;删除索引名为'吴用'和'秦明'的元素,生成新的 Series 对象。

```
>>> #将索引名为'林冲'的元素弹出并删除
>>> popvalue = ability.pop('林冲')
>>> ability
宋江   95
吴用   87
秦明   75
武松   80
dtype:int64
>>> popvalue
88
>>> #删除索引名为'吴用'和'秦明'的元素,返回新的 Series 对象
>>> ability_new = ability.drop(['吴用','秦明'])
>>> ability
宋江   95
吴用   87
秦明   75
武松   80
dtype:int64
>>> ability_new
宋江   95
武松   80
dtype:int64
```

3. Series 的综合运用

例 4-2-5　创建程序文件,实现功能:创建一个存储了 5 名学生计算机成绩的 Series 对象 score,值为成绩,索引名为学号。其中,成绩和学号由 NumPy 的随机数组生成函数 randint( )产生,已知成绩的范围为 0~100,学号的范围为 200151800~200151900。对 score 进行以下操作并同步进行打印:首先加入学号为 200151909、成绩为 88 的学生,然后删除该学生成绩,接着将所有学生的成绩减去 5 分,最后筛选出成绩为 80 分以上的学生。

完整的程序代码如下:

```
import numpy as np
import pandas as pd
#(1) Series 对象 score 的创建
#创建 score 并随机生成成绩和学号。
fs = np. random. randint(0,101,5)
xh = np. random. randint(200151800,200151901,5). astype(str)
score = pd. Series(fs,xh)
print(score)
#(2) score 中元素的增加
score['200151909'] = 88    #加入新的学号和成绩
print(score)
#(3) score 中元素的删除
score. pop('200151909')    #将学号为 200151909 的成绩进行删除
print(score)
#(4) score 中元素的修改
score = score-5    #将所有成绩都减去 5
print(score)
#(5) score 中元素的查询
print(score[score. values >= 80])    #检索成绩大于等于 80 的学生
```

上述程序的分段解释如下:

(1) Series 对象 score 的创建

通过调用 randint( )函数随机生成学生成绩,randint( )函数随机生成学号时调用 astype( )函数转化为字符串类型,最后调用 Series( )函数完成 score 的创建。

程序运行结果如下所示:

```
200151838    93
200151835    62
200151866    97
200151883    96
```

```
200151841      9
dtype：int32
```

(2) score 中元素的增加

通过赋值的方法加入新的学号和成绩。

程序运行结果如下所示：

```
200151838     93
200151835     62
200151866     97
200151883     96
200151841      9
200151909     88
dtype：int64
```

(3) score 中元素的删除

删除新加入的学生，调用 pop() 函数完成对 score 中元素的删除。

程序运行结果如下所示：

```
200151838     93
200151835     62
200151866     97
200151883     96
200151841      9
dtype：int64
```

(4) score 中元素的修改

Series 对象的底层是 NumPy 库，同样支持整体运算，直接执行减法运算。

程序运行结果如下所示：

```
200151838     88
200151835     57
200151866     92
200151883     91
200151841      4
dtype：int64
```

(5) score 中元素的查询

程序通过布尔表达式 score. values＞＝80 来筛选出成绩大于等于 80 的学生。

程序运行结果如下所示：

```
200151838    88
200151866    92
200151883    91
dtype:int64
```

4.2.2 DataFrame

DataFrame 对象是 Pandas 库的核心数据结构,它拥有跟表格极其相似的二维数据结构,它包括值(values)、行索引(index)和列索引(columns)三个部分。DataFrame 结构如图 4-2-3 所示,例如值为 70 的元素,其对应的行索引名为 Bob,列索引名为 Math。

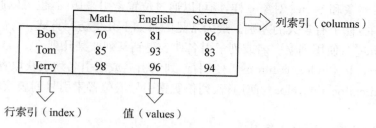

图 4-2-3　DataFrame 数据结构

1. DataFrame 的创建

使用 Pandas 中的 DataFrame()函数创建 DataFrame 对象,其常用格式如下所示:

pandas. DataFrame(data,index,columns,…)

其中,data 包含了 DataFrame 对象中存储的数据,data 的类型可以是 NumPy 的二维数组或列表等可迭代对象;index 包含了 DataFrame 对象中存储数据对应的行索引名,如果省略,则自动生成 0～n－1 的整数行索引号,n 为 data 中元素的行数;columns 包含了 DataFrame 对象中存储数据对应的列索引名,如果省略,则自动生成 0～m－1 的整数列索引号,m 为 data 中元素的列数。

例 4-2-6　创建一个名为 iris 的 DataFrame 对象,用于存储 3 朵鸢尾花的萼片长度(sepal length)、萼片宽度(sepal width)和花瓣长度(petal length),其中数据为[[5.1,3.5,1.4],[4.9,3.0,1.4],[4.7,3.2,1.3]],行索引名为[1,2,3],列索引名为[' sepal length (cm)',' sepal width (cm)',' petal length (cm)']。

```
>>>iris = pd. DataFrame([[5.1,3.5,1.4],[4.9,3.0,1.4],[4.7,3.2,1.3]],index = [1,2,3],
columns = [' sepal length (cm)',' sepal width (cm)',' petal length (cm)'])
>>>iris
```

	sepal length（cm）	sepal width（cm）	petal length（cm）
1	5.1	3.5	1.4
2	4.9	3.0	1.4
3	4.7	3.2	1.3

2. DataFrame 的相关操作

本节将介绍 DataFrame 中数据元素的增加、删除、修改和查询操作，其中涉及的例子具有连续性，且应已完成了上节 DataFrame 对象的创建。

（1）DataFrame 中元素的访问

DataFrame 对象和 Series 对象一样，既可以通过位置索引来访问，也可以通过行列索引名来访问。但访问方法上有较大的差别。最为常见的有如下几类访问方式：

- DataFrame[]：使用列索引名或列索引名列表得到某列或某几列。
- DataFrame.loc[index,columns]：使用行、列索引名或索引名列表获取查询区域值。
- DataFrame.iloc[iloc,cloc]：使用行、列位置索引号或位置索引号列表获取查询区域值。

例 4-2-7　访问 iris 对象示例。

```
>>>#使用列索引名访问一列,得到 Seires 对象
>>>iris[' sepal length（cm）']
1    5.1
2    4.9
3    4.7
Name：sepal length（cm）, dtype：float64
>>>#使用列索引名列表访问多列,得到 DataFrame 对象
>>>iris[[' sepal length（cm）',' petal length（cm）']]
   sepal length（cm）   petal length（cm）
1        5.1              1.4
2        4.9              1.4
3        4.7              1.3
>>>#使用行、列索引名,得到一个表格元素
>>>iris.loc[1,' sepal length（cm）']
5.1
>>>#使用:,获取指定列所有元素,得到 Seires 对象
>>>iris.loc[:,' sepal length（cm）']
1    5.1
2    4.9
3    4.7
Name：sepal length（cm）, dtype：float64
```

```
>>>＃使用行索引名切片,列索引名列表,得到 DataFrame 对象
>>>iris.loc[2:,[' sepal length（cm）',' petal length（cm）']]
     sepal length（cm）    petal length（cm）
2            4.9                 1.4
3            4.7                 1.3
>>>＃使用行位置索引号切片,列位置索引号列表,得到 DataFrame 对象,
>>>iris.iloc[2:,[0,2]]
     sepal length（cm）    petal length（cm）
3            4.7                 1.3
```

注意:iris 的 index 是行索引名列表[1,2,3],iloc 是行位置索引号列表[0,1,2],所以同样是切片 2:,得到的结果是不一样的。

(2) DataFrame 中元素的条件查询

和 NumPy 模块一样,通过布尔运算方式可以获得逻辑值列表,DataFrame 的访问中,逻辑值列表可以出现在索引的位置,实现筛选。

例 4-2-8　查找 iris 中在列索引名' sepal width（cm）'的值大于 3.0 的数据行。

```
>>>＃布尔运算得到的逻辑值列表
>>>iris[' sepal width（cm）']>3.0
1    True
2    False
3    True
Name:sepal width（cm）, dtype:bool
>>>＃在[]访问方式中使用逻辑值列表,得到符合条件的所有列的元素构成的 DataFrame
对象
>>>iris[iris[' sepal width（cm）']>3.0]
     sepal length（cm）    sepal width（cm）    petal length（cm）
1            5.1                3.5                 1.4
3            4.7                3.2                 1.3
>>>＃在 loc[]访问方式中使用逻辑值列表,得到符合条件的指定列的元素构成的
DataFrame 对象
>>>iris.loc[iris[' sepal width（cm）']>3,["sepal length（cm）",  "sepal width（cm）"]]
     sepal length（cm）    sepal width（cm）
1            5.1                3.5
3            4.7                3.2
```

(3) DataFrame 中元素的增加

● 调用 append() 函数添加行

append() 函数用于将新的行增加到 DataFrame 的末尾，并返回新的对象，该函数不会改变原始对象，其格式如下：

DataFrame. append(other, ignore_index＝False, . . .)

其中，other 包含了需要增加的数据，other 的类型可以是 DataFrame、Series、字典等。ignore_index 参数设置是否使用原来的行索引名，默认为使用，设置为 True 则不使用，生成的新的 DataFrame 对象使用默认的行索引号。

例 4-2-9 在 iris 对象最后添加一行，数据为 [[4.6,3.1,1.5]]。注意参数 ignore_index 的作用。

```
>>>＃为新行创建一个新的 DataFrame 对象，追加到 iris 对象，返回一个新的 DataFrame
对象
>>>data1 = pd. DataFrame([[4.6,3.1,1.5]],index = [4],
columns = ['sepal length（cm）','sepal width（cm）','petal length（cm）'])
>>>irisnew = iris. append(data1)
>>>irisnew
    sepal length（cm）  sepal width（cm）  petal length（cm）
1         5.1              3.5              1.4
2         4.9              3.0              1.4
3         4.7              3.2              1.3
4         4.6              3.1              1.5
>>>＃为新行创建一个字典对象，追加到 iris 对象，返回一个新的 DataFrame 对象
>>>data2 = {'sepal length（cm）':4.6,'sepal width（cm）':3.1,'petal length（cm）':1.5}
>>>irisnew = iris. append(data2,ignore_index = True)
>>>irisnew
    sepal length（cm）  sepal width（cm）  petal length（cm）
0         5.1              3.5              1.4
1         4.9              3.0              1.4
2         4.7              3.2              1.3
3         4.6              3.1              1.5
```

● 通过赋值进行行列的添加

向 DataFrame 对象的增加新列，类似字典操作，通过列索引名访问一列，如果列索引名是新值，进行赋值，就可以完成 DataFrame 中列的添加。

例 4-2-10 为 iris 对象增加新列 'petal width（cm）'，值为 [0.2,0.2,0.2]。

注：一般来说，鸢尾花数据通过四个属性来描述，除了创建 iris 对象时的萼片长度（sepal

length)、萼片宽度(sepal width)和花瓣长度(petal length)外,还有本步骤中添加的花瓣宽度(petal width)。

```
>>>iris[' petal width (cm)']=[0.2,0.2,0.2]  #将列索引名' petal width (cm)'对应的元素
列赋值为[0.2,0.2,0.2]
>>>iris
    sepal length (cm)    sepal width (cm)    petal length (cm)    petal width (cm)
1        5.1                 3.5                 1.4                 0.2
2        4.9                 3.0                 1.4                 0.2
3        4.7                 3.2                 1.3                 0.2
```

(4) DataFrame 中元素的删除

drop()函数表示从 DataFrame 中删除单个或多个行(列)索引名对应的元素,并返回删除元素后的 DataFrame,该函数在默认情况下不修改原始对象,其格式如下:

DataFrame. drop(labels=None, axis=0, inplace=False, ...)

其中,labels 表示索引名或多个索引名组成的列表,如无索引名,可提供位置索引;axis 表示删除行或者列,值为 0 表示删除行,labels 参数为行索引名或表示行索引名列表,值为 1 表示删除列,labels 参数为列索引名或列索引名列表;inplace 表示是否对当前对象进行改变,值为 False 表示当前对象不改变,生成新对象,值为 True 表示操作当前对象,直接删除,不产生新对象。

例 4 - 2 - 11 删除 iris 对象中的元素示例。

```
>>>#删除 iris 对象中行索引名为 1 和 2 的元素,返回新对象 iris_new
>>>iris_new = iris. drop([1,2], axis=0)
>>>iris_new
    sepal length (cm)    sepal width (cm)    petal length (cm)    petal width (cm)
3        4.7                 3.2                 1.3                 0.2
>>>#直接删除 iris_new 对象中的' petal length (cm)'和' petal width (cm)'两列
>>>iris_new. drop([' petal length (cm)',' petal width (cm)'], axis=1, inplace=True)
>>>iris_new
    sepal length (cm)    sepal width (cm)
3        4.7                 3.2
```

(5) DataFrame 中元素的修改

DataFrame 对象的数据列支持 Python 支持的常见算术运算,如:"+","−","＊","/","＊＊"等。通过赋值语句修改数据,可以修改指定行、列记录的数据,还可以把要修改的数据查询筛选出来,重新赋值。

例4-2-12 将 iris 中所有鸢尾花的花瓣长度（petal length）都重新赋值为 0.3 cm，再将萼片长度（sepal length）小于 5 cm 的鸢尾花的花瓣长度（petal length）减去 0.2 cm。

```
>>>#将"petal width（cm）"列的值赋值为0.3
>>>iris["petal width（cm）"]=0.3
>>>iris
    sepal length（cm）  sepal width（cm）  petal length（cm）  petal width（cm）
1        5.1               3.5               1.4               0.3
2        4.9               3.0               1.4               0.3
3        4.7               3.2               1.3               0.3
>>>iris.loc[iris["sepal length（cm）"]<5,"petal width（cm）"]-=0.2
>>>iris
    sepal length（cm）  sepal width（cm）  petal length（cm）  petal width（cm）
1        5.1               3.5               1.4               0.3
2        4.9               3.0               1.4               0.1
3        4.7               3.2               1.3               0.1
```

3. 数据文件读写

人工智能数据的来源多种多样，因此 Pandas 提供了多种格式数据的导入和导出，包括 CVS、Excel、JSON、SQL、TXT 和 HTML 等格式。本节将介绍 CSV 和 Excel 文件的数据读写方法。

(1) 读写 CSV 文件

CSV（Comma-Separated Value）是一种以纯文本形式存储表格数据的文本文件，通常使用逗号作为字符之间的间隔符。Pandas 对其提供了相应的读写功能。

- 从 CSV 文件读取数据到 DataFrame 对象

read_csv()函数用于将数据从 CSV 文件读取到 DataFrame 对象，其常用格式如下：

pandas. read_csv(filepath_or_buffer,...)

其中，filepath_or_buffer 的类型为字符串，包含了文件路径和文件名。

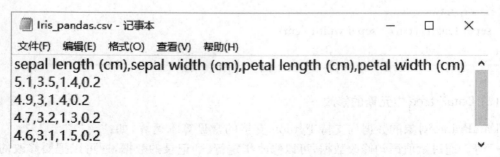

图 4-2-4　Iris_pandas. csv 文件内容

例 4‐2‐13　将素材 Iris_pandas.csv 从"配套资源\第 4 章\"下拷贝到"C:\配套资源\第 4 章\"下，以下程序将从 Iris_pandas.csv 文件（内容如图 4-2-4 所示）中读取数据到 DataFrame 对象，并打印显示输出。

```
>>> # 从 CSV 文件读取数据到 DataFrame 对象
>>> iris = pd.read_csv('C:\\配套资源\\第 4 章\\Iris_pandas.csv')
>>> iris
```

	sepal length（cm）	sepal width（cm）	petal length（cm）	petal width（cm）
0	5.1	3.5	1.4	0.2
1	4.9	3.0	1.4	0.2
2	4.7	3.2	1.3	0.2
3	4.6	3.1	1.5	0.2

- 从 DataFrame 对象写入数据到 CSV 文件

to_csv() 函数用于将数据从 DataFrame 对象写入到 CSV 文件，其格式如下：

DataFrame. to_csv(path_or_buf,…)

其中，path_or_buf 的类型为字符串，包含了文件路径和文件名。

例 4‐2‐14　将 DataFrame 对象 iris 中的数据写入到 Iris_pandas_new.csv 文件。

```
>>> # 从 DataFrame 对象写入数据到 CSV 文件
>>> iris.to_csv('C:\\配套资源\\第 4 章\\Iris_pandas_new.csv')
```

(2) 读写 Excel 文件

Excel 是 Microsoft Excel Open XML 格式电子表格文件。Pandas 对其提供了相应的读写功能。

- 从 Excel 文件读取数据到 DataFrame 对象

read_excel() 函数用于将数据从 Excel 文件读取到 DataFrame 对象，其常用格式如下：

pandas. read_excel(io, sheetname,…)

其中，io 的类型为字符串，包含了文件路径和文件名；sheetname 的类型为字符串，包含了需要读取的 Excel 表单名。

例 4‐2‐15　将素材 Iris_pandas.xlsx 从"配套资源\第 4 章\"下拷贝到"C:\配套资源\第 4 章\"下，以下程序将从 Iris_pandas.xlsx 文件（内容如图 4-2-5 所示）中读取数据到 DataFrame 对象。

```
>>> # 从 Excel 文件读取数据到 DataFrame 对象
```

```
>>>iris = pd. read_excel('C:\\配套资源\\第 4 章\\Iris_pandas. xlsx ', sheet_name =
'Sheet1')
>>>iris
    sepal length（cm）  sepal width（cm）  petal length（cm）  petal width（cm）
0       5.1              3.5               1.4               0.2
1       4.9              3.0               1.4               0.2
2       4.7              3.2               1.3               0.2
3       4.6              3.1               1.5               0.2
```

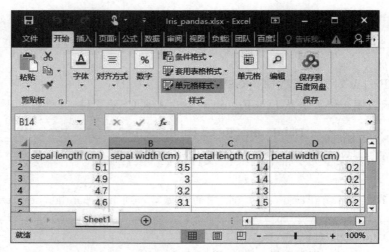

图 4-2-5　Iris_pandas. xlsx 文件内容

- 从 DataFrame 对象写入数据到 Excel 文件

to_excel()函数用于将数据从 DataFrame 对象写入到 Excel 文件，其格式如下：

DataFrame. to_excel(excel_writer, sheet_name, . . .)

其中，excel_writer 的类型为字符串，包含了文件路径和文件名；sheetname 的类型为字符串，包含了需要写入的 Excel 表单名。

例 4-2-16　将 DataFrame 对象 iris 中的数据写入到 Iris_pandas_new. xlsx 文件。

```
>>>＃从 DataFrame 对象写入数据到 Excel 文件
>>>iris. to_excel('C:\\配套资源\\第 4 章\\Iris_pandas_new. xlsx ', sheet_name =
'Sheet1')
```

4. DataFrame 的综合运用

例 4-2-17　创建一个存储了 3 名学生的 3 门课程成绩的 DataFrame 对象 scores，值为成绩,行索引名为学号,列索引名为课程名(计算机、英语和体育)。其中,成绩和学号由 NumPy 的随机数组生成函数 randint()产生,已知成绩的范围为 0～100,学号的范围为 200151800～200151900。对 scores 进行以下操作并同步进行打印:首先加入学号为 200151909、三门课成绩分别为 88、76 和 90 的学生,然后删除所有体育成绩,接着将所有学生的英语成绩乘以 0.8,最后筛选出计算机成绩为 80 分以上的学生。把最后的数据写入到 Excel 文件,命名为"Scores. xlsx"。

完整的程序代码如下:

```
import pandas as pd
import numpy as np
#(1) DataFrame 对象 scores 的创建
#创建 scores 并随机生成成绩和学号。
stu = np. random. randint(0,101,(3,3))
xh = np. random. randint(200151800,200151901,3). astype(str)
scores = pd. DataFrame(stu,index = xh,columns = ['计算机','英语','体育'])
print(scores)
#(2) scores 中元素的增加
scores = scores. append(pd. DataFrame([[88,76,90]],index = [' 200151909 '],columns = ['计
算机','英语','体育']))#加入新的学号和成绩
print(scores)
#(3) scores 中元素的删除
scores = scores. drop('体育',axis = 1)#删除列索引名为'体育'的元素
print(scores)
#(4) scores 中元素的修改
scores['英语'] = scores['英语'] * 0.8#将列索引名为'英语'的成绩乘以 0.8
print(scores)
#(5) scores 中元素的查询
print(scores[scores['计算机'] >= 80])#检索计算机成绩大于等于 80 的学生
scores = scores[scores['计算机'] >= 80]#筛选出计算机成绩大于等于 80 的学生
#(6) 把 scores 写入到 Excel 文件
scores. to_excel(' C:\\配套资源\\第 4 章\\scores. xlsx ',sheet_name = ' Sheet1 ')#从
DataFrame 对象写入数据到 Excel 文件
```

上述程序的分段解释如下:

(1) DataFrame 对象 scores 的创建

np. random. randint(start,end,size)可以生成一个包含随机元素的数组,这些元素的取值范围为从 start 到 end-1;size 表达大小,可以是一个整数,定义一维数组的长度,也可以是一个元组,定义一个二维数组的形状。通过调用 DataFrame()函数、randint()函数和 astype()函数完成对 scores 的创建。

程序运行结果如下所示：

	计算机	英语	体育
200151840	80	78	67
200151896	81	97	93
200151823	77	71	54

(2) scores 中元素的增加

通过赋值的方法加入新的学号和成绩。

程序运行结果如下所示：

	计算机	英语	体育
200151840	80	78	67
200151896	81	97	93
200151823	77	71	54
200151909	88	76	90

(3) scores 中元素的删除

删除列索引名为'体育'的元素，调用 drop() 函数完成对 scores 中元素的删除。

程序运行结果如下所示：

	计算机	英语
200151840	80	78
200151896	81	97
200151823	77	71
200151909	88	76

(4) scores 中元素的修改

取出列索引名为'英语'的元素乘以 0.8 再赋值给列索引名为'英语'的元素。

程序运行结果如下所示：

	计算机	英语
200151840	80	62.4
200151896	81	77.6
200151823	77	56.8
200151909	88	60.8

(5) scores 中元素的查询

程序通过布尔表达式 scores['计算机']>=80 来筛选出计算机成绩大于等于 80 的学生。

程序运行结果如下所示：

	计算机	英语
200151840	80	62.4
200151896	81	77.6
200151909	88	60.8

(6) 把 scores 写入到 Excel 文件

程序通过 to_excel()函数来完成把数据写入 Excel 文件,得到的 Scores. xlsx 文件内容如图 4-2-6 所示。

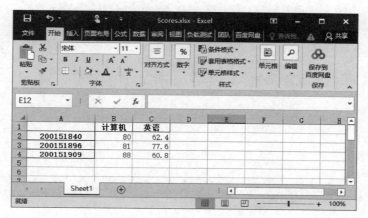

图 4-2-6 Scores. xlsx 文件内容

4.2.3 习题与实践

1. 简答题

(1) 请简述使用 Series 跟 DataFrame 的数据有哪些区别。

(2) 请简述使用函数创建 Series 对象和 DataFrame 对象的区别。

(3) 你认为日常数据处理 Series 和 DataFrame 哪个更加常用?

2. 实践题

(1) Series 对象的修改

打开"配套资源\第 4 章\sy4 - 2 - 1. py",补全程序,完成以下功能:创建一个存储了 21~30 的整数的 Series 对象,索引值为 1~10,将其中小于等于 25 的元素赋值为 0。输出参考如下运行示例:

```
1    21
2    22
3    23
```

4	24
5	25
6	26
7	27
8	28
9	29
10	30

dtype：int32

1	0
2	0
3	0
4	0
5	0
6	26
7	27
8	28
9	29
10	30

dtype：int32

（2）DataFrame 对象的访问和文件写入

打开"配套资源\第 4 章\sy4 - 2 - 2. py"，补全程序，完成以下功能：创建一个存储了用户记账金额的 DataFrame 对象，行索引名为 1 月～12 月，列索引名为'收入'和'支出'，元素值为 5 000～10 000 的随机数，取出'支出'列作为新的 DataFrame 对象，将该数据从新的 DataFrame 对象写入到 CSV 文件。输出参考如下运行示例：

	收入	支出
1 月	5831	5918
2 月	5635	8898
3 月	8963	6333
4 月	6790	6291
5 月	7539	9173
6 月	6995	6608
7 月	6467	8917
8 月	6086	6443
9 月	9529	5550
10 月	7523	9572
11 月	8641	6778
12 月	9843	6353
1 月	5918	

2月	8898	
3月	6333	
4月	6291	
5月	9173	
6月	6608	
7月	8917	
8月	6443	
9月	5550	
10月	9572	
11月	6778	
12月	6353	

Name：支出，dtype：int32

(3) DataFrame 对象的删改和文件读取

将波士顿房价数据文件 Boston_pandas. csv 从"配套资源\第4章\"下拷贝到"C：\配套资源\第4章\"下，打开"配套资源\第4章\sy4－2－3. py"，补全程序，完成以下功能：读取波士顿房价数据文件 Boston_pandas. csv 创建 DataFrame 数据对象；删除行索引号为 1～3 的数据内容；修改' MEDV '列的数据内容为 15。输出参考如下运行示例：

	CRIM	NOX	RM	AGE	LSTAT	MEDV
0	0.08829	0.524	6.012	66.6	12.43	22.9
1	0.14455	NaN	6.172	96.1	19.15	27.1
2	0.21124	0.524	NaN	NaN	29.93	16.5
3	0.17004	NaN	6.004	85.9	17.10	18.9
4	0.22489	0.524	6.377	94.3	20.45	15.0
5	0.22489	0.524	6.377	94.3	20.45	15.0
	CRIM	NOX	RM	AGE	LSTAT	MEDV
0	0.08829	0.524	6.012	66.6	12.43	22.9
4	0.22489	0.524	6.377	94.3	20.45	15.0
5	0.22489	0.524	6.377	94.3	20.45	15.0
	CRIM	NOX	RM	AGE	LSTAT	MEDV
0	0.08829	0.524	6.012	66.6	12.43	15
4	0.22489	0.524	6.377	94.3	20.45	15
5	0.22489	0.524	6.377	94.3	20.45	15

4.3　表格数据处理*

Pandas 中的 DataFrame 适合处理表格数据，它支持对获取的原始数据进行进一步的加工和再处理。这里的处理包括对数据进行预处理和对数据进行统计分析。前者包括缺失数据的处理和重复数据的处理，后者包括应用统计函数和分组运算。

4.3.1　数据预处理

数据预处理包括对缺失数据处理和重复数据的处理。

1. 缺失数据的处理

对缺失数据的处理主要包括缺失数据的清除或填充，Pandas 为 DataFrame 数据提供了对应的处理函数。

(1) 缺失数据的清除

dropna()函数用于删除缺失值所在的行或列，在默认情况下返回新的对象，同时该函数不会改变原始对象，其格式如下：

$$DataFrame. dropna(axis=0, how='any', thresh=None, inplace=False, \ldots)$$

其中，axis 表示删除缺失值所在的行或者列，值为 0 表示沿列方向检查删除行，值为 1 表示沿行方向检查删除列；how 表示是否全为缺失值才进行移除，值为'any'表示行/列中只要包含缺失值就会进行移除，值为'all'表示行/列的全部值都为缺失值才会进行移除，默认值为'any'。在删除缺失值后行/列中还剩余一定数量的有效数据，thresh 表示移除有效数据的个数小于 thresh 的行/列，thresh 的类型为整数。inplace 表示是否对当前对象进行清除，值为 False 表示不对当前对象进行清除，生成新对象，值为 True 表示对当前对象进行清除，不产生新对象，默认值为 False。

为了获取实验数据，首先从文件 Boston_pandas.csv 中读取数据到 DataFrame 对象。将素材 Boston_pandas.csv 从"配套资源\第 4 章\"下拷贝到"C:\配套资源\第 4 章\"下。

例 4-3-1　从 Boston_pandas.csv 文件中读取数据到 DataFrame 对象 boston。

```
>>>＃从 CSV 文件读取数据到 DataFrame 对象
>>>boston = pd.read_csv(' C:\\配套资源\\第 4 章\\Boston_pandas.csv ')
>>>boston
    CRIM     NOX     RM     AGE    LSTAT   MEDV
0   0.08829  0.524   6.012  66.6   12.43   22.9
1   0.14455  NaN     6.172  96.1   19.15   27.1
2   0.21124  0.524   NaN    NaN    29.93   16.5
```

3	0.17004	NaN	6.004	85.9	17.10	18.9
4	0.22489	0.524	6.377	94.3	20.45	15.0
5	0.22489	0.524	6.377	94.3	20.45	15.0

在读取数据时,Pandas 使用 NumPy 中定义的 NaN 来表示缺失值。Boston_pandas. csv 为波士顿房价数据集,每条数据包括了房屋和周围的一些信息。其中包括 CRIM(城镇人均犯罪率)、NOX(一氧化氮浓度)、RM(住宅平均房间数)、AGE(1940 年之前建成的自用房屋比例)、LSTAT(人口中地位低下者的比例)和 MEDV(自住房的平均房价)。

例 4-3-2　清除波士顿房价数据集 Boston_pandas. csv 中的缺失数据超过 1 个的行(由于每行有 6 列,因此也就是移除有效数据小于 5 个的行)。

```
>>> #移除有效数据小于 5 个的行
>>> boston. dropna(thresh = 5, inplace = True)
>>> boston
      CRIM      NOX     RM      AGE     LSTAT    MEDV
0   0.08829   0.524   6.012   66.6    12.43    22.9
1   0.14455   NaN     6.172   96.1    19.15    27.1
3   0.17004   NaN     6.004   85.9    17.10    18.9
4   0.22489   0.524   6.377   94.3    20.45    15.0
5   0.22489   0.524   6.377   94.3    20.45    15.0
```

参数 axis 采用了默认值 0,表示按照列的方向逐行检查,进行移除;参数 how 采用了默认值' any ',表示当前行中只要包含缺失值就会准备进行移除;参数 thresh=5,表示移除有效数据小于 5 个的行。观察原数据,只有行索引号为 2 的行满足了这些条件。观察程序运行结果,果然缺少了索引号为 2 的行。

(2) 缺失数据的填充

fillna()函数用于批量填充缺失值,在默认情况下返回新的对象,同时该函数不会改变原始对象,其常用格式如下:

$$DataFrame. fillna(value, \dots)$$

其中,value 包含了需要填充的值,value 的类型可以是常量、字典、Series 或 DataFrame。

例 4-3-3　将' NOX '列缺失值填充为 0.524。

观察以上程序的输出,可以发现在' NOX '列除了两个缺失值外,其他值都为 0.524,所以将' NOX '列中的缺失值填充为 0.524。

```
>>> boston. fillna(value = {' NOX ':0.524}, inplace = True)
```

```
>>>boston
     CRIM      NOX     RM     AGE     LSTAT    MEDV
0    0.08829   0.524   6.012  66.6    12.43    22.9
1    0.14455   0.524   6.172  96.1    19.15    27.1
3    0.17004   0.524   6.004  85.9    17.10    18.9
4    0.22489   0.524   6.377  94.3    20.45    15.0
5    0.22489   0.524   6.377  94.3    20.45    15.0
```

2. 重复数据的处理

drop_duplicates()函数用于删除重复数据行,在默认情况下返回新的对象,同时该函数不会改变原始对象,其格式如下:

DataFrame. drop_duplicates(subset＝None,keep＝' first ',inplace＝False,...)

其中,subset 表示列标签或列标签序列指定需要判定的列,默认 None,判定所有的列;keep 表示以何种方式进行保留,值为' first '表示保留重复行中第一次出现的行,值为' last '表示保留重复行中最后一次出现的行,值为 False 表示删除所有重复的行,默认值为' first '。inplace 表示是否对当前对象进行清除,值为 False 表示不对当前对象进行清除,生成新对象,值为 True 表示对当前对象进行清除,不产生新对象,默认值为 False。

例 4－3－4 删除 boston 对象中的重复行。

观察以上输出,可以发现最后两行数据完全相同。以下代码实现将最后一行数据清除,同时形成新的 DataFrame 对象来覆盖原始对象。

```
>>>boston. drop_duplicates(inplace＝True)
>>>boston
     CRIM      NOX     RM     AGE     LSTAT    MEDV
0    0.08829   0.524   6.012  66.6    12.43    22.9
1    0.14455   0.524   6.172  96.1    19.15    27.1
3    0.17004   0.524   6.004  85.9    17.10    18.9
4    0.22489   0.524   6.377  94.3    20.45    15.0
```

4.3.2 数据统计分析

1. 统计函数

Pandas 的数据结构继承了 NumPy 的统计函数(表 4-1-5),可以对表格数据的某行、某列、多行、多列或条件筛选出来的数值数据,进行统计分析。在使用统计函数时,axis＝0 表示沿列的方向进行计算,axis＝1 表示沿行的方向进行计算。

例 4-3-5 对 Boston_analysis.csv 文件的数据进行统计分析。

将素材 Boston_analysis.csv 从"配套资源\第 4 章\"下拷贝到"C:\配套资源\第 4 章\"下,从 Boston_analysis.csv 文件中读取数据到 DataFrame 对象 boston_new。

```
>>>boston_new = pd.read_csv('C:\\配套资源\\第 4 章\\Boston_analysis.csv')
>>>boston_new
     CRIM     NOX      RM     AGE    LSTAT    MEDV
0   0.02763   0.428   6.595   21.8    4.32    30.8
1   0.03359   0.428   7.024   15.8    1.98    34.9
2   0.12744   0.448   6.770    2.9    4.84    26.6
3   0.14150   0.448   6.169    6.6    5.81    25.3
4   0.15936   0.448   6.211    6.5    7.44    24.7
#求每列的平均值
>>>boston_new.mean(axis=0)
CRIM       0.097904
NOX        0.440000
RM         6.553800
AGE       10.720000
LSTAT      4.878000
MEDV      28.460000
dtype:float64
>>>#求住宅平均房间数(RM)的最大值和最小值
>>>boston_new['RM'].max(),boston_new['RM'].min()
(7.024,6.169)
>>>#统计城镇人均犯罪率(CRIM)小于 0.1 的记录。
>>>#先条件筛选得到符合条件的 DataFrame 对象,再对 CRIM 列计数,得到记录数。
>>>boston_new[boston_new['CRIM']<0.1]['CRIM'].count()
2
```

2. 分组运算

表格数据的分组统计是指先将表格的数据按某种规则分成若干组,例如一个职工信息表格可以按性别将职工分为男和女两组,或者按部门分为若干组。分好组后,再按小组分别进行统计计算,例如统计部门人数等。

DataFrame 类提供 groupby() 函数将 DataFrame 对象分为若干组,返回一个 groupby 对象,函数使用方法如下:

DataFrame. groupby(by=None,axis=0,...)

其中,by 表示分组依据,通常为列索引列表;axis 表示沿行方向分组还是沿列方向分组,值为 0 表示沿列方向按行分组,值为 1 表示沿行方向按列分组,默认值为 0。

groupby 函数按 by 值分组后,返回 groupby 对象。再对 groupby 对象应用统计函数或自定义函数进行计算。

例4-3-6 读入女排世界杯各项技术统计数据文件 volleyball_analysis.csv,按国籍分组,进行统计分析。

将素材 volleyball_analysis.csv 从"配套资源\第 4 章\"下拷贝到"C:\配套资源\第 4 章\"下,该文件中存放了女排世界杯得分前 25 名运动员的扣球、拦网、发球得分数据,如表4-3-1所示。

表 4-3-1   volleyball_analysis.csv 文件部分数据

运动员名	国籍	扣球	拦网	发球
运动员 A	俄罗斯	184	20	5
运动员 B	塞尔维亚	187	13	9
运动员 C	多米尼加	181	13	3
运动员 D	中国	153	16	9
运动员 E	荷兰	156	13	2
运动员 F	日本	158	3	9
运动员 G	巴西	139	16	6
运动员 H	巴西	140	10	9
运动员 I	多米尼加	118	12	18

```
>>>athletes = pd. read_csv(' C:\\配套资源\\第 4 章\\volleyball_analysis.csv ')
>>>grouped = athletes. groupby(by = ["国籍"])    #按国籍对 athletes 对象分组
>>>grouped. size()    #统计每组的记录数
国籍
中国        4
俄罗斯      4
喀麦隆      1
塞尔维亚    1
多米尼加    2
巴西        2
日本        1
美国        2
肯尼亚      1
荷兰        2
阿根廷      2
韩国        3
dtype:int64
>>>grouped['扣球'].mean()    #统计每组扣球的平均值
```

```
国籍
中国          102.75
俄罗斯        121.50
喀麦隆        129.00
塞尔维亚      187.00
多米尼加      149.50
巴西          139.50
日本          158.00
美国          104.00
肯尼亚        94.00
荷兰          126.00
阿根廷        109.50
韩国          123.00
Name：扣球，dtype：float64
>>>grouped.median()      ＃统计每组各列的中位值
            扣球      拦网      发球
国籍
中国        92.0     17.0     8.5
俄罗斯      107.0    16.0     7.5
喀麦隆      129.0     3.0     4.0
塞尔维亚    187.0    13.0     9.0
多米尼加    149.5    12.5    10.5
巴西        139.5    13.0     7.5
日本        158.0     3.0     9.0
美国        104.0     7.5     8.0
肯尼亚      94.0      4.0     4.0
荷兰        126.0    10.0     3.5
阿根廷      109.5     5.0    11.5
韩国        122.0     9.0     8.0
```

4.3.3 习题与实践

1. 简答题

(1) 请简述 DataFrame.fillna() 函数的参数 value 的常见类型有哪些。

(2) 请简述在使用 DataFrame.drop_duplicates() 函数时常用的数据保留方式有哪些。

(3) 你认为 DataFrame.dropna() 函数与 DataFrame.drop() 函数有哪些异同之处？

2. 实践题

(1) 求最大值和最小值

打开"配套资源\第 4 章\sy4 - 3 - 1. py"，补全程序，完成以下功能：创建表示 10×10 的随机矩阵的 DataFrame 对象，行索引名和列索引名都为 1～10，元素取值在 0～100，并求每列的最大值和最小值。输出参考如下运行示例：

	1	2	3	4	5	6	7	8	9	10
1	71	12	64	73	16	87	67	53	96	36
2	78	73	15	99	13	85	75	98	86	3
3	81	22	89	39	7	29	21	51	78	92
4	12	53	6	37	90	65	42	75	10	51
5	61	47	15	58	53	63	48	2	10	99
6	20	33	73	70	44	42	78	27	26	76
7	59	7	69	100	14	32	71	1	53	44
8	54	91	19	60	100	92	38	27	49	32
9	12	9	41	62	91	5	99	26	54	39
10	54	18	20	27	84	29	87	73	8	21

```
1      81
2      91
3      89
4      100
5      100
6      92
7      99
8      98
9      96
10     99
dtype：int32
1      12
2      7
3      6
4      27
5      7
6      5
7      21
8      1
9      8
10     3
dtype：int32
```

（2）缺失数据的处理

将海鲜价格数据文件 fish. csv 从"配套资源\第4章\"下拷贝到"C:\配套资源\第4章\"下，打开"配套资源\第4章\sy4-3-2.py"，补全程序，完成以下功能：读取海鲜价格数据文件 fish. csv 创建 DataFrame 数据对象；对全部为缺失值的列进行移除；对包含缺失值的行进行移除。输出参考如下运行示例：

	品名	最低价	平均价	最高价	规格	单位
0	鲤鱼	4.5	4.65	4.8	>1000 g	NaN
1	草鱼	4.4	4.45	4.5	<750 g	NaN
2	鲫鱼	5.0	5.25	5.5	100 g~150 g	NaN
3	胖头鱼	6.5	6.75	7.0	>2000 g	NaN
4	武昌鱼	7.5	7.55	7.6	NaN	NaN
5	鲢鱼	3.0	NaN	NaN	>1500 g	NaN
6	嘎鱼	12.0	12.50	13.0	<100 g	NaN
7	国产白鲳鱼	NaN	11.00	12.0	>250 g/冻	NaN
8	燕鲅	14.0	14.50	15.0	>300 g/冻	NaN
9	鲐鲅	3.5	4.00	4.5	<300 g/冻	NaN
10	左偏口鱼	NaN	21.00	22.0	<600 g/冻	NaN
	品名	最低价	平均价	最高价	规格	
0	鲤鱼	4.5	4.65	4.8	>1000 g	
1	草鱼	4.4	4.45	4.5	<750 g	
2	鲫鱼	5.0	5.25	5.5	100 g~150 g	
3	胖头鱼	6.5	6.75	7.0	>2000 g	
4	武昌鱼	7.5	7.55	7.6	NaN	
5	鲢鱼	3.0	NaN	NaN	>1500 g	
6	嘎鱼	12.0	12.50	13.0	<100 g	
7	国产白鲳鱼	NaN	11.00	12.0	>250 g/冻	
8	燕鲅	14.0	14.50	15.0	>300 g/冻	
9	鲐鲅	3.5	4.00	4.5	<300 g/冻	
10	左偏口鱼	NaN	21.00	22.0	<600 g/冻	
	品名	最低价	平均价	最高价	规格	
0	鲤鱼	4.5	4.65	4.8	>1000 g	
1	草鱼	4.4	4.45	4.5	<750 g	
2	鲫鱼	5.0	5.25	5.5	100 g~150 g	
3	胖头鱼	6.5	6.75	7.0	>2000 g	
6	嘎鱼	12.0	12.50	13.0	<100 g	
8	燕鲅	14.0	14.50	15.0	>300 g/冻	
9	鲐鲅	3.5	4.00	4.5	<300 g/冻	

(3) 重复数据的处理

将蔬菜价格数据文件 vegetable.csv 从"配套资源\第 4 章\"下拷贝到"C:\配套资源\第 4 章\"下，打开"配套资源\第 4 章\sy4 - 3 - 3. py"，补全程序，完成以下功能：读取蔬菜价格数据文件 vegetable.csv 创建 DataFrame 数据对象；不改变当前对象，以保留重复行中第一次出现的行的方式删除重复行，将结果存储到新的 DataFrame 数据对象；不改变当前对象，以保留重复行中最后一次出现的行的方式删除重复行，将结果存储到新的 DataFrame 数据对象。输出参考如下运行示例：

	品名	最低价	平均价	最高价	单位
0	藕	2.0	2.50	3.0	千克
1	韭菜	1.2	1.40	1.6	千克
2	蒜苗	2.5	3.75	5.0	千克
3	蒜黄	4.0	4.15	4.3	千克
4	韭菜	1.2	1.40	1.6	千克
5	豆王	2.7	3.60	4.5	千克
6	扁豆	2.5	3.25	4.0	千克
7	豇豆	3.0	3.25	3.5	千克
8	蒜黄	4.0	4.15	4.3	千克
	品名	最低价	平均价	最高价	单位
0	藕	2.0	2.50	3.0	千克
1	韭菜	1.2	1.40	1.6	千克
2	蒜苗	2.5	3.75	5.0	千克
3	蒜黄	4.0	4.15	4.3	千克
5	豆王	2.7	3.60	4.5	千克
6	扁豆	2.5	3.25	4.0	千克
7	豇豆	3.0	3.25	3.5	千克
	品名	最低价	平均价	最高价	单位
0	藕	2.0	2.50	3.0	千克
2	蒜苗	2.5	3.75	5.0	千克
4	韭菜	1.2	1.40	1.6	千克
5	豆王	2.7	3.60	4.5	千克
6	扁豆	2.5	3.25	4.0	千克
7	豇豆	3.0	3.25	3.5	千克
8	蒜黄	4.0	4.15	4.3	千克

4.4　数据可视化

数据可视化是指将采集或模拟的数据用统计图表和信息图方式呈现,从而明确、清晰、直观、有效的传递信息。简而言之,字不如表,表不如图。

4.4.1　Matplotlib 基础

Matplotlib 是基于 Python 语言的开源项目,旨在为 Python 提供一个数据绘图包,实现专业的绘图功能。Matplotlib 可以方便地完成绘图,生成折线图、直方图、条形图、散点图等。

如需要获得更加完整的函数资料,可以访问 Matplotlib 官网。在浏览器中输入网址 https://matplotlib.org/,进入 Matplotlib 官网查询界面,如图 4-4-1 所示。在右上角的搜索栏中输入 Matplotlib 函数名直接进行搜索,可以查找到更加具体的函数定义和解释。

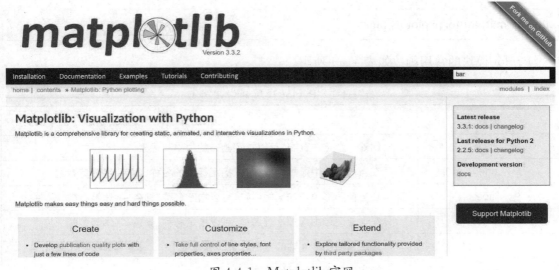

图 4-4-1　Matplotlib 官网

1. 坐标系设置

Matplotlib 中坐标系设置包括:图表标题、x 轴(水平轴线)和 y 轴(垂直的轴线);x 轴和 y 轴刻度,刻度标示坐标轴的分隔,包括最小刻度和最大刻度;x 轴和 y 轴刻度标签;网格线;图例等基本元素。如图 4-4-2 所示。

使用 Matplotlib 实现精细绘图,首先导入 matplotlib 的 pyplot 模块,利用 pyplot 的绘图函数 plot()设置图元属性,实现图形精细绘制。

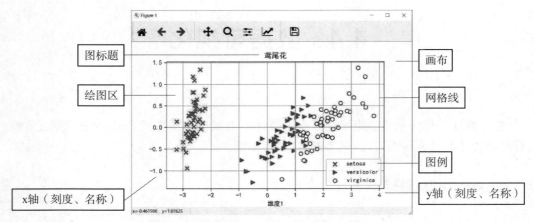

图 4-4-2　Matplotlib 图表的基本元素构成图

pyplot 模块

Matplotlib. pyplot 是一个命令风格函数的集合，它包含了图形绘制所需要的功能函数，如表 4-4-1 所示，使用 Matplotlib. pyplot 的绘图函数，首先要引入 matplotlib. pyplot 模块，在本节下文的描述中，默认已将这个模块导入，代码如下：

```
import matplotlib. pyplot as plt
```

Pyplot 模块的常用函数如表 4-4-1 所示。

表 4-4-1　Pyplot 模块的常用函数

函数	描　　述
figure	创建一个空白画布，可以指定画布的大小和像素
title	在当前图形中添加标题，可以指定标题的名称、颜色、字体等参数
xlabel	在当前图形中添加 x 轴名称，可以指定名称、颜色、字体等参数
ylabel	在当前图形中添加 y 轴名称，可以指定名称、颜色、字体等参数
xlim	指定当前图形 x 轴的范围
ylim	指定当前图形 y 轴的范围
xticks	指定 x 轴刻度的数目与取值
yticks	指定 y 轴刻度的数目与取值
legend	指定当前图形的图例，可以指定图例的大小、位置、标签
savefig	保存绘制的图形
imshow	将 RGB(A) 或 2D 标量数据显示为图像
show	在本机显示图形

2. 图元属性设置

图形的精细绘制,可以通过设置 Pyplot 的 rcParams 参数和 plot 函数的 format_string 参数值获得不同格式的曲线图。

(1) 设置 rcParams 参数

Pyplot 使用 rcParams 配置文件来自定义图形的各种属性,包括:视图窗口的大小、每英寸点数、线条样式和宽度、颜色、坐标轴、文本、字体等等。线条常用 rcParams 参数如表 4-4-2 所示。

例如设置线型:plt. rcParams["lines. linestyle"]="—. "

表 4-4-2　线条常用 rcParams 参数

rcParams 参数名称	解　释	取　值
lines. linewidth	线条宽度	0～10,默认值 1.5
lines. linestyle	线条样式	4 种样式: " — "," — — "," — . "," : "
lines. marker	线条上点的样式	可以取"o","D","+"等
lines. markersize	点的大小	0～10,默认值 1
font. sans-serif	sans-serif 字体类型设置	' SimHei '和' Tahoma '等字体
axes. unicode_minus	负号是否使用 Unicode 编码	True 和 False

(2) 设置 plot 参数 format_string

plot()函数可以基于图元属性进行绘制图形,其常用格式如下所示:

matplotlib. pyplot. plot(x,y,format_string,…)

其中,format_string 数据格式字符串由三项组成,格式为"format_string = '[color][marker][line]'",分别表示绘制的色彩、数据点的标记或线的格式,其中这三项每一项都是可选的,并可以自由搭配。format_string 的参数如表 4-4-3 所示。

表 4-4-3　format_string 的参数

color 项	色彩	marker 项	标记	line 项	线型
' b '	蓝色(blue)	' . '	点	' — '	实线
' g '	绿色(green)	' o '	圆	' — — '	虚线
' r '	红色(red)	' + '	加号	' — . '	点划线
' y '	黄色(yellow)	' * '	星号	' : '	点构成的虚线
' k '	黑色(black)	' v '	实心三角形		

例 4 - 4 - 1　绘制函数 $\sin x$ 和 $\cos x$ 在 $[0,2\pi]$ 上的图象。

完整程序如下所示：

```
import matplotlib.pyplot as plt
import numpy as np
#准备数据
x = np.arange(0, 2 * np.pi, 0.01)
y1 = np.sin(x)
y2 = np.cos(x)
#设置 RC 参数
plt.rcParams["lines.linestyle"] = "-."          #设置线条样式
plt.rcParams["lines.linewidth"] = 3             #设置线条宽度
#添加画布内容
plt.title(' y = sin(x) and y = cos(x)')
plt.xlabel(' x ')
plt.ylabel(' y ')
#绘制图形
plt.plot(x, y1, "r")                            #设置线条颜色为红色
plt.plot(x, y2, "k")                            #设置线条颜色为黑色
plt.grid()
plt.show()
```

程序运行结果如下所示：

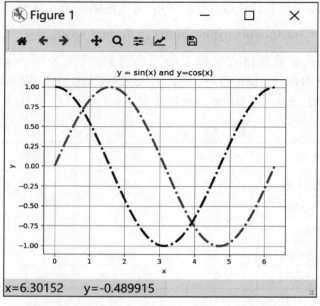

图 4-4-3　函数 $\sin x$ 和 $\cos x$ 在 $[0, 2\pi]$ 上的图象

4.4.2　常见图表类型

Matplotlib 提供了丰富的图形绘制函数,如 scatter(散点图)、plot(折线图)、bar(条形图)、boxplot(箱型图)、pie(饼图)等。

1. 2D 散点图

2D 散点图,顾名思义就是由一些散乱的点组成的 2D 图表,这些点在哪个位置,是由其 X 值和 Y 值确定的。2D 散点图通常用于研究两组变量之间的数据相关性。从散点图可以简单判断两个变量是否有相关关系、相关关系的强弱、是正相关还是负相关、相关的趋势如何等。Pyplot 模块提供了 scatter()函数绘制 2D 散点图,其常用格式如下所示:

matplotlib. pyplot. scatter(x, y, s, c, marker, ⋯)

其中,x 和 y 表示散点图的数据源;s 表示数据点标记的大小;c 表示数据点标记的颜色;marker 表示标记的风格。

例 4-4-2　绘制身高体重关系的 2D 散点图。本例使用 data＝np. random. multivariate_normal([172,65],[[55,35],[35,45]],200)语句产生一个身高均值为 172 厘米,体重均值为 65 千克的 200 行 2 列的随机实验数据,第 1 列是身高,第 2 列是体重。

完整程序如下所示:

```python
import numpy as np
import matplotlib. pyplot as plt
plt. title('身高体重关系图')
plt. rcParams[' font. sans-serif ']=[' SimHei ']  #避免中文出现乱码
plt. rcParams[' axes. unicode_minus ']=False

#生成身高体重实验数据
data = np. random. multivariate_normal([172,65],[[55,35],[35,45]],200)
heights = data[:,0]
weights = data[:,1]
#绘制散点图
p1 = plt. scatter(heights, weights, c=' b ', s=50, marker=' * ')
plt. xlabel('身高(cm)')
plt. ylabel('体重(kg)')
plt. grid()  #显示网格
plt. show()
```

程序运行结果如下所示：

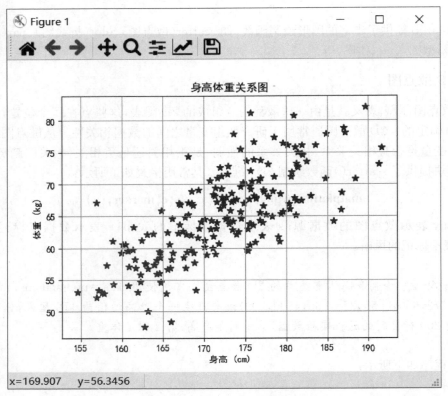

图 4-4-4　2D 散点图

由图 4-4-4 可知，身高和体重具有强相关性，身高越高，体重越重，明显的正相关性。

2. 3D 散点图

借助 mpl_toolkits. mplot3d 模块的 Axes3D 对象，Matplotlib 也可以绘制 3D 散点图。使用 Axes3d 模块绘图，首先要创建 Axes3D 对象，通过以下代码导入函数 Axes3D()。

```
from mpl_toolkits. mplot3d import Axes3D
```

Axes3D 类的构造函数格式如下所示：

$$mpl\_toolkits. \, mplot3d. \, Axes3D(fig, azim=-60, elev=30, \cdots)$$

其中，fig 表示当前的图像；azim 表示方位角，默认值为 -60；elev 表示仰角，默认值为 30。

Axes3D 类中实现 3D 散点图的绘制函数是 scatter，函数的格式如下所示：

$$Axes3D. \, scatter(x, y, z, zdir='z', s=20, c=None, \cdots)$$

其中，x、y、z 表示三维散点图的数据点坐标，s 表示标志点的大小，c 表示颜色；zdir 表示轴方向,当二维图在 3 维图上显示时才需要设置。

此外,Axes3 类还提供了 plot_surface、plot_3d、bar 等方法用以绘制 3D 曲面图、3D 曲线图和 3D 柱图。

例 4 - 4 - 3　使用 Axes3D() 函数绘制随机实验数据的 3D 散点图。本例使用随机函数 normal 产生 3 组均值为 0,标准差为 1 的符合正态分布的浮点数,每组 200 个,表示 200 个点的三维坐标 (x, y, z)。绘制 3D 散点图观察三维坐标点的分布。

完整程序如下:

```
import numpy as np
import matplotlib.pyplot as plt
from mpl_toolkits.mplot3d import Axes3D

#(1) 生成数据
n = 200
x = np.random.normal(0,1,n)
y = np.random.normal(0,1,n)
z = np.random.normal(0,1,n)
d = np.sqrt(x**2+y**2+z**2)#计算距离

#(2) 创建三维坐标对象
fig = plt.figure(figsize=(8,7))
ax3d = Axes3D(fig,elev=45,azim=45)
#(3) 绘制 3D 散点图
plt.title('3D 散点图')
plt.rcParams['font.sans-serif']=['SimHei']#避免中文出现乱码
plt.rcParams['axes.unicode-minus']=False
ax3d.set_xlabel('x')
ax3d.set_ylabel('y')
ax3d.set_zlabel('z')
#plt.tick_params(labelsize=10)
ax3d.scatter(x,y,z,s=20,c=d,cmap="jet",marker="o")
plt.show()
```

此处使用了距离值 d 设置颜色参数 c,可以使不同距离的点显示不同的颜色,cmap 设置颜色调色地图,可自行查阅更多的取值,marker 设置标志点的形状,此处是圆点。

程序运行结果如下所示:

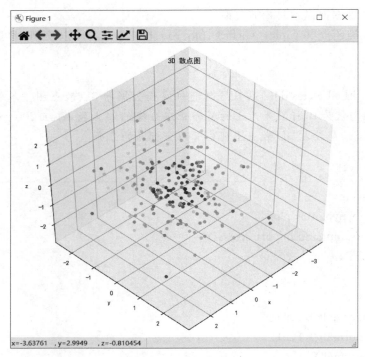

图 4-4-5　3D 散点图

由图 4-4-5 可知，点在三维空间呈现出中间聚集，外围稀疏分散的特点，符合正态分布。

3. 折线图

折线图能够显示数据在一个连续的时间间隔上的变化，从而反映事物随时间或有序类别而变化的趋势。折线图可以清晰反映出数据的特征，比如是否递增，递增或递减的速率如何等。一般水平轴（X 轴）用来表示时间的推移，并且间隔相同；而垂直轴（Y 轴）代表不同时刻的数据的大小。Pyplot 模块提供了 plot() 函数绘制折线图，它会根据给定的 x 坐标值数组，以及对应的 y 坐标值数组绘制折线图，其格式如下所示：

$$\textbf{matplotlib. pyplot. plot(x, y, color, linewidth, linestyle, \cdots)}$$

其中，x 和 y 表示折线图的数据源；color 表示折线颜色；linewidths 表示线宽；linestyle 表示线型。

例 4-4-4　绘制产品销量的折线图。

完整程序如下：

```
import matplotlib. pyplot as plt
# 准备数据
x_data = [' 2011 ',' 2012 ',' 2013 ',' 2014 ',' 2015 ',' 2016 ',' 2017 ']
y_data = [58 000,60 200,63 000,71 000,84 000,90 500,107 000]
plt. plot(x_data,y_data,color = ' blue ',linewidth = 2.0,linestyle = ' - - ') # 绘制折线图
```

```
plt.rcParams[' font.sans-serif '] = [' SimHei ']  # 显示中文
plt.title('产品销量图')  # 设置标题
plt.xlabel('年份')
plt.ylabel('销量')
plt.grid()
plt.show()
```

程序运行结果如下所示：

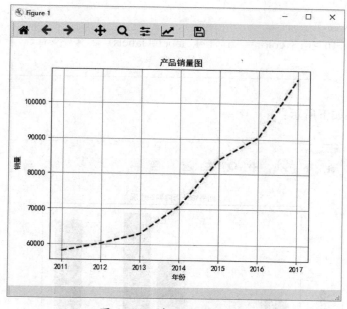

图 4-4-6　产品销量折线图

由图 4-4-6 可知，产品销量从 2011 年到 2017 年逐年递增，递增速率最快的是 2016—2017 年。

4. 条形图

条形图是一种以长方形的长度为变量的统计图表，用来进行各类别数据大小的比较。条形图能够使人们非常方便的看出各个数据的大小，并且容易于比较数据之间的差别。Pyplot 模块提供了 bar() 函数绘制条形图，其常用格式如下所示：

matplotlib. pyplot. bar(x, height, width, color, tick_label, ...)

其中，x 表示 x 轴数据；height 表示 y 轴对应条形的高度；width 表示 x 轴对应条形的宽度；color 表示条形图的颜色；tick_label 表示条形图的标签。

例 4-4-5　绘制一周内图书馆到馆人数的条形图。

完整程序如下：

```
import matplotlib. pyplot as plt
import numpy as np
plt. rcParams[' font. sans-serif '] = [' SimHei ']  # 避免中文出现乱码
plt. rcParams[' axes. unicode_minus '] = False
N = 7
x = np. arange(N)
data = np. random. randint(low = 20, high = 500, size = N)  # 产生随机数
labels = ['星期一','星期二','星期三','星期四','星期五','星期六','星期天']
plt. title("图书馆一周内到馆情况")
plt. xlabel('星期')
plt. ylabel('到馆人数')
plt. bar(x, data, width = 0.8, color = ' b ', tick_label = labels)
plt. show()
```

程序运行结果如下所示：

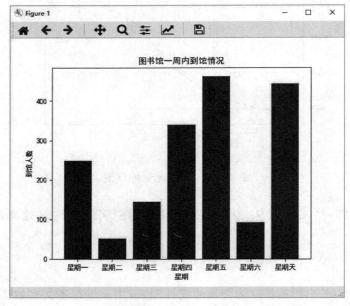

图 4-4-7　条形图

由图 4-4-7 可知，星期四、星期五和星期天的图书馆到馆人数较多，而星期二、星期三和星期六的图书馆到馆人数较少。

5. 箱型图

箱型图是一种用作显示一组数据分散情况资料的统计图，因形状如箱子而得名，如图 4-4-8 所示。在将一组数据从大到小排列后，分别计算其上边缘、上四分位数、中位数、下四分位数、下边缘和异常值。

- 中位数,表示一组数据按顺序排列从小至大第 50% 位置的数值;
- 上四分位数,表示一组数据按顺序排列从小至大第 75% 位置的数值;
- 下四分位数,表示一组数据按顺序排列从小至大第 25% 位置的数值;
- 上边缘,等于上四分位数+IQR×1.5,表示非异常范围内的最大值,其中 IQR=上四分位数−下四分位数;
- 下边缘,等于下四分位数−IQR×1.5,表示非异常范围内的最小值。

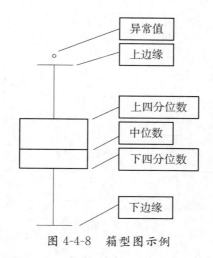

图 4-4-8　箱型图示例

Pyplot 模块提供了 boxplot() 函数绘箱型图,其格式如下所示:

matplotlib. pyplot. boxplot(x,labels,sym,whis,widths,…)

其中,x 表示指定要绘制箱型图的数据;labels 表示数据标签;sym 表示指定异常点的形状,默认为+号显示;whis 为指定上下边缘须与上下四分位的距离,默认为 1.5 倍的四分位差;widths 为指定箱线图的宽度,默认为 0.5。

例 4-4-6 绘制 12 位本科毕业生和 12 位研究生毕业生月薪的箱型图。
完整程序如下:

```
import matplotlib. pyplot as plt
plt. rcParams['font. sans-serif'] = ['SimHei'] #避免中文出现乱码
plt. rcParams['axes. unicode_minus'] = False
data = [[3710,3756,3850,3880,3880,3890,3920,3940,3950,4050,4060,4325],
        [4110,4157,4252,4281,4285,4291,4323,4345,4350,4550,4560,4725]]
labels = ['本科生','研究生']
plt. boxplot(data,labels = labels,sym = '*')
plt. title("本科生研究生月薪")
plt. ylabel('薪水')
plt. show()
```

程序运行结果如下所示：

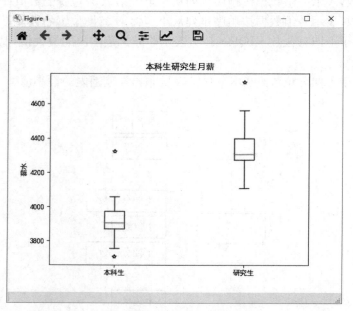

图 4-4-9　箱型图

由图 4-4-9 可知，本科生的箱线图中上边缘值为 4 129，下边缘值为 3 719，中位数约为 3 905，上四分位数约为 3 975，下四分位数约为 3 905，且有两个异常值 3 710 和 4 350；研究生的箱线图中上边缘值为 4 589，下边缘值为 4 084，中位数为 4 307，上四分位数约为 4 274，下四分位数约为 4 400，且仅有一个异常值 4 725。图中，中位线偏向下四分位数。

6. 饼图

饼图是划分为几个扇形的圆形统计图表，用于描述量、频率或百分比之间的相对关系。在饼图中，每个扇区的弧长（以及圆心角和面积）大小为其所表示的数量的比例。

Pyplot 模块提供了 pie() 函数绘制饼图，其格式如下所示：

$$\textbf{matplotlib. pyplot. pie(x, labels, autopct, ...)}$$

其中，x 表示指定要绘制饼图的数据；labels 表示数据标签；autopct 表示数据格式。

例 4-4-7　绘制水果店一周内每天收入的饼图。

完整程序如下：

```
import matplotlib. pyplot as plt
import numpy as np
labels = [' Mon ',' Tue ',' Wed ',' Thu ',' Fri ',' Sat ',' Sun ']
data = np. random. randint(800,2000,7)
plt. pie(data,labels = labels,autopct = '%1.1f%%')
```

```
plt. axis(' equal ')
plt. legend()
plt. show()
```

程序运行结果如下所示：

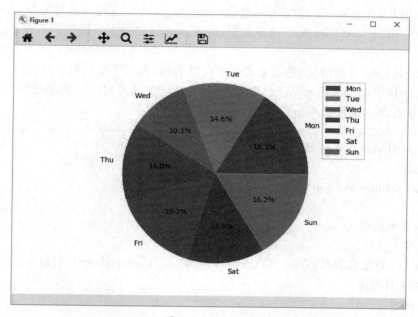

图 4-4-10　饼图

由图 4-4-10 可知,水果店在周一卖出的水果最多,占一周总收入 16.3％,周三卖出的水果最少,占一周总收入的 10.3％。每天收入相差不是太大,因此可以推断出该水果店营业额较为稳定。

7. 词云图

"词云"又称标签云或者文字云,是一种对关键词的视觉化描述方法,通过形成"关键词云层"或"关键词渲染",对文本中出现频率较高的"关键词"进行视觉上的突出。词云图过滤掉大量的文本信息,使浏览者只要一眼扫过文本就可以领略文本的主旨。

在开始绘制词云图之前,需要安装 jieba 和 wordcloud,以管理员身份运行 Anaconda Prompt,输入如下命令进行安装：

```
pip install jieba
pip install wordcloud
```

jieba 提供了 cut()函数对文本进行分词处理,其格式如下所示：

jieba. cut(sentence,cut_all＝False)

其中 sentence 是需要分词的句子样本;cut_all 是分词的模式,jieba 分词有全模式和精准模式两种，分别用 True 和 False 来选择，默认是 False 也就是精准模式。

wordcloud 提供了 WordCloud()函数用于生成和绘制 Word 云对象，其格式如下所示：

wordcloud. WordCloud(font_path, background_color, width, height, mask,
stopwords, contour_width, contour_color, max_font_size, max_words, ...)

其中 font_path 是字体路径，background_color 是背景色，width 是背景宽，height 是背景高，mask 是词云形状，stopwords 是停用词集合，contour_width 是词云边界宽度，contour_color 是边界线颜色，max_font_size 是字体最大值，max_words 是最大单词数。

例 4-4-8　从《三国演义》的文本文件中读取数据，生成并绘制词云图。

将文本文件"三国演义. txt"从"配套资源\第 4 章\"下拷贝到"C:\配套资源\第 4 章\"下，然后执行以下程序。完整程序如下：

```
import matplotlib. pyplot as plt
import jieba
from wordcloud import WordCloud

# （1）读入文本数据
# 打开 txt 文本文件
fr = open(' C:\\配套资源\\第 4 章\\三国演义. txt ', "r", encoding = ' UTF-8 ')
# 读取文本文件数据
text = fr. read()
# （2）中文分词
# 使用默认精确模式，进行结巴中文分词，生成字符串
cut_text = jieba. cut(text)
# 给出符号分隔开分词结果，生成字符串
result = " ". join(cut_text)
# 通过 pyplot 中的 imread 函数读取本地图片获得图片数据，获得的结果作为词云形状图片
mk = plt. imread(' C:\\配套资源\\第 4 章\\star. jpg ')
# （3）生成词云图
# 记录字体所在的路径位置
font = ' C:\\Windows\\Fonts\\simfang. ttf '
wc = WordCloud(font_path = font，# 设置字体路径
                background_color = ' White '，# 设置背景颜色
                width = 2000，# 设置背景宽
                height = 2000，# 设置背景高
                mask = mk，# 设置词云图形状
                stopwords = {'也','之','与','为','我','曰','吾','将','乃','又','矣','皆',
'来','见','有','了'}，# 设置停用词集合
                max_font_size = 120，# 设置字体最大值
                max_words = 150) # 设置最大单词数
```

```
# 产生词云图
wc.generate(result)
# (4)显示词云图
# 设置画布尺寸
plt.figure(figsize=(8,8))
# 设置以图片形式来显示词云图
plt.imshow(wc)
# 关闭图像坐标系
plt.axis("off")
# 显示词云图
plt.show()
# 关闭 txt 文本文件
fr.close()
```

程序运行结果如下所示：

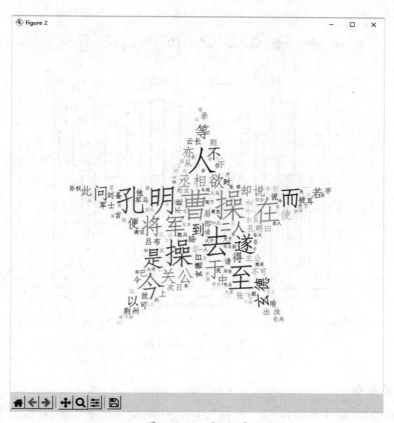

图 4-4-11　词云图

由图 4-4-11 可知，在三国演义中，出现次数最多的两个词为"孔明"和"曹操"。

4.4.3　习题与实践

1. 简答题

（1）请简述各类图形的特点及适用场合有哪些。

（2）日常数据可视化中，你更喜欢使用哪种图形展示数据特性？

（3）请简述在使用 Matplotlib 进行绘图时常见的颜色有哪些。

2. 实践题

(1) 箱型图的绘制

打开"配套资源\第 4 章\sy4 - 4 - 1. py"，补全程序，完成以下功能：使用 np. random. randint()函数随机产生一组取值为[50,90]之间，size 值为(10,12)的整数，作为上海市一年的平均相对湿度百分比的值。以 1～12 月的英文缩写为标签，绘制箱型图。输出参考如下运行示例：

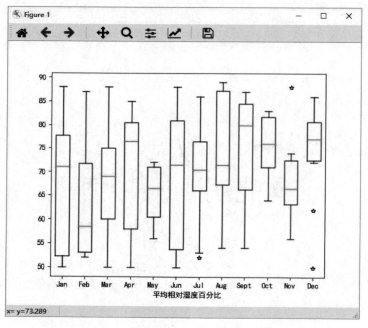

图 4-4-12　箱型图

(2) 饼图的绘制

打开"配套资源\第 4 章\sy4 - 4 - 2. py"，补全程序，完成以下功能：根据以下数据，支出项目 Items＝['教育','食品','服装','旅游','保险','其他']，支出费用 Expenses＝[30 000, 12 000,8 000,24 000,3 500,8 000]。绘制某家庭年各项消费占比的饼图。输出参考如下运行示例：

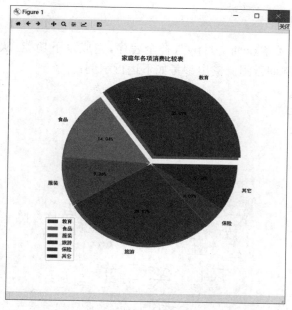

图 4-4-13　饼图

（3）散点图的绘制

将鸢尾花数据文件 Iris_plot.csv 从"配套资源\第 4 章\"下拷贝到"C:\配套资源\第 4 章\"下，打开"配套资源\第 4 章\sy4 - 4 - 3.py"，补全程序，完成以下功能：读取鸢尾花数据文件 Iris_plot.csv，并完成以下操作；读取 Iris_plot.csv 文件数据，创建 DataFrame 数据对象；以三种不同种类的鸢尾花 petal_length（花瓣长度）、petal_width（花瓣宽度）（每 50 条数据为一类，分别为' Setosa '、' Versicolor '和' Virginica '），生成散点图。输出参考如下运行示例：

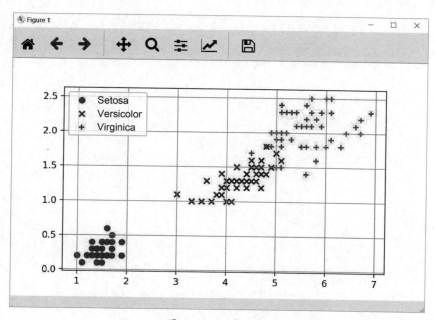

图 4-4-14　散点图

(4) 词云图的绘制

打开"配套资源\第 4 章\sy4-4-4. py",补全程序,完成以下功能:从《红楼梦》的文本文件中读取数据,生成并绘制词云图。输出参考如下运行示例:

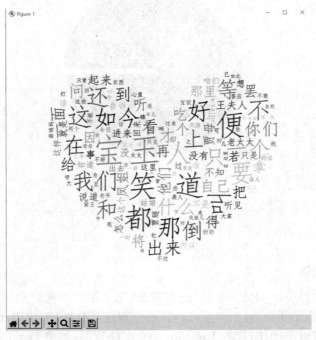

图 4-4-15 词云图

4.5　综合练习

4.5.1　选择题

1. 以下用于创建一个 3×3 的二维数组,其值域为 0 到 8 的语句是_____。

   A．array＝np．array(0,8,(3,3))

   B．array＝np．arange(9)．reshape(3,3)

   C．array＝np．array([0,1,2],[3,4,5],[6,7,8])

   D．np．arange(0,8)．shape＝(3,3)

2. 以下用于求 NumPy 二维数组 arr 中每行的平均值的语句是_____。

   A．arr．mean(axis＝1)　　　　　　　B．arr．mean(axis＝0)

   C．arr．mean(axis＝None)　　　　　　D．arr．mean(axis＝"row")

3. 以下用于求 NumPy 一维数组 arr 中非 0 元素的位置索引的是_____。

   A．arr[arr!＝0]　　　　　　　　　　B．arr．index(arr!＝0)

   C．arr．findall(arr!＝0)　　　　　　D．np．where(arr!＝0)

4. 可以创建如下数组的语句是_____。

   ```
   [[1.,0.,0.],
    [0.,1.,0.],
    [0.,0.,1.]]
   ```

   A．ne．eye(3)　　　　B．np．zero(3)　　　　C．np．ones(3)　　　　D．np．diag(3)

5. 对于 arr ＝ np．arange(1,13)．reshape(3,4),以下不能访问 7、8、11 和 12 的语句是_____。

   A．arr[1:,2:]　　　　　　　　　　　B．arr[1:,[2,3]]

   C．arr[[1,2],[2,3]]　　　　　　　　D．arr[[1,1,2,2],[2,3,2,3]]

6. 下面用于读取 CSV 文件到 DataFrame 对象的函数为_____。

   A．read_csv()　　　B．to_csv()　　　C．read_excel()　　　D．to_excel()

7. DataFrame．drop()函数是用来_____。

   A．修改元素　　　　B．增加元素　　　　C．查询元素　　　　D．删除元素

8. 以下不会影响 DataFrame 对象中数据的操作是_____。

   A．进行列的修改　　　　　　　　　B．进行列的添加

   C．进行单个元素的修改　　　　　　D．进行元素的查询

9. 以下不是 DataFrame 对象的组成部分的是_____。

   A．值　　　　　　　　　　　　　　B．行索引

   C．标题　　　　　　　　　　　　　D．列索引

10. DataFrame. dropna()函数的 thresh 参数值为 6 时表示_____。

    A．有效数据小于 6 的行　　　　　　　　B．有效数据大于 6 的行

    C．有效数据等于 6 的行　　　　　　　　D．有效数据不等于 6 的行

11. DataFrame. append()函数是用来进行_____。

    A．求和　　　　　　　B．增加元素　　　　　　C．求最大值　　　　　D．求平均值

12. 观察一批数据中的每一个数据在所有数据的总和中所占的比例，适合的图形是_____。

    A．散点图　　　　　　B．柱形图　　　　　　　C．直方图　　　　　　D．饼图

13. 关于 Matplotlib 模块，假设已执行了 import matplotlib. pyplot as plt 语句，接着为了创建画布，简单正确的用法是_____。

    A．plt. figure()　　　B．plt. figures()　　　C．plt. Figure()　　　D．plt. Figures()

14. 关于 Matplotlib 模块中 matplotlib. pyplot. plot()函数的调用时的 format_string 参数，以下说法正确的是_____。

    A．它控制颜色、点的形状以及线条的线型

    B．它控制颜色、点的形状、点的大小尺寸以及线条的线型

    C．它控制线条颜色以及线条的线型，其他无法控制

    D．它控制坐标刻度标签的格式

15. 关于 Matplotlib 模块中创建子图，以下说法正确的是_____。

    A．add_subplots()是画布的方法　　　　　B．subplot()是画布的方法

    C．add_subplot()是画布的方法　　　　　D．subplots()是画布的方法

16. 关于 Matplotlib 模块中的画布，以下说法正确的是_____。

    A．可以创建多张画布，每张画布中只能有一个绘图区

    B．只能创建一张画布，一张画布中可以有多个绘图区

    C．只能创建一张画布，一张画布中只能有一个绘图区

    D．可以创建多张画布，每张画布中可以有多个绘图区

4.5.2　是非题

1. 请判断如下代码是否实现修改数组 a 的类型为整数的功能。

```
import numpy as np
a = np. arange(12,dtype = np. float). reshape((3,4))
a = a. type(np. int)
```

2. NumPy 模块中生成正态分布的随机函数是 random. randint()。

3. 已知 array＝np. arrange(9). reshape(3,3)，获取 array 数组元素个数的语句是 array. shape。

4. 用于对 DataFrame 对象进行增加元素的函数为 append()。

5. 缺失数据处理的常见方法包括缺失数据的清除和缺失数据的填充。

6. DataFrame. drop_duplicates()函数的参数 keep 的取值有'first'、'last'和 True。

7. DataFrame. dropna()中的参数 how 取值为'all'时表示行/列的全部值都为缺失值才会进

行移除。

8. 在开始绘制词云图之前,一般需要安装库 jieba 和 wordcloud,其中 wordcloud 用于中文分词。

9. Matplotlib 模块中绘图显示网格线的函数是 grid()。

10. Matplotlib 模块中绘制散点图的函数是 scatter()。

4.5.3　综合实践

1. 将鸢尾花数据文件 Iris_numpy.csv 从"配套资源\第4章\"下拷贝到"C:\配套资源\第4章\"下,打开"配套资源\第4章\sy4-5-1.py",补全程序,完成以下功能:读取 Iris_numpy.csv 文件,创建二维 NumPy 数组 arrL;以三类鸢尾花的萼片长度(sepal length),创建切片数组(第一列数据为萼片长度,每50条数据为一类);求三类鸢尾花萼片长度的平均值,观察分析结果。

2. 打开"配套资源\第4章\sy4-5-2.py",补全程序,完成以下功能:创建一个存储了5个城市的6个月的 PM2.5/PM10 比值的 DataFrame 对象,利用 numpy.random.rand() 函数创建随机在[0,1)之间的浮点数作为取值,行索引为1月~6月,列索引为北京、上海、太原、乌鲁木齐和扬州;删除奇数月的数据;查询北京市在 PM2.5/PM10 比值大于等于0.5的月份。

3. 将中美日德的国内生产总值数据文件 GDP.csv 从"配套资源\第4章\"下拷贝到"C:\配套资源\第4章\"下,打开"配套资源\第4章\sy4-5-3.py",补全程序,完成以下功能:读取 GDP.xlsx 文件,创建 DataFrame 对象 gdp;删除重复数据,删除有缺失值的行;用 gdp 对象中的数据绘制 x 轴标签为'日期',y 轴标签为'年生产总值(亿元)',标题为'中美日德的国内生产总值'的折线图,如图4-5-1所示。

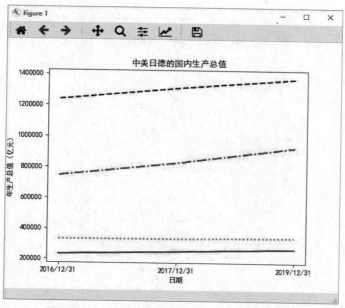

图 4-5-1　中美日德的国内生产总值的折线图

4. 打开"配套资源\第 4 章\sy4 - 5 - 4. py"，补全程序，完成以下功能：班级 1 和班级 2 都有 30 位同学，相对于班级 1 来说，班级 2 的学生成绩较好，请用 np. random. randint() 函数分别生成两个班级学生的英语和数学成绩的随机数，并以英语和数学为两个坐标，绘制如图 4-5-2 所示的 2D 散点图。

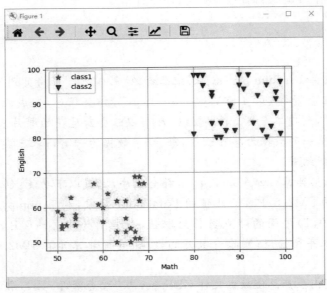

图 4-5-2　成绩分布的 2D 散点图

5. 打开"配套资源\第 4 章\sy4 - 5 - 5. py"，补全程序，完成以下功能：相对于冬季来说，夏季通常温度、湿度较高，空气质量较好，请用 np. random. randint 函数分别生成两个季节的 20 组数据，并以温度、湿度、空气质量为三个坐标，绘制如图 4-5-3 所示的 3D 散点图。

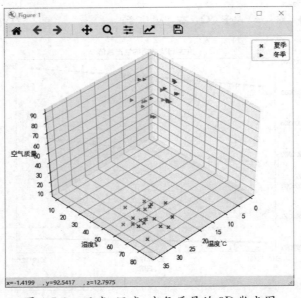

图 4-5-3　温度、湿度、空气质量的 3D 散点图

本章小结

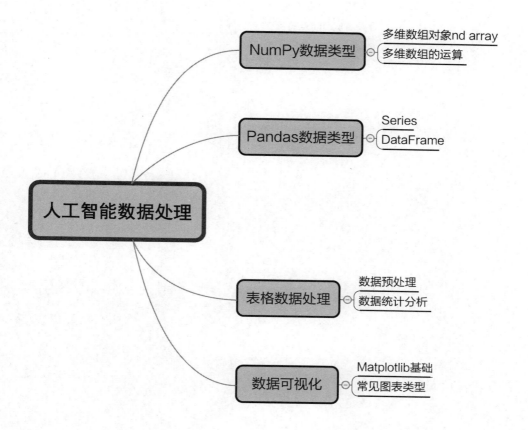

## PART 05

第 5 章　机器学习

< 本章概要 >

　　机器学习专门研究计算机怎样模拟或实现人类的学习行为,以获取新的知识或技能,并重新组织已有的知识结构使之不断改善自身性能。机器学习的研究涉及概率论、统计学、逼近论、凸分析、算法复杂度理论等多门学科,是人工智能的核心。本章将从人工智能与机器学习简介、聚类、分类、回归、降维等多个方面进行介绍。

< 学习目标 >

　　通过本章学习,要求达到以下目标:

1. 了解人工智能与机器学习的关系。
2. 掌握经典聚类方法及应用。
3. 掌握经典分类方法及应用。
4. 掌握线性回归方法及应用。
5. 掌握经典降维方法及应用。

5.1 人工智能与机器学习

通过对人工智能、机器学习和深度学习三者的基本原理和相互关系的了解可以快速形成对于人工智能知识体系的认知，模型训练的基本流程和相关概念有利于建立基本的机器学习思维方式，评价指标是衡量模型优劣的关键因素。

因此，本节首先介绍机器学习的基本概念，包含人工智能、机器学习和深度学习三者的关系，然后介绍训练的相关概念，最后介绍模型的评价指标。

5.1.1 机器学习概述

机器学习（Machine Learning，ML）是人工智能（Artificial Intelligence，AI）的重要分支，是实现人工智能的重要方法，深度学习（Deep Learning，DL）是机器学习的一种实现技术，也是现在人工智能领域前沿的热门研究方向。图 5-1-1 展示人工智能、机器学习和深度学习三者的关系。

图 5-1-1　人工智能、机器学习和深度学习三者关系

1. 人工智能

"人工智能"的概念由麦卡锡在 1956 年的达特茅斯会议上首次提出，是一门理解和模拟智能的机制和规律并最终实现机器智能的科学。从发展程度的角度，人工智能可分为弱人工智能和强人工智能两类：弱人工智能不强调完全模拟真实的人类智能，只需要模拟人类某方面的智能即可，而强人工智能强调创造出完全具有人类认知能力甚至超越人类智能的智能。现阶段人工智能的研究工作主要集中在弱人工智能，包括逻辑推理、机器学习、专家系统、知识图谱、类脑计算和混合智能等领域。

2. 机器学习

机器学习作为人工智能的重要分支，是研究让机器如何模拟和实现人类学习能力从而使机器具有智能的重要方法。

- 人类学习,首先对生活中积累的"历史经验"进行"归纳",总结出一般的"规律",然后利用这些"规律"对未知的新问题给出"预测"结果。
- 机器学习,通过相关算法对给定的数据集(对应"历史经验")进行"训练"(对应"归纳")形成"模型"(对应"规律"),再利用该模型对新数据进行"预测"。因此,机器学习主要包括"训练"和"预测"两个关键性步骤。

机器学习一般可以分为监督学习(Supervised Learning)、无监督学习(Unsupervised Learning)、半监督学习(Semi-supervised Learning)和强化学习(Reinforcement Learning)四类。

(1) 监督学习

监督学习指数据集中的样本是包含类别标签的,利用这些已经分类的数据集对模型进行训练,从而确定模型的参数,然后对未分类的新数据利用该模型进行预测。监督学习主要包括分类(Classification)和回归(Regression)两类。

- 分类目的是对未知数据的类别进行判断,预测结果为离散的。基于类别数目的不同,可以分为二分类和多分类两种类别。
- 二分类问题典型案例有垃圾邮件分类、文本情感分类等。垃圾邮件分类是指根据邮件的收件人、内容关键字、标题和时间等特征判断该邮件是否为垃圾邮件;文本情感分类的具体例子有:根据 IDMB 用户或者豆瓣用户的评价,判断用户的褒或贬的态度。
- 多分类问题的典型案例有鸢尾花分类、手写数字分类。鸢尾花分类是依据花萼长度、花萼宽度、花瓣长度和花瓣宽度四个特征对鸢尾花数据进行判断,是属于山鸢尾、变色鸢尾和维吉尼亚鸢尾 3 类的哪一个类别;手写数字分类通过模型对手写数字图像进行 0~9 的类别判定。
- 回归是一种基本的预测方法,它主要是在分析自变量和因变量间相关关系的基础上,建立变量之间的回归方程,并将回归方程作为预测模型,用于预测或分类。回归的典型问题有波士顿房价预测、电影票房预测等。波士顿房价预测根据房屋的不同特征预测波士顿房价;电影票房预测根据电影名称、上映时间、片长、演员等不同特征预测电影票房。

(2) 无监督学习

无监督学习指数据集中的数据是没有类别标签,算法根据数据集本身的数据特性来分析。无监督学习主要包括聚类(Clustering)和降维(Dimension Reduction)两类。

- 聚类不同于分类的原理,事先并不知道数据的类别。在数据类别未知的情况下将数据划分为彼此不相交的簇(Cluster),使簇内的样本间相似性高,不同簇之间的相似度低。例如对于新闻数据进行聚类从而获得不同的类别;鸢尾花聚类能根据花萼长度、花萼宽度、花瓣长度和花瓣宽度四个特征对鸢尾花数据的类别进行划分。
- 降维是指将数据的特征从高维转换到低维的方法,可以消除冗余信息或便于数据可视化。当数据的特征含有大量冗余信息时,利用降维可以消除冗余信息;由于超过三维的特征数据很难直观地显示,因此通过降维降低数据特征维度,方便数据可视化。

(3) 半监督学习

半监督学习是一种监督学习和无监督学习相结合的算法,通过利用少量有标签的数据集和大量无标签的数据集进行模型的训练。在获得标注数据比较困难而非标注信息较容易的应用场景下（如医学数据资料），半监督学习可以取得较好的效果。

(4) 强化学习

强化学习是在无预先给定任何数据情况下，通过环境对其动作的反馈，不断训练模型，从而获得可以执行某项具体任务的算法。比如在 AlphaGo、游戏、智能机器人中的应用。

3. 深度学习

深度学习是机器学习的一种实现技术，也是人工智能领域热门研究方向，在计算机视觉、机器翻译、语音识别等领域取得了非常好的效果，突破了传统机器学习的瓶颈。深度学习技术可以方便的应用于监督学习、无监督学习和强化学习等传统机器学习领域，常用的深度学习网络有适合于处理图像问题的卷积神经网络（Convolutional Neural Networks，CNN）和适合于处理序列问题的循环神经网络（Recurrent Neural Network，RNN）等。

- 卷积神经网络，主要是利用卷积层获取图像的特征信息，随着层数的增加，图像的低级特征不断映射到高级特征，最后基于这些高级特征由全连接层来完成图像分类识别等任务，已经在计算机视觉领域得到了广泛的应用。
- 循环神经网络，主要是为更好处理序列数据，引入了循环结构使得网络获得前期输入的信息，并应用到后续的计算过程中，在语言识别、机器翻译等领域取得巨大的成功。

5.1.2　scikit-learn 简介

scikit-learn，又写作 sklearn，是一个开源的基于 Python 语言的机器学习工具包，它实现了高效的算法应用，涵盖了几乎所有主流机器学习算法。sklearn 中常用的模块有分类、回归、聚类、降维、模型选择、预处理等，具体可以参考官方网站（http://scikit-learn.org/stable/）。本节将重点介绍如何使用该工具包。

1. scikit-learn 内置数据集

scikit-learn 中内置了多种数据集，只需调用对应的数据导入方法，即可完成数据的加载。这些数据导入方法的命名规则是：**sklearn. datasets. load_<name>,** 这里的<name>就是对应的数据集名称。scikit-learn 内置的数据集如表 5-1-1 所示。

表 5-1-1　scikit-learn 内置数据集

导入数据的函数名称	对应的数据集	导入数据的函数名称	对应的数据集
load_boston( )	波士顿房价数据集	load_digits( )	手写数字数据集
load_breast_cancer( )	乳腺癌数据集	load_linnerud( )	体能训练数据集
load_iris( )	鸢尾花数据集	load_wine( )	红酒品类数据集
load_diabetes( )	糖尿病数据集		

例 5-1-1　导入 scikit-learn 内置 boston 数据集并打印其前 5 行 5 列数据。

```
# 导入 scikit-learn 库中的 load_boston 函数
from sklearn. datasets import load_boston

# 导入数据集
boston = load_boston()
X = boston. data[:5,:5]
print(X)
```

程序运行结果如下所示,可以看到共打印了前 5 行和前 5 列的数据。

```
[[6.320e-03 1.800e+01 2.310e+00 0.000e+00 5.380e-01]
 [2.731e-02 0.000e+00 7.070e+00 0.000e+00 4.690e-01]
 [2.729e-02 0.000e+00 7.070e+00 0.000e+00 4.690e-01]
 [3.237e-02 0.000e+00 2.180e+00 0.000e+00 4.580e-01]
 [6.905e-02 0.000e+00 2.180e+00 0.000e+00 4.580e-01]]
```

2. 数据的归一化

同一数据集中,不同列的数据往往有着完全不同的含义,数值大小差异很大,可能会影响数据处理的最终结果,因此一般需要把每列数据都映射到 0~1 范围之内处理,即归一化。scikit-learn 库提供了对数据进行归一化处理的方法,其中 preprocessing. MinMaxScaler 类实现了将数据缩放到一个指定的最大值和最小值(通常是 1~0)之间的功能。它又被称为离差标准化,是对原始数据的线性变换。

MinMaxScaler 类的 fit_transform() 函数用于把转换器实例应用到数据上,并返回转换后的数据,其格式如下:fit_transform(X,...),其中,X 可以表示数组、稀疏矩阵或 DataFrame。

例 5-1-2　对 boston 数据集的前 5 行 5 列数据进行归一化并打印显示。

```
# 导入库
from sklearn. datasets import load_boston
from sklearn. preprocessing import MinMaxScaler

# 导入数据集
boston = load_boston()
X = boston. data[:5,:5]

# 转换器实例化
minmax_scaler = MinMaxScaler()
# 数据归一化
boston_minmax = minmax_scaler. fit_transform(X)
print(boston_minmax)
```

程序运行结果如下所示,可以看到每列数据都归一化到 0~1 之间。

[[0.	1.	0.02658487	0.	1.]
[0.33460864	0.	1.	0.	0.1375]
[0.33428981	0.	1.	0.	0.1375]
[0.4152718	0.	0.	0.	0.]
[1.	0.	0.	0.	0.]]

3. 数据的标准化

scikit-learn 库提供了对数据进行标准化处理的函数,包括 Z-score 标准化、稀疏数据标准化和带离群值的标准化。其中,Z-Score 方法可以在大多数类型的数据上得到较好的应用,标准化后得到的数据是以 0 为均值,1 为方差的正态分布。但由于它是一种中心化的方法,将会对原始数据的分布结构产生改变。scikit-learn 库中 preprocessing. StandardScaler 类实现了Z-Score 标准化。

例 5-1-3　对 boston 数据集的前 5 行 5 列数据进行 Z-Score 标准化并打印显示。

```
#导入库
from sklearn. datasets import load_boston
from sklearn. preprocessing import StandardScaler

#导入数据集
boston = load_boston()
X = boston. data[:5,:5]

#转换器实例化
standard_scaler = StandardScaler()

#数据标准化
boston_standard = standard_scaler. fit_transform(X)
print(boston_standard)
```

程序运行结果如下所示:

[[-1.2834352	2.	-0.77983987	0.	1.97329359]
[-0.25317266	-0.5	1.22450018	0.	-0.31122416]
[-0.25415433	-0.5	1.22450018	0.	-0.31122416]
[-0.00481018	-0.5	-0.83458025	0.	-0.67542264]
[1.79557237	-0.5	-0.83458025	0.	-0.67542264]]

4. 数据的正则化

scikit-learn 库提供了对数据进行正则化处理的函数,其中 preprocessing. Normalizer 类实现了将单个样本缩放到单位范数的功能。在数据集之间各个指标有共同重要比率的关系时,正则化处理有比较好的效果。

例 5 - 1 - 4   对 boston 数据集的前 5 行 5 列数据进行正则化并打印显示。

```python
# 导入库
from sklearn. datasets import load_boston
from sklearn. preprocessing import Normalizer

# 入数据集
boston = load_boston()
X = boston. data[:5,:5]

# 转换器实例化
normalizer_scaler = Normalizer()

# 数据正则化
boston_normalizer = normalizer_scaler. fit_transform(X)
print(boston_normalizer)
```

程序运行结果如下所示:

```
[[3.48102083e-04 9.91429984e-01 1.27233515e-01 0.00000000e+00
  2.96327406e-02]
 [3.85430066e-03 0.00000000e+00 9.97799549e-01 0.00000000e+00
  6.61906632e-02]
 [3.85147808e-03 0.00000000e+00 9.97799560e-01 0.00000000e+00
  6.61906639e-02]
 [1.45298555e-02 0.00000000e+00 9.78532126e-01 0.00000000e+00
  2.05581520e-01]
 [3.09827227e-02 0.00000000e+00 9.78165612e-01 0.00000000e+00
  2.05504518e-01]]
```

5. 标签二值化

二值化指将数值特征向量转换为布尔类型向量。通过人为设定阈值的方式,将大于阈值的数值映射为 1,而小于或等于阈值的数值映射为 0。标签二值化是二值化的重要应用之一,标签二值化可以把非数字化的数据标签转化为数字化形式的数据标签,例如可把"Yes"和

"No"等文本标签转化为"1"和"0"的数字化形式。

scikit-learn 库提供了对标签二值化处理的函数，其中 preprocessing. LabelBinarizer 类实现了标签二值化处理的功能。在机器学习的应用中，标签二值化常用于文本类型的数据标签的处理。

例 5-1-5 对"Yes"、"No"两类标签进行二值化处理并打印显示。

```
#导入库
from sklearn. preprocessing import LableBinarizer
#设置数据集
label = [' Yes ',' No ',' Yes ',' No ',' No ']

#转换器实例化
lb = LabelBinarizer()

#标签数据二值化
label_bin = lb. fit_transform(label)
print(label_bin)
```

程序运行结果如下所示：

```
[[1]
 [0]
 [1]
 [0]
 [0]]
```

5.1.3　训练相关概念

1. 特征与标签

机器学习的数据一般是由特征(feature)和标签(label)两部分组成。比如，常用于分类的鸢尾花(Iris)数据集，包含 150 个数据样本，分为山鸢尾(setosa)、变色鸢尾(versicolor)和维吉尼亚鸢尾(virginica)3 类，如表 5-1-2 所示。用于区分鸢尾花的类别需要使用花萼(sepal)的长度和宽度、花瓣(petal)的长度和宽度四种不同的属性。测得的这四种属性值称为特征(也称为属性、解释变量、输入变量、自变量等)，特征通常是数据集的列。每一行是具有这些特征的一个实例。四种特征的数据类型都为数值型，标签(也称为响应变量、输出变量、因变量等)的数据类型为包含三种类别鸢尾花的枚举型。

表 5-1-2　具有四种特征的鸢尾花数据集的部分数据

特征				标签
花萼长度(厘米)	花萼宽度(厘米)	花瓣长度(厘米)	花瓣宽度(厘米)	
5.1	3.5	1.4	0.2	0(山鸢尾)
4.9	3.0	1.4	0.2	0(山鸢尾)
7	3.2	4.7	1.4	1(变色鸢尾)
6.3	3.3	6	2.5	2(维吉尼亚鸢尾)
5.8	2.7	5.1	1.9	2(维吉尼亚鸢尾)

2. 训练集、测试集与验证集

为了更好地评测模型的效果,通常将原始数据集划分为训练集(train set)和测试集(test set)两部分:**训练集**是训练机器学习算法的数据集;**测试集**是用来评估经训练后的模型性能的数据集。scikit-learn. model_selection 中的 train_test_split()函数提供了将数据集进行切分的功能,其格式如下所示:

X_train, X_test, y_train, y_test＝train_test_split(X, y, test_size, random_state, shuffle)

其中 X 是特征集,y 是标签集,X_train 和 y_train 分别代表训练集的特征和标签,X_test 和 y_test 分别代表测试集的特征和标签,test_size 表示测试集所占数据集的比例,取值范围为 0～1,random_state 表示随机数种子。shuffle 表示数据集在切分前是否需要重排,默认 True。

例 5－1－6　划分训练集和测试集示例。

```
from sklearn. model_selection import train_test_split
X, y＝['我', '是', '中', '国', '人'], range(5)

#(1) 参数 shuffle 的作用,打印测试集的结果
X_train, X_test, y_train, y_test＝train_test_split(X, y, test_size＝0.4, shuffle＝False)
print(X_test)
X_train, X_test, y_train, y_test＝train_test_split(X, y, test_size＝0.4, shuffle＝False)
print(X_test)
X_train, X_test, y_train, y_test＝train_test_split(X, y, test_size＝0.4, shuffle＝True)
print(X_test)

#(2) 参数 random_state 的作用,打印测试集的结果
X_train, X_test, y_train, y_test＝train_test_split(X, y, test_size＝0.4, random_state＝8)
print(X_test)
```

```
X_train,X_test,y_train,y_test = train_test_split(X,y,test_size = 0.4,random_state = 10)
print(X_test)
X_train,X_test,y_train,y_test = train_test_split(X,y,test_size = 0.4,random_state = 8)
print(X_test)
```

上述程序的分段解释如下：

(1) 参数 shuffle 的作用，打印测试集的结果

shuffle＝False 表明数据集中的记录顺序在切分前不需要重排，运行多次的结果也是一样，若 shuffle＝True，则数据集中的记录顺序在切分前顺序被打乱，得到的测试集的结果是随机的，但通过设置 random_state 可以获得同样的切分结果。

程序运行结果如下所示：

```
['国','人']
['国','人']
['中','我']
```

(2) 参数 random_state 的作用，打印测试集的结果

random_state 的值是该组随机数的编号。当值相同时，在重复试验中可保证得到相同的切分结果如，random_state＝8 的两段代码输出测试集结果相同；当随机数种子不同时，切分结果也不同如，random_state＝8 和 random_state＝10 的两段代码输出测试集的结果不同。

程序运行结果如下所示：

```
['人','中']
['中','国']
['人','中']
```

当过分强调模型与训练集的符合程度时，模型可能会对未知的测试集中新样本的预测能力降低，导致模型的泛化能力下降，造成虽然训练误差相对较低但测试误差高的现象，即出现**过拟合**（overfitting）的现象。

为了解决这个问题，可以将原始数据集再划分出第三个数据集：**验证集**（validation set），验证集是用来微调模型超参数的数据集。经过训练集得到的模型先在验证集上进行评估，从而使得模型具有更好泛化能力，然后再在测试集上进行最终评估。例如，训练集、验证集与测试集的典型划分比例为 6 : 2 : 2。

但通过将原始数据集划分成三个互斥集合的方式，会造成可用于模型训练的样本数大大减少，尤其当训练数据缺乏时，这个问题更加严重。可以通过交叉验证（cross-validation）来缓解这个问题。

3. 欠拟合、过拟合与适度拟合

利用训练集进行训练得到的模型，可能存在过拟合或欠拟合的问题，回归算法可以很好地说明该问题，如图 5-1-2 所示。

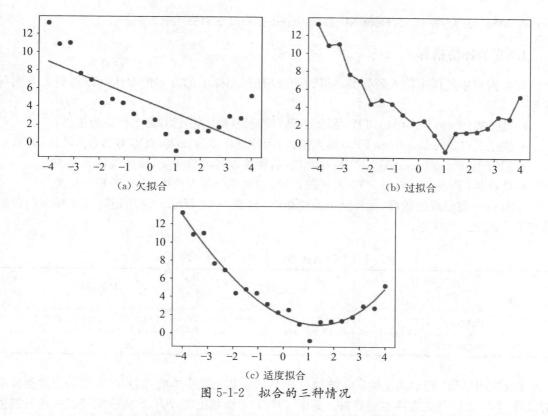

(a) 欠拟合　　　　　　　　　　　　(b) 过拟合

(c) 适度拟合

图 5-1-2　拟合的三种情况

- 欠拟合：当模型的预测值与数据真实值之间具有较大的差异，即偏差较大时，表明模型没有充分利用训练数据自身的特性，对数据的拟合能力较差。如图 5-1-2(a) 所示，只采用一条直线来做模型，无论如何调整该模型都无法很好的拟合给出的 20 个训练样本，对于测试集的新数据更无法给出满意的结果。

- 过拟合：模型在训练集上表现很好，但在测试集中训练效果较差，导致的原因是模型过分的考虑训练集中的已知数据自身特性，导致对新数据预测效果变差，表明数据集的变化对模型性能的影响。如图 5-1-2(b) 所示，模型的预测值和 20 个已知样本真实值之间完美拟合，表现出强大的拟合能力，但由于过分拟合训练数据，将导致对测试集的新数据无法获得令人满意的拟合效果。

- 适度拟合：模型不仅在训练集中可以取得较好拟合效果，而且对测试集的新数据也能取得不错的效果。如图 5-1-2(c) 所示，模型利用 20 个已知样本取得较好的拟合效果，但又没有与真实值完全一致。

5.1.4　评价指标

对模型的评价，有助于了解其性能，通过优化可以获得更好模型，而对于不同类型的模型所采用的评价指标也不尽相同。scikit-learn 中 metrics 模块提供了为特定目标计算评价指标的功能，主要有分类、回归和聚类等几种。分类常用的评价指标有混淆矩阵（Confusion Matrix）、精确率（Precision）、召回率（Recall）、F1 分数（F1 Score）和准确率（Accuracy）等，回归主要评价指标有平均绝对误差（Mean Absolute Error，MAE）、均方误差（Mean Squared

Error，MSE)、均方根误差(Root Mean Squared Error，RMSE)、R^2 等。

1. 分类评价指标

将数据集中的样本输入到分类器得到的预测值，和样本的真实值对比可以得到如下四种关系：

- 真正类(True Positive，TP)：预测正确，预测该样本为正类，真实类别为正类；
- 假正类(False Positive，FP)：预测错误，预测该样本为正类，真实类别为负类；
- 假负类(False Negative，FN)：预测错误，预测该样本为负类，真实类别为正类；
- 真负类(True Negative，TN)：预测正确，预测该样本为负类，真实类别为负类。

计算每一类出现的数目，就得到了混淆矩阵，如表 5-1-3 所示。混淆矩阵表示样本的预测值与真实值之间的关系。

表 5-1-3　预测值与真实值之间的四种关系

真实 \ 预测	Positive	Negative
Positive	TP	FN
Negative	FP	TN

在表格中，TP 表示真正类样本的数目，FP 表示假正类样本的数目，FN 表示假负类样本的数目，TN 表示真负类样本的数目。其中 TP、TN 预测正确，FP、FN 预测错误。通过混淆矩阵，可以很方便的计算出分类常用的评价指标。

准确率(Accuracy)是分类问题中最为常用的评价指标，准确率的定义是预测正确的样本数占总样本数的比例，其计算公式为：

$$Acc = \frac{TP+TN}{TP+TN+FP+FN}.$$

准确率评价算法有一个明显的弊端问题，就是在数据的类别不均衡，特别是有极偏的数据存在的情况下，准确率这个评价指标是不能客观评价算法的优劣的。在需要特别关注某一特定类别的预测能力时，精确率、召回率和 F1 分数的评价算法更为有效。

精确率(Precision)又叫查准率，它是针对预测结果而言的，它的含义是在所有被预测为正的样本中实际为正的样本比例，其计算公式为：

$$P = \frac{TP}{TP+FP}.$$

召回率(Recall)又叫查全率，它是针对原样本而言的，它的含义是在实际为正的样本中被预测为正样本的比例，其公式如下：

$$R = \frac{TP}{TP+FN}.$$

F1 分数(F1 Score)是一个综合精确率和召回率的评价指标，当模型的精确率和召回率冲突时，可以采用该指标来衡量模型的优劣，其计算公式为：

$$F1 = \frac{2 \cdot P \cdot R}{P + R}.$$

下面通过一个简单的例子来理解分类的各个评价指标的计算过程,如表 5-1-4 所示:

表 5-1-4　猫狗数据的真实值与预测值

y_true	猫	猫	猫	猫	猫	狗	狗	狗	狗	狗
y_pred	猫	猫	猫	猫	狗	猫	狗	狗	猫	狗

其中,y_true 代表样本的真实值,y_pred 代表该样本的模型预测值,所以,$TP = 4$,$TN = 3$,$FP = 2$,$FN = 1$。因此通过上述公式,可以计算出相关评价指标:

$$P = \frac{4}{4 + 2} \approx 0.67,$$

$$R = \frac{4}{4 + 1} = 0.8,$$

$$F1 = \frac{2 \cdot P \cdot R}{P + R} \approx 0.73,$$

$$Acc = \frac{4 + 3}{4 + 3 + 1 + 2} = 0.7.$$

下面代码是验证该例子的评价指标是否计算正确。

例 5-1-7　分类模型评价指标的计算

```
from sklearn import metrics
from sklearn. preprocessing import LabelBinarizer
lb = LabelBinarizer()
y_true = ['猫','猫','猫','猫','猫','狗','狗','狗','狗','狗']
y_pred = ['猫','猫','猫','猫','狗','猫','狗','狗','猫','狗']

#(1) 计算混淆矩阵
print(' Confusion Matrix:')
print(metrics. confusion_matrix(y_true,y_pred,labels = ['猫','狗']))

#(2) 利用 LabelBinarizer 对象将标签二值化,再分别计算精确率、召回率、F1 分数和准确率
y_true_binarized = lb. fit_transform(y_true)
y_pred_binarized = lb. fit_transform(y_pred)
print('精确率:{}' . format( metrics. precision_score(y_true_binarized,y_pred_binarized)))
print('召回率:{}' . format(metrics. recall_score(y_true_binarized,y_pred_binarized)))
print(' F1 分数:{}' . format(metrics. f1_score(y_true_binarized,y_pred_binarized)))
print('准确率:{}' . format(metrics. accuracy_score(y_true_binarized,y_pred_binarized)))
```

> \#（3）利用 classification_report()函数实现对精确率、召回率、F1 分数和准确率的计算
> print('Classification Report：')
> print(metrics. classification_report(y_true,y_pred))

上述程序的分段解释如下：

(1) 计算混淆矩阵

scikit-learn. metrics 中的 confusion_matrix()函数用来计算混淆矩阵，从而得出 $TP=4$，$TN=3$，$FP=2$，$FN=1$，与计算结果相同。

程序运行结果如下所示：

Confusion Matrix：
[[4 1]
 [2 3]]

(2) 利用 LabelBinarizer 对象将标签二值化，再分别计算精确率、召回率、F1 分数和准确率

标签是字符串，需要将其转换为整数才可以运行程序。通过创建 sklearn. preprocessing 的 LabelBinarizer 对象，调用 fit_transform 方法进行将标签转换为 0 和 1。然后利用 scikit-learn. metrics 中的 precision_score()、recall_score()、f1_score()和 accuracy_score()函数分别计算精确率、召回率、F1 分数和准确率，得到的结果与计算结果相同。

程序运行结果如下所示：

精确率：0. 666 666 666 666 666 6
召回率：0. 8
F1 分数：0. 727 272 727 272 727 2
准确率：0. 7

(3) 利用 classification_report()函数实现对精确率、召回率、F1 分数和准确率的计算

scikit-learn. metrics 中的 classification_report()函数可以同时生成精确率、召回率、F1 分数和准确率等评价指标。

程序运行结果如下所示：

Classification Report：

	precision	recall	f1-score	support
狗	0.75	0.60	0.67	5
猫	0.67	0.80	0.73	5
accuracy			0.70	10
macro avg	0.71	0.70	0.70	10
weighted avg	0.71	0.70	0.70	10

2. 回归评价指标

MAE(平均绝对误差)：对于回归模型性能评估最直观的思路是利用模型的预测值与真实值的差值来衡量，误差越小，回归模型的拟合程度就越好，其计算公式为：

$$MAE = \frac{1}{n} \sum_{i=1}^{n} | y_i - \hat{y_i} |.$$

其中，n 为样本的个数，y_i 为第 i 个样本的真实值，$\hat{y_i}$ 为第 i 个样本的模型预测值。

MSE(均方误差)：它是一种常用的回归损失函数，计算方法是求误差的平方和，由这两个指标的原理可知 MSE 比 MAE 对异常值更敏感，其计算公式为：

$$MSE = \frac{1}{n} \sum_{i=1}^{n} (y_i - \hat{y_i})^2.$$

RMSE(均方根误差)：对均方误差进行开平方运算。

决定系数 R^2：由 MAE 和 MSE 的公式可知，随着样本数量的增加，这两个指标也会随之增大，而且针对不同量纲的数据集，其计算结果也有差异，所以很难直接用这些评价指标来衡量模型的优劣，可以使用决定系数 R^2 来评价回归模型的预测能力，R^2 计算公式为：

$$R^2 = 1 - \frac{\sum_{i=1}^{n} (y_i - \hat{y_i})^2}{\sum_{i=1}^{n} (y_i - \bar{y})^2},$$

$$\bar{y} = \frac{1}{n} \sum_{i=1}^{n} y_i.$$

其中，$\bar{y}$ 表示 y 的均值。R^2 取值范围一般是 $0 \sim 1$，越接近 1，回归的拟合程度就越好。但当回归模型的拟合效果差于取平均值时的效果时，也可能为负数。

下面通过一个简单的例子来理解分类的各个评价指标的计算过程：

表 5-1-5　真实值与预测值

y_true	1	2	3
y_pred	2	3	4
y_pred2	1	3	5

其中，y_true 代表样本的真实值，y_pred 代表该样本的模型预测值，y_pred2 代表该样本的第二个模型的预测值，所以通过上述公式以 y_true 和 y_pred2 为例计算出相关评价指标：

$$MAE = \frac{| 1 - 1 | + | 2 - 3 | + | 3 - 5 |}{3} = 1,$$

$$MSE = \frac{(1-1)^2 + (2-3)^2 + (3-5)^2}{3} = \frac{5}{3} \approx 1.67,$$

$$\bar{y} = \frac{1+2+3}{3} = 2,$$

$$R^2 = 1 - \frac{(1-1)^2 + (2-3)^2 + (3-5)^2}{(1-2)^2 + (2-2)^2 + (3-2)^2} = 1 - \frac{5}{2} = -1.5.$$

下面代码是验证计算该例子的评价指标。

例 5-1-8 回归模型评价指标的计算。

```
from sklearn import metrics
y_true = [1,2,3]
y_pred = [2,3,4]
y_pred2 = [1,3,5]

#(1) 计算 MAE
print(' MAE:')
print(' y_pred MAE:', metrics. mean_absolute_error (y_true,y_pred))
print(' y_pred2 MAE:', metrics. mean_absolute_error (y_true,y_pred2))

#(2) 计算 MSE
print(' MSE:')
print(' y_pred MSE:', metrics. mean_squared_error (y_true,y_pred))
print(' y_pred2 MSE:', metrics. mean_squared_error (y_true,y_pred2))

#(3) 计算决定系数
print(' R2:')
print(' y_pred R2:', metrics. r2_score (y_true,y_pred))
print(' y_pred2 R2:', metrics. r2_score (y_true,y_pred2))
```

上述程序的分段解释如下：

(1) 计算 MAE

scikit-learn. metrics 中的 mean_absolute_error()函数用来计算平均绝对误差,由下面的运行结果可以得出这两个模型的平均绝对误差相同,无法评价这两个模型的优劣。

程序运行结果如下所示：

```
MAE:
y_pred MAE: 1.0
y_pred2 MAE: 1.0
```

(2) 计算 MSE

利用 scikit-learn. metrics 中的 mean_squared_error()函数计算均方误差。在 MAE 指标相同的情况下,由下面的运行结果可以得出这两个模型的均方误差不同,y_pred 比 y_pred2 要低,表明 MSE 比 MAE 对于异常点表现更佳,MSE 给予了异常点更大的权重,导致其对异常点敏感。因此可以依据不同的目的选择相应的评价指标。

程序运行结果如下所示:

```
MSE：
y_pred MSE： 1.0
y_pred2 MSE：1.6666666666666667
```

(3) 计算决定系数

scikit-learn. metrics 中的 r2_score()函数可以计算均方误差决定系数 R^2。

程序运行结果如下所示:

```
R2：
y_pred R2： -0.5
y_pred2 R2： -1.5
```

5.1.5 习题与实践

1. 简答题

(1) 简述模型训练中训练集、测试集、验证集的含义。

(2) 简述预测值与真实值之间的四种关系及其含义。

(3) 分别简述数据的归一化、标准化、正则化的含义。

(4) 简述什么是机器学习的过拟合现象,过拟合产生的原因。

2. 实践题

(1) 打开"配套资源\第 5 章\sy5-1-1. py",补全程序,完成以下功能:创建表示 5×5 的随机矩阵的 DataFrame 对象,行索引和列索引都为 1~5,元素取值在 1~50,对数据进行归一化和正则化。

(2) 打开"配套资源\第 5 章\sy5-1-2. py",补全程序,完成以下功能:将原始数据集划分为训练集(train set)和测试集(test set)两部分,测试集和训练集的划分比例为 2:8,设定随机数的编号为 8,保证在重复试验中可得到相同的切分结果。

5.2　分类

分类的任务是将样本数据划分到合适的预定义的目标类别中。例如，将电子邮件分类为垃圾邮件与普通邮件就是一种最常见的分类算法应用场景。分类算法在很多的应用领域得到广泛应用。比如，根据植物的特征对植物进行分类；根据商务平台用户的消费历史记录或者浏览数据将用户分为不同的类型等。

5.2.1　分类基本概念

在现实世界中，经常会出现这样的问题：在已知一些样本数据的类别的情况下，需要判断某个未标记的新数据点属于哪个类别的问题。这类问题在机器学习中归为分类问题。比如，已知某人的好朋友的体育爱好，现需推测这个人的体育爱好。

分类算法属于一种监督学习的方法，其目的就是使用分类对新的数据集进行划分。分类问题与聚类问题的明显区别是：分类问题的训练样本是已经标记的（即已知这些数据属于什么类别），而聚类问题则不需要这样的训练样本。分类是在一群已知类别标号的样本数据中，训练一种分类器，从而能够对某个未知的样本数据进行分类。

在分类分析中，通常用距离计算的方式来衡量两个数据点之间的相似性。对于包含 m 个样本的数据集，每个样本 x_i 是一个 n 维向量，其形式为 $x_i = (x_{i1}, x_{i2}, \cdots, x_{in})$。常用的距离计算方式包括有：

- 欧氏距离（Euclidean Distance）

欧氏距离是最简单的一种距离计算方式，其形式就是平面图中两点的距离计算。其计算公式可以表示为：

$$\mathrm{dist}(x_i, x_j) = \sqrt{\sum_{u=1}^{n} (x_{iu} - x_{ju})^2}.$$

在二维平面中，欧氏距离就是大家熟悉的两点之间的距离，如图 5-2-1 中的虚直线所示。本章除非特殊说明，默认采用的就是欧氏距离。

- 曼哈顿距离（Manhattan Distance）

$$\mathrm{dist}(x_i, x_j) = \sum_{u=1}^{n} |x_{iu} - x_{ju}|.$$

在二维平面中，曼哈顿距离如图 5-2-1 中的实折线所示。

常用的分类算法包括：KNN（K-Nearest Neighbor，K 最近邻）算法、NBC（Naive Bayesian Classifier，朴素贝叶斯分类）算法、LR（Logistic Regression，逻辑回归）算

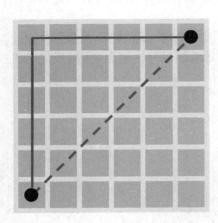

图 5-2-1　距离示意图

法、决策树(Decision Tree)算法、SVM(Support Vector Machine)算法、ANN(Artificial Neural Network，人工神经网络)算法等。本节将通过 KNN 算法介绍分类算法的原理和实现方法。

5.2.2　KNN 算法

1. KNN 算法概述

K-近邻算法通过计算不同特征之间的距离进行分类。它的工作原理是：存在一个样本集，样本集中每个样本都存在标签，即已知每一个样本与所属类别的对应关系。输入没有标签的新样本后，将新样本与数据集中已有的所有样本进行逐一比较，选择样本数据集中前 K 个最相似的样本(这就是 K-近邻算法中 K 的出处，通常 K 是不大于 20 的数)。根据这 K 个样本中出现次数最多的类别作为新样本的类别。

使用 K-近邻算法将未知类别属性的数据划分到某个类中，其基本过程如下：

- 计算已知类别数据集中的点与当前点之间的距离；
- 按照距离递增升序排序；
- 选取与当前点距离最小的 K 个点；
- 确定前 K 个点所在类别的出现频率；
- 返回前 K 个点出现频率最高的类别作为当前点的预测分类。

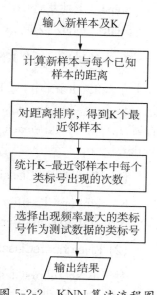

图 5-2-2　KNN 算法流程图

2. KNN 算法流程

已有如表 5-2-1 所示样本集，每个样本具有两个属性，其中样本 x_1，x_2，x_3 属于类别 1，样本 x_4，x_5，x_6 属于类别 2，对一个未知类别的数据点(5,4)进行分类。

表 5-2-1　示例数据集

样本	属性 1	属性 2	类别
x_1	1	1	类别 1
x_2	2	2	类别 1
x_3	3	1	类别 1
x_4	6	4	类别 2
x_5	7	5	类别 2
x_6	8	4	类别 2

对于该问题，不妨选择 K=5。

Step1　计算数据点(5,4)与样本数据集中所有点的欧氏距离。结果如表 5-2-2 所示。

表 5-2-2　数据点到样本数据集中点的距离

与 x_1 的距离	与 x_2 的距离	与 x_3 的距离	与 x_4 的距离	与 x_5 的距离	与 x_6 的距离
5	$\sqrt{13}$	$\sqrt{13}$	1	$\sqrt{5}$	3

Step2　对以上距离进行排序。

Step3　得出距离最近的 5 个元素组成近邻集合 $\{x_2, x_3, x_4, x_5, x_6\}$。

Step4　上述集合中，x_2, x_3 两个数据点属于类别 1，x_4, x_5, x_6 三个数据点属于类别 2。

Step5　因此，数据点 $(5,4)$ 的类别为 2。

3. scikit-learn 的 KNN 算法相关

在 scikit-learn 中，与 KNN 算法相关的类都在 sklearn. neighbors 包中，其中最常用的就是 sklearn. neighbors. KNeighborsClassifier 类。更多相关信息可以在浏览器中输入以下网址查看：https://scikit-learn. org/stable/modules/generated/sklearn. neighbors. KNeighborsClassifier. html。

(1) KNeighborsClassifier 构造函数

KNeighborsClassifier 构造函数的原型如下：**KNeighborsClassifier(n_neighbors＝5,⋯).** KNeighborsClassifier 类基本不需要调参，一般来说，只需要指定 n_neighbors 参数即可。

(2) KNeighborsClassifier 类的主要方法

对于 KNeighborsClassifier 类，常用的方法有：

- fit(X,y)：利用 X 作为训练集，y 作为目标值进行模型拟合。
- predict(X)：预测某个给定数据 X 的类标签。
- kneighbors([X＝None,n_neighbors＝None,return_distance＝True])：查找 X 中一个或多个点的 n_neighbors 个邻居。

5.2.3　KNN 综合实践

例 5-2-1　一个随机生成的数据集进行 KNN 算法的应用示例。

```
#(1) 导入库
from sklearn. datasets import make_blobs
import matplotlib. pyplot as plt
from sklearn. neighbors import KNeighborsClassifier
import numpy as np
plt. rcParams[' axes. unicode_minus '] = False

#(2) 利用 scikit-learn 的 make_blobs 函数生成 100 个样本点数据，并利用散点图显示
X,y = make_blobs(n_samples = 100,random_state = 0,cluster_std = 0.6,centers = 3,n_features = 2)
plt. figure(figsize = (16,10),dpi = 144)
```

```
plt.scatter(X[:,0],X[:,1],c=y,s=100)

#(3) 调用 scikit-learn 中的 KneighborsClassifier 分类算法对样本数据点构建分类模型。
k=10
clf=KNeighborsClassifier(n_neighbors=k)
clf.fit(X,y)

#(4) 对未知类别的样本数据点[0,2]调用 predict 函数预测其类别。
X_sample=np.array([[0,2]])
y_sample=clf.predict(X_sample)
neighbors=clf.kneighbors(X_sample,return_distance=False)
print(y_sample)

#(5) 利用直线表示出与数据点[0,2]距离最近的 10 个点,根据图形很容易判断出该数据点所
属的类别。
plt.figure(figsize=(16,10),dpi=144)
plt.scatter(X[:,0],X[:,1],c=y,s=100)
plt.scatter(X_sample[:,0],X_sample[:,1],marker="x",s=100)
for i in neighbors[0]:
    plt.plot([X[i][0],X_sample[0][0]],[X[i][1],X_sample[0][1]],'k--',linewidth=
0.6)
plt.show()
```

上述程序的分段解释如下:

(1) 导入库

sklearn.datasets 用于生成样本数据,matplotlib 用于可视化图表,sklearn.neighbors 用于分类。

语句 plt.rcParams['axes.unicode_minus']=False,设置负号不使用 Unicode 编码。

(2) 生成样本数据并展示

语句 X,y=make_blobs(n_samples=100,random_state=0,cluster_std=0.6,centers=3,n_features=2),利用 scikit-learn 的 make_blobs 函数生成数量为 100 个,固定随机数种子为 0,标准差为 0.6 的样本数据集,并将生成的样本返回给 X 变量,标签返回给 Y 变量。

make_blobs 函数原型如下:

make_blobs(n_samples=100,random_state=None,cluster_std=0.6,centers=3,n_features=2,…)。

- n_samples 指定样本数量;
- random_state 指定随机生成器的种子,保证程序每次运行的训练集和测试集相同;
- cluster_std 指定数据集的标准差;

- centers 指定样本集的中心数量;
- n_features 指定样本特征数量;

语句 plt.figure(figsize=(16,10),dpi=144),创建画布,设置图形的大小为 16×10 英寸,设置图形分辨率为每英寸的点数是 144 个。

语句 plt.scatter(X[:,0],X[:,1],c=y,s=100),以 X 数据集的第 0 列和第 1 列数据作为两个维度,绘制散点图,设置数据点颜色根据数据标签确定,标记大小为 100。

散点图如图 5-2-3 所示。

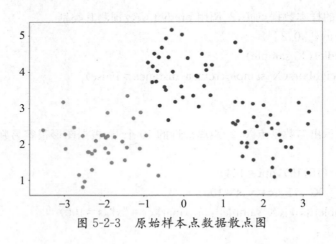

图 5-2-3　原始样本点数据散点图

(3) 分类拟合

调用 scikit-learn 中的 KneighborsClassifier 分类算法对样本数据点构建分类模型。其中最邻点数量选择 10,并使用 fit() 函数拟合模型。

(4) 预测类别

对未知类别的样本数据点[0,2]调用 predict 函数预测其类别并赋值给 y_sample,输出拟合模型对未知数据点[0,2]的预测结果是:

[2]

语句 y_sample=clf.predict(X_sample)调用 predict 函数预测样本数据点[0,2]的类别。

语句 neighbors=clf.kneighbors(X_sample,return_distance=False),返回样本数据点的相邻点的索引值的集合,不返回距离。

(5) 展示 10 个最邻近点直线显示图

为了更直观显示样本点数据的类型,将 10 个最邻近点与样本数据点[0,2]用直线连接起来,从图 5-2-4 很直观地可以看出样本数据点的类别。

语句 plt.scatter(X_sample[:,0],X_sample[:,1],marker="x",s=100),画出样本点,参数 marker="x"表示样本数据点用符号'x'表示。

语句 for i in neighbors[0]依次遍历 10 个最邻近点,执行 plt.plot([X[i][0],X_sample[0][0]],…)语句,画出从样本数据点到每个最邻近点的连线,使用黑色虚线连接数据点和最

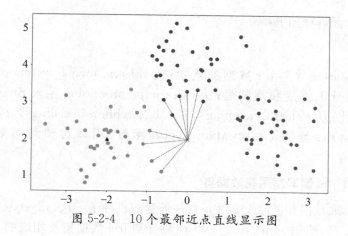

图 5-2-4　10 个最邻近点直线显示图

近邻点,线宽为 0.6。

例 5 - 2 - 2 针对鸢尾花数据集,基于 KNN 算法进行分类,并显示相关分类性能指标。

```python
#(1) 导入库
from sklearn. datasets import load_iris
from sklearn. model_selection import train_test_split
from sklearn. preprocessing import StandardScaler
from sklearn. neighbors import KNeighborsClassifier
from sklearn. metrics import classification_report

#(2) 利用 load_iris 读取鸢尾花数据集
iris = load_iris()
X_train, X_test, y_train, y_test = train_test_split(iris. data, iris. target, test_size = 0.25,
random_state = 33)

#(3) 标准化数据
ss = StandardScaler()
X_train = ss. fit_transform(X_train)
X_test = ss. transform(X_test)

#(4) 使用 K 近邻分类器对测试数据进行类别预测,预测结果储存在变量 y_predict 中。
knc = KNeighborsClassifier()
knc. fit(X_train, y_train)
y_predict = knc. predict(X_test)
#测试与性能评估
print(classification_report(y_test, y_predict, target_names = iris. target_names))
```

上述程序的分段解释如下：

(1) 导入库

从 sklearn. datasets 导入 iris 数据加载器；从 sklearn. model_selection 导入 train_test_split 函数，用以切分训练集和测试集；从 sklearn. preprocessing 导入 StandardScaler 类，用以进行数据标准化；从 sklearn. neighbors 导入 KNeighborsClassifier 类，用于进行分类操作；从 sklearn. metrics 导入 classification_report 函数，用以对预测结果做更加详细的分析。

(2) 利用 load_iris 读取鸢尾花数据集

使用加载器读取数据并且存入变量 iris；并设置随机种子 random_state=33，设置测试集比例 test_size=0.25，使用 train_test_split 函数分割 iris 数据集及相应的数据标签集，产生 75% 的训练样本，25% 的测试样本，并将切分后的训练样本返回给 X_train 变量，测试样本返回给 X_test 变量，训练标签返回给 y_train 变量，测试标签返回给 y_test 变量。

(3) 标准化数据

语句 ss=StandardScaler()，生成标准化实例。

语句 X_train=ss. fit_transform(X_train)和 X_test=ss. transform(X_test)分别对训练集和测试集数据进行标准化，fit_transfrom()函数用于拟合数据，找到数据转换规则，并将数据标准化。transform()是将数据标准化，将测试集按照训练集同样的模型进行转换，得到特征向量。此时可以直接使用之前的 fit_transfrom()函数生成的转换规则，若再次使用 fit_transform()函数对测试集数据标准化会导致两次标准化后的数据格式不相同。

(4) 测试与性能评估

利用 K 近邻分类器进行分类；使用 fit()函数拟合模型；使用 predict()函数预测数据，预测结果储存在变量 y_predict 中。

语句 classification_report(y_test，y_predict，target_names=iris. target_names)，比较测试集和训练集的标签数据，计算并展示主要分类指标的文本报告，包括每个分类的精确度、召回率、F1 值等信息。分类名使用 iris 数据集中的标签名。

其输出结果如图 5-2-5 所示：

```
              precision    recall  f1-score   support

      setosa       1.00      1.00      1.00         8
  versicolor       0.73      1.00      0.85        11
   virginica       1.00      0.79      0.88        19

    accuracy                           0.89        38
   macro avg       0.91      0.93      0.91        38
weighted avg       0.92      0.89      0.90        38
```

图 5-2-5　算法测试与性能结果

5.2.4　习题与实践

1. 简答题

（1）分类与聚类的区别是什么？

（2）常见的分类算法有哪些？

2. 实践题

（1）打开"配套资源\第 5 章\sy5-2-1.py"，补全程序，完成以下功能：读取糖尿病数据文件"配套资源\第 5 章\diabetes.csv"的数据，在模型拟合前，需要将数据集切分为训练集和测试集（比例为 80％和 20％）并进行分析与预测。

提示：

- 使用 pandas.read_csv()函数读取 csv 文件数据；
- 使用 sklearn 中 model_selection 模块中的 train_test_split 方法进行数据的切分。

（2）打开"配套资源\第 5 章\sy5-2-2.py"，补全程序，完成以下功能：利用 sklearn 中的 make_bolbs()函数随机生成 150 个样本数据，样本数据特征数为 2 个，然后进行分析与预测。

（3）打开"配套资源\第 5 章\sy5-2-3.py"，补全程序，完成以下功能：对 sklearn 中的手写数字进行分类分析，将原数据的 80％设为训练数据，20％设为测试数据。

提示：利用 load_digits()导入数据集。

5.3 回归

回归分析是一种基本的预测方法，它主要是在分析自变量和因变量之间相关关系的基础上，建立变量之间的回归方程，并将回归方程作为预测模型，用于预测或分类。

5.3.1 回归基本概念

图 5-3-1 高尔顿（Francis Galton）

回归（Regression）这一术语最初由英国统计学家高尔顿（Francis Galton）引入。高尔顿发现身材很矮的父母，其子女也较矮，但这些子女的平均身高比他们父母高；身材过高的父母，其子女也较高，但这些子女的平均身高并没有父母高，也就是更接近平均身高。所以他认为自然界有一种约束力，使得身高的分布不会向高矮两个极端发展，而是趋于回到中心，高尔顿把这种现象称为回归现象。即事物发展总是倾向于朝着平均值靠拢，这种回归现象称为均值回归或者平庸回归（Reversion to the mean/Reversion to mediocrity）。

现在我们关心已知父亲身高如何预测子女的平均身高，那么现在的回归可以看作是研究一个或多个因变量$(Y_1, Y_2, \cdots, Y_i)$与另一个或多个自变量$(X_1, X_2, \cdots, X_k)$之间的依赖关系，用自变量的值来估计或预测因变量的总体平均值。

回归分析首先规定因变量和自变量；通过对实测数据的计算找出变量之间的关系，拟合出误差最小的回归方程，建立回归模型；然后求解模型的各个参数，评价回归模型是否能够很好的实现预测。

在人工智能研究中，回归属于监督学习。回归分析技术还可用于时间序列模型以及发现变量之间的因果关系等。例如，司机的鲁莽驾驶与道路交通事故数量之间的关系等。

根据自变量个数，因变量的类型及回归线形状的不同等因素，回归分析技术可进一步细分如下：

(1) 一元回归和多元回归

当自变量个数为 1 时称为一元回归；当自变量个数大于 1 时称为多元回归。

(2) 简单回归和多重回归

当因变量个数为 1 时称为简单回归；当因变量个数大于 1 时称为多重回归。

(3) 线性回归和非线性回归

当函数为参数未知的线性函数时，称为线性回归（Linear Regression）；当函数为参数未知的非线性函数时，称为非线性回归（Non-linear Regression）。

（4）一元多项式回归和多元多项式回归

研究一个因变量与一个或多个自变量间多项式的回归分析方法,称为多项式回归。如果自变量只有一个时,称为一元多项式回归;如果自变量有多个时,称为多元多项式回归。多项式回归问题可以通过变量转换化为多元线性回归问题来解决。

5.3.2　线性回归

线性回归依据回归的目标可分为两类:如果预测的变量是离散的或定性的,称其为分类,如医生判断病人是否生病,收件箱对邮件分为正常邮件和垃圾邮件等。逻辑回归属于该类。如果预测的变量是连续的或定量的,则称其为回归。本节只讨论回归问题。

线性回归使用最佳的拟合线(回归线)在因变量 Y 和自变量 X 间建立一种关系。线性回归模型是线性预测函数,模型参数通过样本数据来估计。在这种技术中,自变量可以是连续的也可以是离散的。

常见的线性回归有一元线性回归和多元线性回归。如果回归分析中只包括一个自变量和一个因变量,且二者的关系可用一条直线近似表示,称为一元线性回归分析,也称为单变量线性回归。在二维空间线性是一条直线。它是线性回归最简单的形式。如果回归分析中包括两个或两个以上的自变量,且因变量和自变量之间是线性关系,则称为多元线性回归分析。在三维空间线性关系表示一个平面,在多维空间线性关系表示一个超平面。

1.　一元线性回归

一元线性回归用来分析单个输入变量影响输出变量的问题,例如可使用一元线性回归模型分析大学生毕业年限和平均工资之间的关系,实现由父母身高推测子女身高等问题。一元线性回归分析法的预测模型为:

$$y = w_0 + w_1 x.$$

其中,x 代表自变量的值;y 代表因变量的值;w_0、w_1 代表一元线性回归方程的待定参数,w_0 为回归直线的截距,w_1 为回归直线的斜率,表示 x 变化一个单位时,y 的平均变化情况。w_0、w_1 参数通常采用最小二乘法原理求得。

例如要研究产品质量和用户满意度之间的因果关系,假设所采集的数据如图 5-3-2 所示。从实践意义上讲,产品质量会影响用户的满意情况,因此设用户满意度为因变量,记为 x;质量为自变量,记为 y。

经过线性回归,程序运行得到的回归方程如下:

$$y = 0.857 + 0.836x.$$

该回归直线在 y 轴上的截距为 0.857、斜率为 0.836,即质量每提高一分,用户满意度平均上升 0.836 分;或者说质量每提高 1

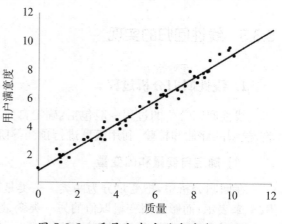

图 5-3-2　质量和客户满意度散点图

分对用户满意度的贡献是 0.836 分。

2. 多元线性回归

多元线性回归用来分析多个输入变量共同影响输出变量的问题。在实际中，对因变量的影响往往有两个或两个以上的自变量。例如影响产品单位成本的变量不仅有产量，还包括原材料价格、劳动力价格，劳动效率及废品率等因素。建立这种具有多变量模型的分析，就是多元回归分析。在多元回归分析中，如果因变量和多个自变量的关系为线性时，就属于多元线性回归。

多元线性回归的基本原理和基本计算过程与一元线性回归分析类似，可以用最小二乘法估计模型参数。但自变量个数越多，计算过程越是复杂。多元线性回归分析法的预测模型为：

$$Y = w_0 + w_1 x_1 + w_2 x_2 + \cdots + w_p x_p.$$

其中，Y 代表因变量的值；向量 $X = (x_1, x_2, \cdots, x_p)$ 代表自变量的值；w_0 为截距；向量 $w = (w_1, w_2, \cdots, w_p)$ 代表线性回归方程的系数。w 参数通常采用最小二乘法原理求得。最小二乘法进行参数估计即将观察得到的样本数据作为已知，带入样本回归方程中，然后分别对 $w_1, w_2, \cdots, w_p$ 求偏导数，求得回归方程系数，从而基于回归方程得到预测值。

多元线性回归中，由于各个自变量的单位可能不一样，因此自变量前系数的大小并不能说明该因素的重要程度，所以需将各个自变量量化到统一的单位上来。可使用数据的标准化方法（具体参见 5.1.2 节）将所有变量包括因变量都先转化为标准分，再进行线性回归，此时得到的回归系数就能反映对应自变量的重要程度。这时的回归方程称为标准回归方程，回归系数称为标准回归系数，由于都化成了标准分，标准回归方程不再有常数项 w_0 了。

例如对于笔记本电脑，用户满意度可能与产品的质量、价格和形象有关，因此可以将"用户满意度"作为因变量，"质量"、"形象"和"价格"作为自变量，进行线性回归分析。假设已有一批样本数据，包含了用户满意度、产品质量、价格和形象的统计数据。通过对这些统计数据的回归分析，拟合出回归方程的系数，不妨假设得到回归方程如下：

$$用户满意度 = 0.008 \times 形象 + 0.645 \times 质量 + 0.221 \times 价格.$$

从该回归方程看，对于笔记本电脑，质量对其用户满意度的贡献比较大，质量每提高 1 分，用户满意度将提高 0.645 分；其次是价格，用户对价格的评价每提高 1 分，其满意度将提高 0.221 分；而形象对产品用户满意度的贡献相对较小，形象每提高 1 分，用户满意度仅提高 0.008 分。

5.3.3 线性回归的实现

1. 线性回归分析过程

线性回归分析的过程一般包括：确定自变量和因变量、建立预测模型、变量间的相关性检验、模型的评估和检验、利用模型进行预测等阶段。

(1) 确定自变量和因变量

在回归分析中，把变量分为两类。一类是因变量，通常是实际问题中所关心的一类指标，用 y 来表示；而影响因变量取值的另一类变量称为自变量，用 X 来表示。

首先明确要预测的目标变量即因变量 y，如要预测笔记本电脑的用户满意度，那么用户满意度就是目标变量。其次寻找与预测目标变量 y 相关的所有影响因素,即自变量 X,并从中选出主要的影响因素。例如影响用户满意度的因素有"质量"、"形象"和"价格",为自变量。

(2) 建立预测模型

分析已有的数据集,确定自变量和因变量间的定量关系表达式,在此基础上建立回归分析方程,即回归分析预测模型。回归方程参数估计的常用方法是最小二乘法。

例如,通过对样本数据的回归分析,可以得到用户满意度的预测模型:

$$用户满意度 = 0.008 \times 形象 + 0.645 \times 质量 + 0.221 \times 价格.$$

(3) 变量间的相关性检验

回归分析中,只有当自变量与因变量确实存在某种关系时,建立的回归方程才有意义。因此,自变量与因变量是否有关、相关的方向和密切程度,以及判断这种相关程度的把握性多大等是需要解决的问题。

进行相关分析,可以通过相关系数的大小来判断自变量和因变量的相关的程度。回归方程的相关性检验有三种方式:相关系数的检验、回归方程的检验、回归系数的检验。

(4) 模型的评估和检验

要知道刚训练出的线性回归模型好不好,是否可用于实际预测,取决于对模型的检验和对预测误差的计算。回归方程只有通过各种检验,且预测误差较小,才能作为预测模型进行预测。主要检验内容有:

- **MAE/MSE**:对求得的回归方程的可信度进行检验,计算预测误差,具体可参考 5.1.4 节。
- **F 检验**:对模型的 F 检验,查看模型整体是否显著。F 检验是通过方差分析表输出的,通过显著性水平(significant level)检验回归方程的线性关系是否显著。一般来说,显著性水平在 0.05 以下,均有意义。当 F 检验通过时,意味着方程中至少有一个回归系数是显著的,但是并不一定所有的回归系数都是显著的,这样就需要通过 T 检验来验证回归系数的显著性。
- **T 检验**:对参数的 T 检验,查看模型里的各个参数是否显著。T 检验可通过显著性水平或查表来确定。
- **决定系数 R^2**:用以检验查看模型对规律的刻画接近真相的程度。R^2 表示方程中变量 X 对 Y 的解释程度。R^2 的值越接近 1,表明方程中 X 对 Y 的解释能力越强,模型越好;R^2 的值越接近 0 甚至负数说明模型越差。

例如:用户满意度模型建立后,需要对模型及模型参数进行统计检验。可以计算检验指标 R^2、F 检验值和 T 检验值等来评测该模型。方程各检验指标及含义见表 5-3-1。

表 5-3-1　多元线性回归方程检验

指标	值	显著性水平	意　义
R^2	0.89		89% 的"用户满意度"的变化程度
F	248.53	0.001	回归方程的线性关系显著
T(形象)	0.00	1.000	"形象"变量对回归方程几乎没有贡献
T(质量)	13.93	0.001	"质量"对回归方程有很大贡献
T(价格)	5.00	0.001	"价格"对回归方程有很大贡献

从方程的检验指标来看，"形象"对整个回归方程的贡献不大，应予以删除。所以重新做"用户满意度"与"质量"、"价格"的回归方程如下：

$$用户满意度＝0.645×质量＋0.221×价格.$$

用户对价格的评价每提高 1 分，其满意度将提高 0.221 分（在本例中，因为"形象"对方程几乎没有贡献，所以得到的方程与前面的回归方程系数差不多）。修改方程后各检验指标及含义如下表 5-3-2。

表 5-3-2　多元线性回归方程检验

指标	值	显著性水平	意　义
R^2	0.89		89%的"用户满意度"的变化程度
F	374.69	0.001	回归方程的线性关系显著
T(质量)	15.15	0.001	"质量"对回归方程有很大贡献
T(价格)	5.06	0.001	"价格"对回归方程有很大贡献

（5）利用回归预测模型进行预测和控制

利用获得的回归预测模型，计算预测值，并对预测值进行综合分析，确定最后的预测值。

2. scikit-learn 的线性回归相关

sklearn 提供了多种用于构建回归模型的类，它们存在于不同的模块中。其中，linear_model 模块中实现了大量的线性模型，本节将重点介绍该模块中的线性回归类 LinearRegression。该类用于构建普通最小二乘线性回归模型，具有简单易用的优点。更多相关信息可以在浏览器输入以下网址查看：https://scikit-learn.org/dev/modules/generated/sklearn.linear_model.LinearRegression.html。

（1）LinearRegression 类构造函数

LinearRegression 构造函数的原型为：sklearn.linear_model.LinearRegression(…)。

（2）LinearRegression 对象的主要属性

对于 LinearRegression 类，主要属性有：

• coef_：线性回归问题的估计系数。类型为数组。如果在拟合过程中传递了多个目标，则是一个二维数组，而如果只传递了一个目标，则这是一个一维数组。

• intercept_：线性模型中的独立项（或截距）。类型为浮点型或数组。如果 fit_intercept＝False，则设置为 0.0。

（3）LinearRegression 对象的主要方法

• fit(X,y[,sample_weight])：拟合线性模型，即将训练集数据放入模型进行训练。参数 X 为训练数据，为数组类型；y 是目标值，为数组类型；sample_weight 每个测试数据（样本）的权重，为数组类型，默认值＝None。

• get_params([deep])：获取此模型的参数。参数 deep 是布尔型，默认值＝True。如果为 True,则将返回此估计器的参数以及包含的作为估计器的子对象。

- predict(X):利用线性模型预测,返回预测值。参数 X 为样本数据,为数组类型。
- set_params(* * params):用以设置模型的参数。
- score(X,y[,sample_weight]):返回决定系数 R^2,用于评估模型。R^2 的值越接近 1,表明模型越好;R^2 的值也可能小于 0,甚至是负数,表示模型较差。参数 X 为测试样本。

(4) metrics 类

sklearn 还提供了 metrics 类用于模型评估和检验,常用的相关函数如下,更多内容可参考 5.1.4 节。

- sklearn. metrics. r2_score():计算 R^2 决定系数函数;
- sklearn. metrics. mean_squared_error():计算 MSE 均方差;
- sklearn. metrics. mean_absolute_error():计算 MAE 平均绝对值误差.

5.3.4　线性回归综合实践

利用 Python 实现线性回归分析的基本步骤如下:
(1) 依次导入相关库。
(2) 数据预处理:导入或者读取数据集,必要时可划分数据集为训练集和测试集。
(3) 在训练集上训练线性回归模型。
(4) 在测试集上预测结果。
(5) 模型评估。
(6) 结果可视化对比。

例 5 - 3 - 1　利用糖尿病数据集进行一元线性回归分析。

糖尿病数据集由 sklearn 提供,该数据集包含 442 个糖尿病病例的 10 项检查数据,以及这些病例检查后一年疾病进展的定量测量结果。数据集有 442 行记录,11 列。其中前 10 列为 10 个特征的检查数据,这 10 个特征分别为:年龄,性别,体重指数,平均血压,以及 6 个血清学测量值 S1,S2,S3,S4,S5,S6,特征取值范围为(-0.2,0.2)。第 11 列标签列为一年后的定量测量值。标签取值范围是[25,346]。我们可以通过以下代码加载和查看该数据集:

```
from sklearn import datasets
# 加载数据集
diabetes = datasets. load_diabetes()
# 显示其描述
print("【描述】\n",diabetes. DESCR)
# 显示其特征名称
print("【特征名称】\n",diabetes. feature_names)
# 显示其特征数据
print("【数据】\n",diabetes. data)
# 显示其标签数据
print("【目标值】\n",diabetes. target)
```

本例利用糖尿病数据集中的第三个特征数据,拟合回归模型,拟合出的直线使数据集中观察到的真实值与预测值之间的残差平方和最小。并输出均方差、决定系数,将结果进行可视化对比。

程序实现代码如下:

```
#(1) 导入库
import matplotlib. pyplot as plt
import numpy as np
from sklearn. datasets import load_diabetes
from sklearn. linear_model import LirearRegression
from sklearn. metrics import mean_squared_error,r2_score

#(2) 加载糖尿病数据集
diabetes = load_diabetes
diabetes_X = diabetes. data
diabetes_y = diabetes. target
# 只使用糖尿病数据集的第三个特征
diabetes_X = diabetes_X[:,np. newaxis,2]
# 分割数据为训练集和测试集
diabetes_X_train = diabetes_X[:-20]
diabetes_X_test = diabetes_X[-20:]
# 分割目标数据为训练集和测试集
diabetes_y_train = diabetes_y[:-20]
diabetes_y_test = diabetes_y[-20:]

#(3) 创建线性回归模型对象
regr = LinearRegression()
# 使用训练集训练模型,拟合直线
regr. fit(diabetes_X_train,diabetes_y_train)

#(4) 使用测试集实现预测
diabetes_y_pred = regr. predict(diabetes_X_test)
# 输出回归系数
print(' Coefficients:', regr. coef_)

#(5) 模型评估
# 计算并输出均方差
print(' Mean squared error:{:.2f}'. format (mean_squared_error(diabetes_y_test,diabetes_y_
pred)))
```

```
# 计算并输出决定系数 R2
print(' Coefficient of determination:{:.2f}'. format (r2_score(diabetes_y_test,diabetes_y_
pred)))

# (6) 绘图输出
plt. scatter(diabetes_X_test,diabetes_y_test,color = ' black ')
plt. plot(diabetes_X_test,diabetes_y_pred,color = ' blue ',linewidth = 3)
plt. show()
```

程序运行结果如下所示：

```
Coefficients:[938.23786125]
Mean squared error:2548.07
Coefficient of determination:0.47
```

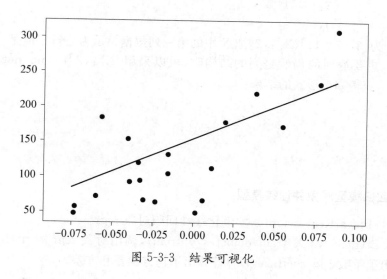

图 5-3-3　结果可视化

上述程序的分段解释如下：

(1) 导入库

matplotlib. pyplot 用于可视化图表，sklearn. datasets 用于导入数据加载器，sklearn. linear_model 用于建立回归模型，sklearn. metrics. mean_squared_error 用于计算均方差，sklearn. metrics. r2_score 用于计算决定系数 R^2。

(2) 导入数据集并划分数据集

语句 diabetes＝load_diabetes()，加载糖尿病数据集所有数据到变量 diabetes 中，再分别将数据和标签保存至 diabetes_X 和 diabetes_y。

语句 diabetes_X＝diabetes_X[:,np. newaxis,2]，只选取数据集的第三个特征存入变量 diabetes_X；diabetes_X 数据集共有 442 行 10 列(442 * 10)，参数 np. newaxis 的功能是插入一

个新的维度。此处把 diabetes_X 数据集转换成 442 * 1 * 10，在第三个维度中的 10 个系列中选取第三个特征列（442 * 1）。

语句 diabetes_X_train＝diabetes_X[:－20]，使用数组切片设置数据 diabetes_X 前 422 个病例数据为训练集 diabetes_X_train。

语句 diabetes_X_test＝diabetes_X[－20:]，使用数组切片设置数据 diabetes_X 后 20 个病例数据为测试集 diabetes_X_test。

语句 diabetes_y_train＝diabetes_y[:－20]，使用数组切片设置目标数据 diabetes_y 前 422 个病例数据为目标训练集 diabetes_y_train。

语句 diabetes_y_test＝diabetes_y[－20:]，使用数组切片设置目标数据 diabetes_y 后 20 个病例数据为目标测试集 diabetes_y_test。

- 参数 np.newaxis 的用法补充解释

np.newaxis 功能是索引多维数组的某一列时，返回的是一个行向量。如对于数组 X，

设 X＝np.array([[1,2,3,4],
　　　　　　　　[5,6,7,8],
　　　　　　　　[9,10,11,12]
　　　　　　　　]),

则 X[:,2]为[3　7　11]，X[:,2]把 X 中的第三列数据显示为一行。但是，如果索引多维数组的某一列，想要返回的仍然是列的结构时，可以采用：X[:,2][:,np.newaxis]或 X[:,np.newaxis,2]，获得如下形式的结果：

```
[[3]
 [7]
 [11]]
```

(3) 创建回归模型对象并训练模型

语句 regr＝LinearRegression()，实例化线性回归对象 regr。

语句 regr.fit(diabetes_X_train,diabetes_y_train)，调用对象 regr 的 fit 方法使用训练集训练模型，求出了系数矩阵 coefficient，并计算出了均方误差和方差。

(4) 使用测试集实现预测

语句 diabetes_y_pred＝regr.predict(diabetes_X_test)，基于测试集进行预测，计算出预测目标值。

语句 print(' Coefficients:\n ',regr.coef_)，输出回归系数 regr.coef_。

(5) 模型评估

语句 print(' Mean squared error:%.2f ' % mean_squared_error(diabetes_y_test, diabetes_y_pred))和语句 print(' Coefficient of determination:%.2f ' % r2_score(diabetes_y_test, diabetes_y_pred))，分别计算并输出均方误差（MSE）和决定系数 R^2。

(6) 绘图输出

语句 plt.scatter(diabetes_X_test,diabetes_y_test,color=' black ')，绘制黑色散点图。

语句 plt.plot(diabetes_X_test, diabetes_y_pred, color='blue', linewidth=3)，绘制蓝色、线宽为3的折线图。

例5-3-2 利用波士顿房价数据集实现多元线性回归分析。

sklearn 也提供了波士顿房价数据集。该数据集包含506条记录，13个特征指标，第14列通常为目标列房价。试图能找到那些指标与房价的关系。13个特征依次为：城镇人均犯罪率CRIM、超过2.5万平方英尺的住宅用地比例 ZN、城镇非零售商业面积比例 INDUS、是否靠近Charles 河 CHAS、空气中一氧化氮浓度 NOX、每户住宅的平均房间数 RM、1940年以前建造的自住单位比例 AGE、到波士顿五个就业中心的加权距离 DIS、到高速公路的可达性指数RAD、每万元全额物业税税率 TAX、城镇师生比例 PTRATIO、与黑人相关的指标 B、低地位人口率 LSTAT、业主自住房屋的均值 MEDV。

本例首先将506组数据的数据集划分为训练集和测试集，其中404是训练样本，剩下的102组数据作为验证样本。然后构建回归模型并训练模型，查看模型的13个特征的系数以及截距，获取模型的预测结果与测试集的 R^2 值，最后绘制折线图对比预测值和真实值。

程序实现代码如下：

```
#(1) 导入库
from sklearn.datasets import load_boston
from sklearn.model_selection import train_test_split
from sklearn.linear_model import LinearRegression
import matplotlib.pyplot as plt
from matplotlib import rcParams


#(2) 加载数据集
boston = load_boston()
X = boston.data
y = boston.target
#分割数据为训练集和测试集
X_train, X_test, y_train, y_test = train_test_split(X, y, test_size=0.2, random_state=22)
print('X_train 前3行数据为：', X_train[0:3], '\n', 'y_train 前3行数据为：', y_train[0:3])


#(3) 创建线性回归模型对象
lr = LinearRegression()
#使用训练集训练模型
lr.fit(x_train, y_train)
#显示模型
print(lr)
#显示模型13个系数
```

```
print(lr.coef_)
# 显示模型截距
print(lr.intercept_)

# (4) 使用测试集获取预测结果
print(lr.predict(x_test[:5]))

# (5) 模型评估
# 计算并输出决定系数 R2
print(lr.score(x_test,y_test))

# (6) 绘图对比预测值和真实值
rcParams['font.sans-serif'] = 'SimHei'
fig = plt.figure(figsize=(10,6))
y_pred = lr.predict(x_test)
plt.plot(range(y_test.shape[0]),y_test,color='blue',linewidth=1.5,linestyle='-')
plt.plot(range(y_test.shape[0]),y_pred,color='red',linewidth=1.5,linestyle='-.')
plt.legend(['真实值','预测值'])
plt.show()
```

上述程序的分段解释如下：

(1) 导入库

sklearn. datasets 用于导入数据加载器，sklearn. model_selection 用于数据选择，sklearn. linear_model 用于建立回归模型，matplotlib. pyplot 和 rcParams 用于可视化图表。

(2) 加载数据集并划分数据集

语句 load_boston()，加载波士顿房价数据集，该数据集包含 13 个特征 506 条记录。

语句 X = boston. data，获取数据集的所有数据赋给变量 X。

语句 y = boston. target，获取数据集的目标值赋给变量 y。

语句 X_train, X_test, y_train, y_test = train_test_split(X, y, test_size = 0.2, random_state = 22)，划分数据集为训练集和测试集，语句中 X_train 表示划分出的训练集数据（返回值）；X_test 表示划分出的测试集数据（返回值）；y_train 表示划分出的训练集标签（返回值）；y_test 表示划分出的测试集标签（返回值）。该例中测试集数据为所有数据的 20% 共 102 条，训练集数据为 404 条。

语句 print('X_train 前 3 行数据为：',X_train[0:3],'\n',' y_train 前 3 行数据为：',y_train[0:3])，运行结果如下所示。

x_train 前 3 行数据为：

```
[[2.24236e+00  0.00000e+00  1.95800e+01  0.00000e+00  6.05000e-01  5.85400e+
  00  9.18000e+01  2.42200e+00  5.00000e+00  4.03000e+02  1.47000e+01
  3.95110e+02  1.16400e+01]
 [2.61690e-01  0.00000e+00  9.90000e+00  0.00000e+00  5.44000e-01  6.02300e+
  00  9.04000e+01  2.83400e+00  4.00000e+00  3.04000e+02  1.84000e+01
  3.96300e+02  1.17200e+01]
 [6.89900e-02  0.00000e+00  2.56500e+01  0.00000e+00  5.81000e-01  5.87000e+
  00  6.97000e+01  2.25770e+00  2.00000e+00  1.88000e+02  1.91000e+01
  3.89150e+02  1.43700e+01]]
y_train 前 3 行数据为：[22.7  19.4 22.]
```

（3）创建线性回归模型对象并训练模型

语句 lr＝LinearRegression()，实例化线性回归对象。

语句 lr.fit(X_train,y_train)，使用训练集训练模型。

语句 print(lr)与语句 print(lr.coef_)及语句 print(lr.intercept_)，分别输出模型及 13 个特征的系数以及截距。运行结果如下所示。

```
LinearRegression()
[-1.01199845e-01  4.67962110e-02  -2.06902678e-02  3.58072311e+00
 -1.71288922e+01  3.92207267e+00  -5.67997339e-03  -1.54862273e+00
  2.97156958e-01
 -1.00709587e-02  -7.78761318e-01  9.87125185e-03  -5.25319199e-01]
32.42825286699138
```

（4）使用测试集实现预测

语句 print(lr.predict(X_test[:5]))，基于测试集中的前 5 个样本进行预测，输出前 5 个预测值。运行结果如下所示。

```
测试集前 5 个预测值：[27.99617259 31.37458822 21.16274236 32.97684211 19.85350998]
```

（5）模型评估

语句 print(lr.score(X_test,y_test))，计算并输出决定系数 R^2。运行结果如下所示。

```
测试集 R2 值：0.7657465943591129
```

（6）绘图对比

语句 plt.plot(range(y_test.shape[0]),y_test,color='blue',linewidth=1.5,linestyle='—')和语句 plt.plot(range(y_test.shape[0]),y_pred,color='red',linewidth=1.5,linestyle='—.')，使用 matplotlib.pyplot 对象绘制预测值和真实值对比的折线图。运行结果如图 5-3-4 所示。

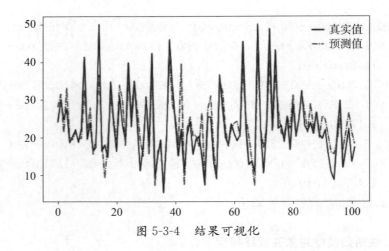

图 5-3-4　结果可视化

5.3.5　习题与实践

1. 简答题

(1) 什么是回归？

(2) 什么是线性回归？

(3) 什么是多元线性回归？

(4) 试述回归分析的一般过程。

2. 实践题

(1) 打开"配套资源\第 5 章\sy5-3-1.py"，补全程序，完成以下功能：给定数据集中有 3 组数据(0,0)，(1,1)，(2,2)，以下代码基于该数据集创建并训练了一个线性回归模型。代码中，首先导入 linear_model 模块，实例化一个线性回归模型对象 clf；基于给定的训练数据，拟合出回归方程。最后输出该回归方程的系数和截距。请填空完善该代码并写出运行结果。

(2) 打开"配套资源\第 4 章\sy5-3-2.py"，补全程序，完成以下功能：使用 sklearn 利用波士顿房价数据集，实现多元线性回归分析。

(3) 打开"配套资源\第 4 章\sy5-3-3.py"，补全程序，完成以下功能：针对以下数据集，编程训练一个用于预测儿子身高的回归模型，请基于该模型进行预测，输出平均身高为 170 厘米的父母，他们的儿子的身高。

父母平均身高 x(cm)	173	155	160	165	170	175	180	170	190	180
成年儿子身高 y(cm)	170	162	164	169	175	178	185	172	180	175

程序运行结果如下：

```
[[0.60004203]]
[69.91277848]
```
父母身高：
```
[[170]]
```
儿子身高预测值：
```
[[171.91992434]]
```

5.4　聚类

人们常说，物以类聚、人以群分。在机器学习中，可以利用聚类算法把未知类簇的样本进行划分，把相似（按照一定的规则）的样本聚在同一个类簇中，从而可以揭示样本数据间内在的性质以及相关的联系规律。聚类算法在电子商务、银行、保险等诸多领域有着非常广泛的应用。

5.4.1　聚类基本概念

聚类是一种无监督学习方法，数据集当中没有分类标签信息，通过聚类将数据集中的样本划分为若干个不相交的子集，每个子集称为一个"簇"（cluster）。简单来说，子集内样本的特征相似，与其他子集里的样本的特征差异大。

为了实现将不同的数据点划分到不同的簇中，最直接的方法就是计算数据点之间的相似性，从而将相似的数据点划分到同一簇中。数据之间一相似性也可以用距离远近来表示。在聚类算法中，距离计算方法与分类算法相类似，具体的计算公式可参见 5.2.1 节。

聚类算法可应用于市场分析、商业经营、图像处理、决策支持以及模式识别等领域，主要算法包括以下几类：基于分层的聚类算法、基于划分的聚类算法、基于密度的聚类算法、基于网格的聚类算法、基于模型的聚类算法等。在不同的应用场景中，以上算法的表现各有优劣。本节将通过 K-Means 算法介绍聚类算法的实现方法。

5.4.2　K-Means 聚类算法

1. K-Means 聚类算法概述

K-Means 算法是一种最简单的无监督学习算法，其属于基于划分的聚类算法，也被誉为数据挖掘的十大经典算法之一。

K-Means 聚类算法利用距离作为两个数据记录相似性的评价指标，两个数据的距离越近，其相似度越大。该算法认为簇是由距离相近的对象组成的，因此把得到紧凑且独立的簇作为最终目标。

K-Means 聚类算法可以描述为：

给定样本数据集 $D=\{x_1,x_2,\cdots,x_m\}$，x_i 是一个 n 维的向量，代表数据集中的一个数据点，其中 n 表示样本数据的属性个数。聚类的目的是将样本数据集 D 中相似的样本数据点划分到同一簇中，用 $G=\{G_1,G_2,\cdots,G_k\}$ 来表示，其中 k 表示簇的个数。K-Means 聚类算法可以表示为将样本数据集 $D=\{x_1,x_2,\cdots,x_m\}$ 划分为 $G=\{G_1,G_2,\cdots,G_k\}$ 的过程。每个簇有一个中心点，称为质心，即簇中所有点的中心。一般情况下，当质心不发生改变时，算法结束。

K-Means 聚类算法对初始聚类质心敏感,初始聚类质心选取的好坏将对 K-Means 聚类算法性能产生非常大的影响。

2. K-Means 聚类算法流程

(1) K-Means 算法的流程

通过上面的分析,可以看出 K-Means 算法的输入为:数据集 D,簇的数量 k。输出为 $G=\{G_1,G_2,\cdots,G_k\}$,即 k 个划分好的簇。算法的流程描述如下:

① 选定 k 的值。

② 在样本数据集 D 中,随机选取 k 个点作为初始质心,即 $\{u_1,u_2,\cdots,u_k\}$。

③ 计算 D 中每个样本 x_i 到每个质心 u_j 的欧式距离 l_{ij}。

④ 若 l_{ij} 的距离最小,则将样本 x_i 标记为簇 G_j 中的样本。

⑤ 利用欧式距离最小的原则将所有的样本数据点分配到不同的簇后,计算新的质心。质心位置为簇中样本属性均值。

⑥ 如果质心更新了,则跳转到③,否则算法结束,输出结果。

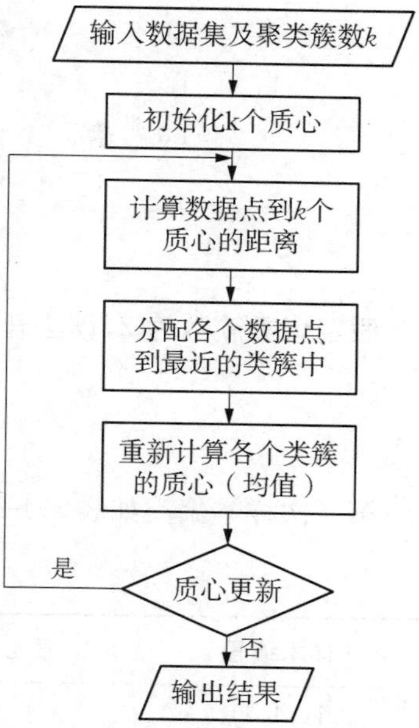

(2) K-Means 算法的执行过程

下面以一个较为简单的数据集来演示 K-Means 算法的聚类过程。

假设存在如表 5-4-1 所示的数据集,包含了 6 个数据点,每个数据点包含两个属性。

图 5-4-1 K-Means 算法流程图

表 5-4-1 聚类示例数据集

编号	属性 1	属性 2
1	1	1
2	2	2
3	3	1
4	6	4
5	7	5
6	8	4

利用 Python 制作散点图如图 5-4-2 所示。

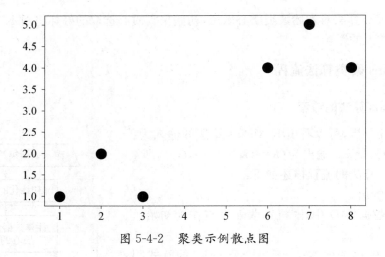

图 5-4-2　聚类示例散点图

假定聚类簇数为 2，算法开始时随机选择两个样本数据点 x_1，x_2 作为初始质心，即：

$$u_1 = (1,1),$$
$$u_2 = (2,2).$$

第一次样本聚类如表 5-4-2 所示。

表 5-4-2　第一次样本聚类

样本编号	质心(1,1)的距离	质心(2,2)的距离	目标簇号
1：(1,1)	0	$\sqrt{2}$	1
2：(2,2)	$\sqrt{2}$	0	2
3：(3,1)	2	$\sqrt{2}$	2
4：(6,4)	$\sqrt{34}$	$\sqrt{24}$	2
5：(7,5)	$\sqrt{52}$	$\sqrt{34}$	2
6：(8,4)	$\sqrt{58}$	$\sqrt{40}$	2

计算新的质心：

$$u_1 = [1,1],$$
$$u_2 = [(2+3+6+7+8)/5, (2+1+4+5+4)/5] = [5.2, 3.2].$$

所以第一次样本聚类结果如表 5-4-3 所示。

表 5-4-3　第一次样本聚类结果

原来质心集合	$[[1,1],[2,2]]$
聚类结果	$\{\{x_1\}, \{x_2, x_3, x_4, x_5, x_6\}\}$
新质心集合	$[[1,1],[5.2,3.2]]$

由于质心集合发生了更新进入第二次样本聚类如表 5-4-4 所示。

表 5-4-4 第二次样本聚类

样本编号	质心(1,1)的距离	质心(5.2,3.2)的距离	目标簇号
1:(1,1)	0	4.74	1
2:(2,2)	1.41	3.42	1
3:(3,1)	2	3.11	1
4:(6,4)	5.83	1.13	2
5:(7,5)	7.21	2.55	2
6:(8,4)	7.62	2.91	2

计算新的质心：

$$u_1=[(1+2+3)/3,(1+2+1)/3]=[2,1.33],$$
$$u_2=[(6+7+8)/3,(4+5+4)/3]=[7,4.33].$$

所以第二次样本聚类结果如表 5-4-5 所示。

表 5-4-5 第二次样本聚类结果

原来质心集合	$[[1,1],[5.2,3.2]]$
聚类结果	$\{\{x_1,x_2,x_3\},\{x_4,x_5,x_6\}\}$
新质心集合	$[[2,1.33],[7,4.33]]$

由于质心集合发生了更新进入第三次样本聚类,如表 5-4-6 所示。

表 5-4-6 第三次样本聚类

样本编号	质心(2,1.33)的距离	质心(7,4.33)的距离	目标簇号
1:(1,1)	1.05	6.86	1
2:(2,2)	0.67	5.52	1
3:(3,1)	1.05	5.21	1
4:(6,4)	4.81	1.05	2
5:(7,5)	6.20	0.67	2
6:(8,4)	6.57	1.05	2

计算新的质心：

$$u_1=[(1+2+3)/3,(1+2+1)/3]=[2,1.33],$$
$$u_2=[(6+7+8)/3,(4+5+4)/3]=[7,4.33].$$

所以第三次样本聚类结果如表 5-4-7 所示。

表 5-4-7　第三次样本聚类结果

原来质心集合	[[2,1.33],[7,4.33]]
聚类结果	$\{\{x_1,x_2,x_3\},\{x_4,x_5,x_6\}\}$
新质心集合	[[2,1.33],[7,4.33]]

由于第二次和第三次样本聚类后的质心集合未发生更新，所以算法结束，从而得到聚类结果为 $\{\{x_1,x_2,x_3\},\{x_4,x_5,x_6\}\}$。

聚类后的散点图如图 5-4-3 所示，其中★表示质心。

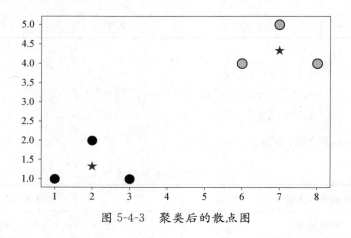

图 5-4-3　聚类后的散点图

3. scikit-learn 的 K-Means 算法

在 scikit-learn 中，与 K-Means 相关的类都在 sklearn. cluster 包中，其中最常用的是 sklearn. cluster. KMeans 类。更多相关信息可以在浏览器输入以下网址查看：https://scikit-learn. org/stable/modules/generated/sklearn. cluster. KMeans. htm。

（1）K-Means 构造函数

K-Means 构造函数的原型如下：**KMeans(n_clusters＝8,…).**

K-Means 类基本不需要调参，一般来说，只需要指定聚类簇的数量，即 n_clusters 的值即可。

（2）K-Means 类的主要属性

cluster_centers_：所有质心。

labels_：每一个数据点的标签值。

（3）K-Means 类的主要方法

对于 K-Means 类，常用的方法有：

· fit(X[,y,sample_weight])：用来计算数据样本 X 的 K-Means 聚类簇。

· fit_predict(X[,y,sample_weight])：返回每个数据对应的标签，并将标签值对应到相应的簇。

5.4.3 K-Means 综合实践

本节通过三个从简单到复杂的例子来说明 scikit-learn 中 K-Means 算法的应用。

例 5-4-1 利用 scikit-learn 的 K-Means 算法实现 5.4.2 节中的例子。

```
#(1) 导入库
import numpy as np
import matplotlib.pyplot as plt
from sklearn.cluster import KMeans

#(2) 生成样本数据
samples = np.array([[1,1],[2,2],[3,1],[6,4],[7,5],[8,4]])

#(3) 把样本数据显示在二维坐标上
plt.figure(figsize = (8,5),dpi = 144)
plt.scatter(samples[:,0],samples[:,1],s = 100)

#(4) 使用 KMeans 模型拟合
est = KMeans(n_clusters = 2)
est.fit(samples)

#(5) 将聚类结果利用散点图显示出来
labels = est.labels_
centers = est.cluster_centers_
fig = plt.figure(figsize = (8,5),dpi = 144)
plt.scatter(samples[:,0],samples[:,1],s = 100,c = labels.astype(float))
plt.scatter(centers[:,0],centers[:,1],s = 100,marker = '*')
plt.show()
```

上述程序的分段解释如下：

(1) 导入库

通过 import 导入 numpy 库用于生成样本，导入 matplotlib 库用于可视化图表，导入 sklearn.cluster 用于聚类。

(2) 生成样本数据

使用 numpy 库生成包含示例数据的 6 个样本数据，每个样本都是二维的。

(3) 把样本数据显示在二维坐标上

语句 plt.figure(figsize=(8,5),dpi=144)，创建画布，并设置图形的大小为 8 * 5 英寸，设

置图形每英寸的点数为 144 个。

语句 plt. scatter(samples[:,0],samples[:,1],s＝100)，以 samples 数据集的第 0 列和第 1 列数据作为两个维度，绘制散点图，并设置数据点标记大小为 100。

结果如图 5-4-4 所示。

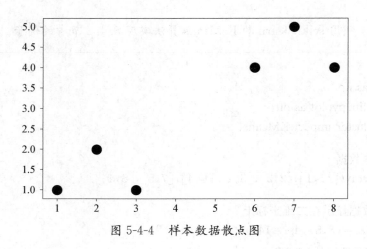

图 5-4-4　样本数据散点图

(4) 聚类训练

使用 K-Means 模型来拟合，设置聚类簇数为 2，并使用 fit()函数进行训练。

(5) 展示结果

绘制聚类结果和质心。

语句 plt. scatter(samples[:,0],samples[:,1],s＝100,c＝labels. astype(float))，以样本集 samples 为数据绘制散点图，设置数据点大小为 100，同时由于已经完成了聚类，数据点已具有类别，因此设置数据点颜色为其对应的标签值。

语句 plt. scatter(centers[:,0],centers[:,1],s＝100,marker＝'＊')，以质心为数据绘制散点图，并设置数据点大小为 100，形状为★。

结果如图 5-4-5 所示，可以看出六个样本点被聚成两类，★表示质心。

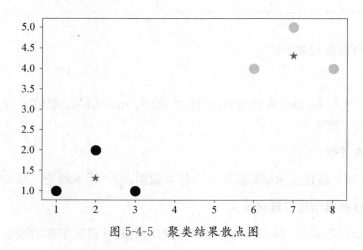

图 5-4-5　聚类结果散点图

例5-4-2　利用随机生成的一组样本数据进行聚类分析。

```
#(1) 导入库
from sklearn. datasets import make_blobs
import matplotlib. pyplot as plt
from sklearn. cluster import KMeans

#(2) 利用 scikit-learn 中的 make_blobs 函数生成样本数据集
X, y = make_blobs(n_samples = 1000, centers = 2)

#(3) 利用散点图的形式将样本数据展示出来
plt. figure(figsize = (8,5), dpi = 144)
plt. scatter(X[:,0], X[:,1], s = 50, edgecolor = 'k')
plt. show()

#(4) 使用 KMeans 模型拟合,聚类数设为 4。
kmean = KMeans(4)
kmean. fit(X)

#(5) 将聚类结果利用散点图显示出来
labels = kmean. labels_
centers = kmean. cluster_centers_
fig = plt. figure(figsize = (8,5), dpi = 144)
plt. scatter(X[:,0], X[:,1], c = labels. astype(int), s = 50, edgecolor = 'k')#显示聚类结果
plt. scatter(centers[:,0], centers[:,1], c = 'r', s = 100, marker = '*')#显示质心
plt. show()
```

上述程序的分段解释如下:

(1) 导入库

sklearn. datasets 用于生成样本数据,matplotlib 用于可视化图表,sklearn. cluster 用于聚类。

(2) 生成样本数据集

语句 X, y = make_blobs(n_samples = 1000, centers = 2),生成 1000 个样本、2 个中心点的样本数据集,并将生成的样本返回给 X 变量,标签返回给 y 变量。

(3) 把样本数据显示在二维坐标上

绘制散点图将样本数据显示在二维坐标上,以便直观地观察。

语句 plt. figure(figsize = (8,5), dpi = 144),创建画布,设置图形的大小为 8*5 英寸,设置图形每英寸的点数为 144 个。

语句 plt. scatter(X[:,0],X[:,1],s＝50,edgecolor＝'k')，以 X 数据集的第 0 列和第 1 列数据作为两个维度，绘制散点图，设置数据点标记大小为 50，同时为便于显示数据点设置数据点边缘为黑色。

结果如图 5-2-6 所示。

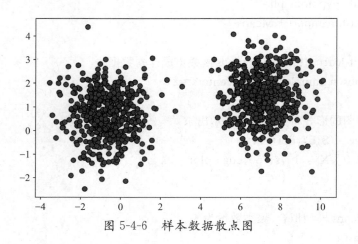

图 5-4-6　样本数据散点图

（4）聚类训练

使用 K-Means 模型来拟合，设置聚类簇数为 4，并使用 fit()函数训练模型。

（5）展示结果

将聚类结果和质心利用散点图显示出来。

语句 plt. scatter(X[:,0],X[:,1],c＝labels. astype(int),s＝50,edgecolor＝'k')，以 X 数据集的第 0 列和第 1 列数据作为两个维度，绘制散点图，根据聚类类别设置数据点的颜色，设置数据点标记大小为 50，设置数据点边缘为黑色。

语句 plt. scatter(centers[:,0],centers[:,1],c＝'r',s＝100,marker＝'*')，以质心为数据绘制散点图，并设置颜色为红色，大小为 100，形状为★。

结果如下图 5-2-7 所示，可以看出样本点被聚成 4 类，★表示质心。

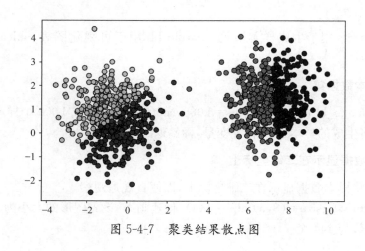

图 5-4-7　聚类结果散点图

例 5 - 4 - 3 利用 scikit-learn 的 K-Means 算法实现鸢尾花数据 Iris 的聚类操作。

```python
#（1）导入库
import matplotlib. pyplot as plt
from mpl_toolkits. mplot3d import Axes3D
from sklearn. cluster import KMeans
from sklearn import datasets
import numpy as np
plt. rcParams[' font. sans-serif '] = [' SimHei ']#避免中文出现乱码

#（2）导入 Iris 数据
iris = datasets. load_iris()#导入 iris 数据
X = iris. data

#（3）使用 KMeans 模型拟合,聚类数设为 3
est = KMeans(n_clusters = 3)
est. fit(X)

#（4）选取其中的三个维度,并显示其聚类结果
labels = est. labels_
fig = plt. figure(figsize = (8,5), dpi = 144)
ax = Axes3D(fig, elev = 48, azim = 134)
ax. scatter(X[:,3], X[:,0], X[:,2], c = labels. astype(float), edgecolor = ' k ')
ax. set_xlabel('花萼宽度')
ax. set_ylabel('萼片长度')
ax. set_zlabel('花瓣长度')
ax. set_title(' Iris 数据集的聚类展示')
ax. dist = 12
plt. show()
```

上述程序的分段解释如下：

(1) 导入库

sklearn. datasets 用于导入数据加载器,matplotlib 和 mpl_toolkits. mplot3d 用于可视化图表,sklearn. cluster 用于聚类。然后,设置 plt. rcParams[' font. sans-serif ']为[' SimHei '],避免中文出现乱码,为后续画图做好准备。

(2) 导入数据集

使用加载器读取数据并存入数据集变量 iris,然后将 iris 数据集的特征数据存入变量 X。

(3) 聚类训练

使用 K-Means 模型来拟合，设置聚类簇数为 3，并使用 fit()函数训练模型。

(4) 展示结果

将聚类结果利用散点图显示出来。

语句 ax＝Axes3D(fig,elev＝48,azim＝134)，创建 Axes3D 对象 ax，设置当前的图像为 fig，设置仰角为 48 度，设置方位角为 134 度。

语句 ax. scatter(X[:,3],X[:,0],X[:,2],c＝labels. astype(float),edgecolor＝' k ')，以 X 数据集的第 3 列、第 0 列和第 2 列数据（即花萼宽度、萼片长度和花瓣长度）作为坐标，绘制散点图，根据聚类类别设置数据点的颜色，设置数据点边缘为黑色。

语句 ax. set_xlabel('花萼宽度')、ax. set_ylabel('萼片长度')、ax. set_zlabel('花瓣长度')，分别设置三个坐标轴的名称。

语句 ax. set_title(' Iris 数据集的聚类展示')，设置了整个散点图的名称为"' Iris 数据集的聚类展示"。

语句 ax. dist＝12，设置了视角的观看距离。调整这个值，可以放大缩小图片。

结果如图 5-4-8 所示。

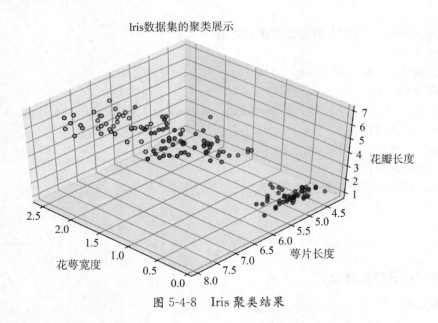

图 5-4-8　Iris 聚类结果

5.4.4　习题与实践

1. 简答题

(1) 聚类算法中常用的距离公式有哪几种？

(2) 衡量聚类算法性能的指标主要有哪几种？

（3）K-Means 算法结束算法迭代的条件通常有哪几种？

2. 实践题

（1）打开"配套资源\第 5 章\sy5 - 4 - 1. py"，补全程序，完成以下功能：利用 numpy 中的随机函数生成 500 个数据点，然后利用 sklearn 中的 KMeans 函数进行聚类分析，要求将聚类结果可视化表示出来。

提示：使用 numpy 中的随机函数 random. rand()生成 500 个数据点。

（2）打开"配套资源\第 5 章\sy5 - 4 - 2. py"，补全程序，完成以下功能：利用 sklearn 中的 make_bolbs()函数随机生成 200 个样本数据，样本数据特征数为 3 个，然后利用 sklearn 中的 KMeans()函数进行聚类分析，并将结果显示出来。

（3）打开"配套资源\第 5 章\sy5 - 4 - 3. py"，补全程序，完成以下功能：对 sklearn 中的鸢尾花数据进行聚类分析，聚类簇数可以设置为 2 至 5，并通过可视化聚类结果的办法，观察聚类簇数选择多少聚类效果比较好。

5.5 降维

在现实应用中，很多机器学习问题有上千维，甚至上万维的特征，这不仅影响了训练速度，甚至可能还会影响到解的质量。这种随着维数的增加，计算量呈指数倍增长的一种现象被称为维数灾难（curse of dimensionality）。幸运的是，理论上降低维度是可行的。比如手写数字MNIST 数据集中大部分的像素是白的，可以去掉这些特征。

5.5.1 降维基本概念

多维度样本无疑会为研究和应用提供丰富的信息，但也在一定程度上增加了数据采集和处理的工作量。此外，在多数情况下，许多维度之间可能存在相关性，从而增加了问题分析的复杂性，对分析带来不便。如果对每个指标分别进行分析，结论往往是孤立的，而不是综合的。而盲目减少指标也会损失很多信息，容易产生错误的结论。因此，需要找到一个合理的方法，在减少需要分析的指标同时，尽量减少信息的损失，以达到对所收集数据进行全面分析的目的。

降维算法就是一种对高维度数据的预处理方法，其主要特征是将数据从高维层次降低到低维层次。在这里，维度就是数据的特征数量，例如，房价包含房子的长、宽、面积与房间数量四个特征，也就是维度为 4。而实际上，面积＝长×宽，长与宽与面积表示的信息重叠了。通过降维算法，可以去除冗余信息，将特征减少为面积与房间数量两个特征，即从 4 维的数据压缩到 2 维。将数据从高维降低到低维，不仅有利于表示，同时在计算上也能带来加速。

总的来说，降维算法主要有两个方面的作用：

● 压缩数据，从而提升机器学习其他算法的效率。通过降维算法，可以将具有几千个特征的数据压缩至几个或几十个特征，使得数据集更易使用，也降低了算法的计算开销，去除了噪声。

● 数据可视化，一般当维数大于 3 时，人们很难通过图像直观观察，但通过降维可解决这个问题，比如将 5 维的数据压缩至 2 维，人们就可以使用二维平面来描述了。

下面通过一个简单的例子进行说明。如图 5-5-1 所示，横坐标 x_1 的单位为"千克"，纵坐标 x_2 的单位为"磅"。可以发现，虽然是两个变量，但它们传递的信息是一致的，即重量。所以只需要选取其中一个就能保留原始的意义，把 2 维的数据压缩成 1 维，那么图 5-5-1 就可降维为图 5-5-2 所示的一条直线。

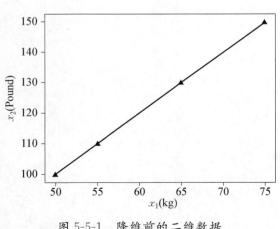

图 5-5-1　降维前的二维数据

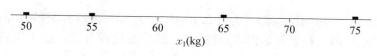

图 5-5-2　降维后的一维数据

类似地可以把 n 维数据转化为 k 维$(k<n)$，这就是降维。

常用的降维的方法有很多，其中最具代表性的就是主成分分析（Principal Component Analysis，PCA）算法。除此之外，还有线性判别分析（Linear Discriminant Analysis，LDA）、多维标度分析（Multidimensional Scaling，MDS）、局部线性嵌入（Locally Linear Embedding，LLE）等。本节将通过 PCA 算法介绍降维算法的实现方法。

5.5.2　PCA 降维算法

1. PCA 算法概述

PCA（Principal Component Analysis，主成分分析）是一种使用最广泛的降维算法，也是最基本的无监督降维算法。

PCA 的主要思想是将 n 维特征映射到 k 维上，这 k 维特征是在原有 n 维特征的基础上重新构造出来的新的正交特征，因此也被称为主成分。所谓正交是指两个向量的夹角为 90 度，对于三维空间来说，正交可以简单地理解为垂直。也就是说，PCA 将一系列可能相关联的高维变量，减少为一系列被称为主成分的低维度的线形无关的合成变量，并且要使得数据的主要信息保留下来。

一个二维数据集可以通过把点投影到一个一维低维度子空间来减少维度，这样，数据集中的每一个实例会由单个值来表示而不是一对值；一个三维数据集可以通过把变量投影到一个平面上来降低到二维。一般来说，一个 n 维数据集可以通过投影到一个 k 维子空间来进行降维$(k<n)$。

先看最简单的情况，也就是将数据从二维降到一维$(n=2,k=1)$，数据如图 5-5-3 的左图所示。我们希望找到一个维度方向，它可以代表着两个维度的数据。图 5-5-3 的右图中列了两个向量，u_1 和 u_2，那么哪个向量可以更好地代表原始数据集呢？

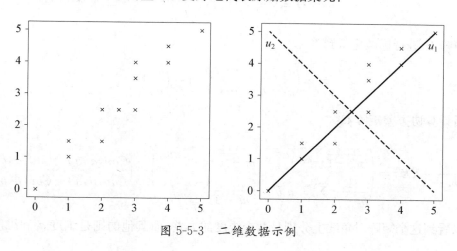

图 5-5-3　二维数据示例

从直观上可以看出，u_1 比 u_2 好。为什么 u_1 比 u_2 好呢？可以有两种解释，第一种解释是样本点离 u_1 比较近，第二种解释是样本点在 u_1 上的投影比较分散。接下来将基于最大投影方差对 PCA 算法进行介绍。

我们希望投影后的数据尽可能分散，因为如果有重叠的话就意味着有样本重合。统计中的方差（样本方差）是每个样本值与全体样本值的平均数之差的平方值的平均数。方差是衡量一组数据分散程度的度量指标，方差越大，说明数据波动性越大，方差越小，说明数据波动性越小。

假设有一个维度为 a 的一维样本集，a_i 为第 i 个样本的值，μ 为样本的平均值，m 为样本的个数，那么该样本的方差可表示为：

$$Var = \frac{1}{m-1}\sum_{i=1}^{m}(a_i - \mu)^2,$$

在一维空间中，可以用方差来表示一组数据的分散程度。而对于高维数据，可以用协方差进行约束，协方差可以表示两组数据的相关性，在这里用来衡量维度之间的相关性。为了让两个不同维度尽可能表示更多的原始信息，它们之间就不能存在线性相关性，因为相关性意味着两组维度不是完全独立的，必然存在重复表示的信息。

二维样本集中维度 a 上的数据与维度 b 上的数据的协方差可以表示为：

$$Cov(a,b) = \frac{1}{m-1}\sum_{i=1}^{m}(a_i - \mu_a)(b_i - \mu_b).$$

其中，a_i 为第 i 个样本在维度 a 上的值，b_i 为第 i 个样本在维度 b 上的值，μ_a 为维度 a 上数据的平均值，μ_b 为维度 b 上数据的平均值，m 为样本的个数。由公式可以看出，当维度 a 就是维度 b 时，协方差也就变成了方差。

至此，将一组 n 维数据降为 k 维，其目标是选择 k 个单位向量组成的正交向量组，使得原始数据变化到这组向量组上后，各维度数据两两间协方差为 0，而投影后的方差则尽可能大。可以看到，最终要达到的目的与方差及各维度数据间的协方差有密切关系，两者需要统一表示。仔细观察发现，两者均可以表示为内积的形式，而内积又与矩阵相乘密切相关。

这里假设样本只有 a 和 b 两个维度，将它们按行组成矩阵 D：

$$D = \begin{pmatrix} a_1 & a_2 & \cdots & a_m \\ b_1 & b_2 & \cdots & b_m \end{pmatrix}.$$

将矩阵 D 进行标准化得到 X：

$$X = \begin{pmatrix} a_1 & a_2 & \cdots & a_m \\ b_1 & b_2 & \cdots & b_m \end{pmatrix} - \begin{pmatrix} \mu_a \\ \mu_b \end{pmatrix}.$$

然后计算协方差矩阵 C：

$$C = \frac{1}{m-1}XX^T = \begin{pmatrix} \frac{1}{m-1}\sum_{i=1}^{m}a_i^2 & \frac{1}{m-1}\sum_{i=1}^{m}a_i b_i \\ \frac{1}{m-1}\sum_{i=1}^{m}a_i b_i & \frac{1}{m-1}\sum_{i=1}^{m}b_i^2 \end{pmatrix} = \begin{pmatrix} Cov(a,a) & Cov(a,b) \\ Cov(b,a) & Cov(b,b) \end{pmatrix}.$$

可以看到这个矩阵对角线上分别是两个维度的方差，而其他的则是维度 a 和维度 b 的协方差。两者被统一到了一个矩阵里。

C 是一个对称矩阵,使用特征值分解可以得到:

$$C = Q^{\mathrm{T}} \Lambda Q.$$

其中 Q 是正交矩阵,Λ 是对角矩阵,其对角线上的元素为对应的特征值。将特征值排序,取出最大的 k 个特征值对应的特征向量组成矩阵 P,将 P 的转置矩阵与标准化后矩阵 X 作矩阵乘,即得到降至 k 维的新数据矩阵。

2. PCA 算法流程

(1) PCA 算法的流程

PCA 算法流程如图 5-5-4 所示。

输入:n 维样本集 $D = (x^{(1)}, x^{(2)}, x^{(3)}, \cdots, x^{(m)})$,要降维到的维数 k。

输出:降维后的样本集 D'。

① 对所有的样本进行标准化得到矩阵 X;

② 计算标准化后矩阵 X 的协方差矩阵 C;

③ 对矩阵 C 进行特征值分解 $C = Q^{\mathrm{T}} \Lambda Q$;

④ 取出最大的 k 个特征值对应的特征向量,组成特征向量矩阵 P;

⑤ 计算并输出新的样本集 $D' = P^{\mathrm{T}} X$。

(2) PCA 算法的执行过程

下面以一个简单的数据集来演示 PCA 的计算过程。

假设存在一个二维样本集如表 5-5-1 所示,包含 5 行数据,每行有两个维度。

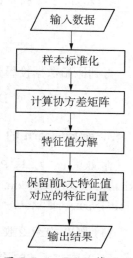

图 5-5-4　PCA 算法流程图

表 5-5-1　二维样本集

维度 1	维度 2
100	150
200	450
300	560
400	750
500	1 100

表示成矩阵形式即为:

$$D = \begin{bmatrix} 100 & 200 & 300 & 400 & 500 \\ 150 & 450 & 560 & 750 & 1\,100 \end{bmatrix}.$$

将矩阵标准化:

$$X = \begin{bmatrix} 100 & 200 & 300 & 400 & 500 \\ 150 & 450 & 560 & 750 & 1100 \end{bmatrix} - \begin{bmatrix} 300 \\ 602 \end{bmatrix} = \begin{bmatrix} -200 & -100 & 0 & 100 & 200 \\ -452 & -152 & -42 & 148 & 498 \end{bmatrix}.$$

计算协方差矩阵：

$$C = \frac{1}{4} X X^T = \begin{bmatrix} 25\,000 & 55\,000 \\ 55\,000 & 124\,770 \end{bmatrix}.$$

对协方差矩阵进行特征值分解：

$$C = Q^T \Lambda Q = \begin{bmatrix} -0.914\,3 & 0.405\,1 \\ 0.405\,1 & 0.914\,3 \end{bmatrix} \times \begin{bmatrix} 632 & 0 \\ 0 & 149\,138 \end{bmatrix} \times \begin{bmatrix} -0.914\,3 & 0.405\,1 \\ 0.405\,1 & 0.914\,3 \end{bmatrix}.$$

取最大的 k 个特征值对应的特征向量 P_k，这里我们取 $k=1$，

$$P_k = \begin{bmatrix} 0.405\,1 \\ 0.914\,3 \end{bmatrix}.$$

得到原始数据投影到 k 维空间，得到降维后的数据：

$$D' = P_k^T X = \begin{bmatrix} -494 & -179 & -38 & 176 & 536 \end{bmatrix}.$$

3. scikit-learn 的 PCA 算法相关

在 sklearn 中，与 PCA 相关的类都在 sklearn. decomposition 包中，其中最常用的就是 sklearn. decomposition. PCA 类，更多相关信息可以在浏览器中输入以下网址查看：https://scikit-learn. org/stable/modules/generated/sklearn. decomposition. PCA. html。

(1) PCA 构造函数

PCA 构造函数的原型如下：**PCA(n_components＝None, …).**
PCA 类基本不需要调参，一般来说，只需要指定降维的维度即可。

- n_components：指定 PCA 算法中需要保留的主成分个数 n。类型为 int 或者 string，缺省时默认为 None，即所有成分均被保留。比如 n_components＝1，代表将原始数据降到一个维度。

(2) PCA 类的主要属性

对于 PCA 类，常用属性主要有：
- components_：返回具有最大方差的成分。
- n_components_：返回所保留的主成分的个数。
- explained_variance_：降维后各主成分的方差值，方差值越大，则说明该主成分越重要。
- explained_variance_ratio_：降维后各主成分的方差值占总方差值的比例，这个比例越大，则说明该主成分越重要。

(3) PCA 类的主要方法

对于 PCA 类，常用方法主要有：
- fit(X)：用数据 X 来训练 PCA 模型。
- fit_transform(X)：用 X 来训练 PCA 模型，同时返回降维后的数据。
- transform(X)：将数据 X 转换成降维后的数据，当模型训练好后，对于新输入的数据也

可以用该方法来降维。

5.5.3 PCA 综合实例

例 5 - 5 - 1 使用 PCA 算法对鸢尾花数据集降至二维并可视化展示。

任选其中三个特征做可视化时，数据集在三维空间的分布如图 5-5-5 所示。可以看到无论选取哪三个特征都很难展现数据集的特点，也对分析数据造成了很大的困难。请使用 sklearn 库的 PCA 方法对鸢尾花数据集进行降维。

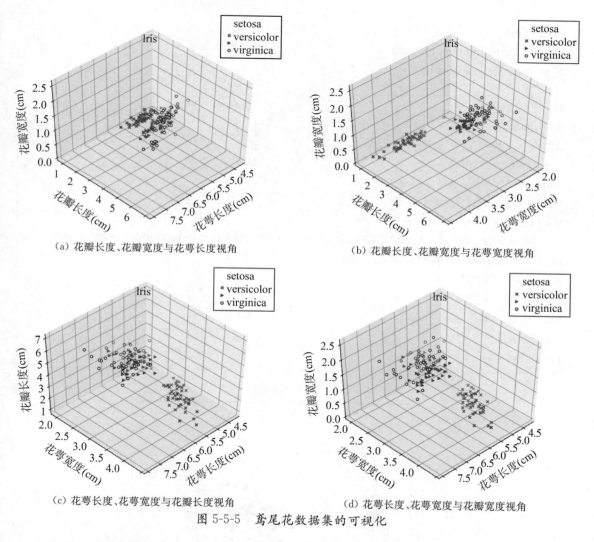

图 5-5-5　鸢尾花数据集的可视化

程序实现代码如下：

```
#(1) 导入库
import matplotlib.pyplot as plt
from sklearn.datasets import load_iris
```

```
from sklearn.decomposition import PCA
plt.rcParams['font.sans-serif'] = ['SimHei']    #避免中文出现乱码
plt.rcParams['axes.unicode_minus'] = False

#（2）导入数据集
iris = load_iris()
X = iris.data
y = iris.target

#（3）降维
pca = PCA(n_components = 2)
X_p = pca.fit_transform(X)

#（4）输出图像
plt.figure()
colors = 'rgw'
edge_colors = 'rgb'
marker = 'x>o'
label = iris.target_names
for i in range(3):
    plt.scatter(X_p[y == i,0], X_p[y == i,1], c = colors[i], edgecolors = edge_colors[i],
marker = marker[i], label = label[i])
plt.xlabel('维度1')
plt.ylabel('维度2')
plt.title('鸢尾花')
plt.legend()
plt.show()
```

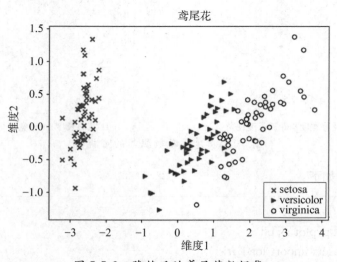

图 5-5-6　降维后的鸢尾花数据集

上述程序的分段解释如下：

（1）导入库

matplotlib 用于可视化图表，sklearn 用于加载数据，sklearn. decomposition. PCA 用于降维。

（2）导入数据集

这里需要的是 iris 鸢尾花数据集，使用加载器读取并存入数据集变量 iris。

分别将鸢尾花数据集的特征值矩阵和分类数组存入变量 X、y，iris. data 是鸢尾花数据集的特征值矩阵，iris. target 是鸢尾花的分类数组，在这里用 0、1、2 分别代表' setosa '、' versicolor '、' virginica '这三个类别。

（3）降维

首先指定目标降维的维度 n_components＝2，然后再使用 fit_transform（）得到降维后的数据 X_p，在这里 X_p 是一个具有两维特征的矩阵。

（4）输出图像

语句 plt. scatter（X_p[y==i,0]，X_p[y==i,1]，c＝colors[i]，edgecolors＝edge_colors[i]，marker＝marker[i]，label＝label[i]）用来绘制有不同形状和颜色绘点的散点图。由于降维后的矩阵与降维前矩阵的数据一一对应，所以 y 仍然是 X_p 对应下标的分类属性，利用循环绘制每个类别的图像，（X_p[y==i,0]，X_p[y==i,1]）是所有类别为 i 的坐标，color 是绘点的填充颜色，edgecolors 是绘点的轮廓颜色，marker 是绘点的图案。

如图 5-5-6 所示，横轴和纵轴分别是选取的二维空间，图中不同形状的点就是将原数据降至该平面的投影。可以看到，通过降维三类数据几乎完全分开，也就是说 PCA 取得了较好的效果。

例 5-5-2　手写字数据集降维拟合示例。

降维带来的好处除了可视化以外，另一个很重要的作用就是提高计算速度。本例对手写字数据集 digits 进行 KNN 分类，并观测降维前后对 KNN 拟合与预测的性能差异。

首先导入 digits 数据集，然后将数据集分割，分成 25％测试数据和 75％训练数据。接着将训练数据扩展 128（2^7）倍，这一步是为了得到更大的数据集使得应用 KNN 算法时间差更明显。然后对训练数据集进行 KNN 分类拟合并对测试数据进行预测，计算拟合与预测时间并展示预测效果。将原始数据使用 PCA 方法降维后重复上述步骤，分割数据集、扩展训练数据并进行 KNN 分类拟合和预测。

程序实现代码如下：

```
#（1）导入库
from sklearn import datasets
from sklearn. decomposition import PCA
from sklearn. neighbors import KNeighborsClassifier
from sklearn. metrics import classification_report
from sklearn. model_selection import train_test_split
import numpy as np
```

```
import time

#（2）导入数据集
digits = datasets. load_digits()
X = digits. data
y = digits. target

#（3）分割数据并扩展训练数据
X_train, X_test, y_train, y_test = train_test_split(X, y, test_size = 0.25, random_state = 33)
for i in np. arange(7):
    X_train = np. vstack((X_train, X_train))
    y_train = np. hstack((y_train, y_train))
print(X_train. shape)
print(y_train. shape)

#（4）计算降维前使用 KNN 算法训练耗时及性能
knc = KNeighborsClassifier()
ticks = time. time()
knc. fit(X_train, y_train)
y_predict = knc. predict(X_test)
print('降维前耗时:', time. time()-ticks,' s ')
print(classification_report(y_test, y_predict))

#（5）降维
pca = PCA(n_components = 10)
X_p = pca. fit_transform(X)

#（6）分割降维后的数据并扩展训练数据
X_train, X_test, y_train, y_test = train_test_split(X_p, y, test_size = 0.25, random_state = 33)
for i in np. arange(7):
    X_train = np. vstack((X_train, X_train))
    y_train = np. hstack((y_train, y_train))
print(X_train. shape)
print(y_train. shape)

#（7）计算降维后使用 KNN 算法训练耗时及性能
ticks = time. time()
knc. fit(X_train, y_train)
y_predict = knc. predict(X_test)
print('降维后耗时:', time. time()-ticks,' s ')
print(classification_report(y_test, y_predict))
```

上述程序的分段解释如下：

(1) 导入库

matplotlib 用于可视化图表，sklearn. datasets 用于导入数据加载器，sklearn. decomposition. PCA 用于降维，sklearn. model_selection. train_test_split 用于分割数据，sklearn. metrics. classification_report 用于分析预测结果。

(2) 导入数据集

使用加载器读取数据并存入变量 digits，将手写字数据集的特征数据存入变量 X，分类数据存入变量 y。

(3) 分割降维前的数据集

语句 X_train，X_test，y_train，y_test＝train_test_split(X_p，y，test_size＝0.25，random_state＝33)用来分割数据，射者随机种子 random_state＝33，采样 25％的数据作为测试集，分别存入 X_train、X_test、y_train、y_test 作为训练集特征、测试集特征、训练集标签、测试集标签。

由于该数据集本身数据量较小，对性能要求不高，这里通过 numpy 库的 vstack(沿着竖直方向堆叠)和 hstack(沿着水平方向堆叠)方法将矩阵扩。例如 X_train 矩阵由语句 X_train＝np. vstack((X_train，X_train))扩展，X_train 矩阵是数据集的特征矩阵，每一列代表一个特征，所以要扩大数据量需要对 X_train 矩阵沿竖直方向扩展。这里共循环 7 次，每次将矩阵沿着竖直或水平方向扩展一倍，扩展后的数组为原来的 2^7 倍。运行结果如下：

```
(172416,64)
```

(4) 计算降维前使用 KNN 算法的耗时及性能

语句 ticks＝time. time()用于获取当前时间的时间戳并赋值给变量 ticks，然后利用 KNN 进行分类拟合，完成预测并展示性能。

语句 y_predict＝knc. predict(X_test)用于对测试集进行预测并将预测结果存储在 y_predict 中。

语句 classification_report(y_test，y_predict)比较测试集标签和预测结果，计算并展示了各个分类预测的精确度、召回率等。运行结果如下：

降维前耗时：4.058503866195679 s

	precision	recall	f1-score	support
0	1.00	1.00	1.00	35
1	0.95	1.00	0.97	54
2	1.00	1.00	1.00	44
3	1.00	1.00	1.00	46
4	1.00	1.00	1.00	35
5	1.00	0.98	0.99	48
6	0.98	1.00	0.99	51

	precision	recall	f1-score	support
7	1.00	1.00	1.00	35
8	0.98	0.95	0.96	58
9	0.98	0.95	0.97	44
accuracy			0.99	450
macro avg	0.99	0.99	0.99	450
weighted avg	0.99	0.99	0.99	450

(5) 降维

指定目标降维的维度 n_components=10,然后再使用 fit_transform()得到降维后的数据 X_p。

(6) 计算降维后使用 KNN 算法耗时

重复步骤(3)和(4),对降维后的数据进行分割、拟合并输出预测性能分析。运行结果如下。

```
(172416,10)
降维后耗时:2.252 459 049 224 853 5 s
```

	precision	recall	f1-score	support
0	1.00	1.00	1.00	35
1	0.98	1.00	0.99	54
2	1.00	1.00	1.00	44
3	1.00	1.00	1.00	46
4	1.00	0.94	0.97	35
5	0.98	0.94	0.96	48
6	0.98	1.00	0.99	51
7	1.00	1.00	1.00	35
8	0.98	0.97	0.97	58
9	0.87	0.93	0.90	44
accuracy			0.98	450
macro avg	0.98	0.98	0.98	450
weighted avg	0.98	0.98	0.98	450

以上实验表明,在降维前后 KNN 算法的 accuracy 由 0.99 变为 0.98,相差不大,但耗时大大减少,从 4.06 秒降至 2.25 秒。从而我们可以看出,降维能很好提高 KNN 算法的性能。

5.5.4　习题与实践

1. 简答题

(1) 降维的主要动机是什么? 有哪些负面影响?

(2) PCA 可以用来给高维度非线形数据集降维吗?

（3）如何在你的数据集上评估降维算法的性能？

（4）降维中涉及的投影矩阵通常要求是正交的。试述正交、非正交投影矩阵用于降维的优缺点。

2. 实践题

（1）打开"配套资源\第 5 章\sy5-5-1.py"，补全程序，完成以下功能：波士顿数据集共有506 条数据，13 个特征，基本不可能从图像上进行分析。请使用 sklearn 的 PCA 方法对该数据集进行降维，将降维后各主成分方差值占总方差值的比例可视化，如图 5-5-7 所示。并尝试分析，对该数据集降至几维比较合适。

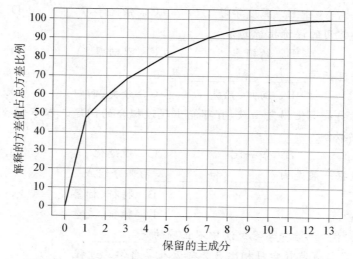

图 5-5-7　降维后各主成分方差值占总方差值的比例

提示：
- 导入数据集后，需要对数据集进行标准化；
- 接着对标准化后的数据进行降维，要分析降到各个主成分的方差所占比例，在降维时可以保留所有主成分，即保留 13 维。降维后，pca. explained_variance_ratio_ 属性中包含各个主成分的方差值占总方差的比例。

（2）打开"配套资源\第 5 章\sy5-5-2.py"，补全程序，完成以下功能：请使用 sklearn 中的 PCA 方法将葡萄酒数据集降至 2 维并可视化展示。

提示：葡萄酒数据集使用 load_wine()。

（3）打开"配套资源\第 5 章\sy5-5-3.py"，补全程序，完成以下功能：请将葡萄酒数据集扩展 1024(2^{10}) 倍后使用 K-Means 算法对其进行聚类，然后将扩展后的数据集降至 2 维后再次使用 K-Means 算法进行聚类，比较降维前后 K-Means 算法的时间差，并将降维后的聚类结果可视化展示。

5.6　综合练习

5.6.1　选择题

1. _____是人工智能的重要分支，是实现人工智能的重要方法。
   - A．机器学习
   - B．深度学习
   - C．强化学习
   - D．神经网络

2. 以下不是分类常用的评价指标的是_____。
   - A．准确率
   - B．精确率
   - C．召回率
   - D．均方误差

3. 监督学习主要包括了_____和_____两类。
   - A．分类、降维
   - B．回归、聚类
   - C．分类、回归
   - D．聚类、降维

4. 在训练模型时要最小化损失函数，有可能出现过拟合的问题。以下哪项数据处理方式可以防止模型过拟合_____。
   - A．正则化
   - B．归一化
   - C．规范化
   - D．标准化

5. 机器学习的数据一般是由_____和_____两部分组成。
   - A．结构、标签
   - B．特征、标签
   - C．结构、流量
   - D．特征、流量

6. 下列关于有监督和无监督学习说法中不正确的是_____。
   - A．无监督学习与有监督学习相比更加接近人类自学的过程
   - B．有监督学习训练数据的获得需要专业人士进行标注
   - C．K-Means 是一种监督学习算法
   - D．K 近邻算法是一种监督学习算法

7. 下面哪个情形可以作为 K-Means 迭代终止的条件_____。
   - A．前后两次迭代中，计算时间不再改变
   - B．前后两次迭代中，每个聚类的质心不再改变
   - C．前后两次迭代中，每个聚类中样本的数量不变
   - D．迭代达到指定的迭代次数

8. 下列关于机器学习描述正确的是_____。
   - A．分类和聚类都是有监督的学习
   - B．分类和聚类都是无监督的学习
   - C．分类是有监督的学习，聚类是无监督的学习
   - D．分类是无监督的学习，聚类是有监督的学习

9. K-Means 算法要求输入的数据类型必须是_____。
   - A．整型
   - B．数值型
   - C．字符型
   - D．逻辑型

10. 当不知道数据所带标签时，可以使用哪种技术促使带同类标签的数据与带其他标签的数

据相分离_____。

 A．分类   B．聚类   C．关联分析   D．隐马尔可夫链

11. 假设某类簇包含了数据点 $[(1,2),(3,4),(5,3)]$，则该类簇的质心为_____。

 A．(1,2)   B．(3,4)   C．(5,6)   D．(3,3)

12. K-means 聚类算法属于_____算法。

 A．基于划分的聚类   B．基于密度的聚类

 C．基于分层的聚类   D．基于模型的聚类

13. 当给定一定量已标记类别的训练数据，对于某个未知类别的数据点时，可以使用哪种技术来确定该数据点的类别_____。

 A．分类   B．聚类   C．关联分析   D．隐马尔可夫链

14. 对于类 sklearn. neighbors. KNeighborsClassifier，利用_____方法可以实现某个数据点类别的预测。

 A．fit()   B．predict()

 C．KNeighborsClassifier() D．Kmeans()

15. 下列关于 KNN 算法描述正确的是_____。

 A．KNN 分类的结果与 K 值无关

 B．KNN 分类的结果随着 K 值的增大而更加准确

 C．KNN 分类的结果随着 K 值的增大而更加不准确

 D．KNN 算法需要事先确定 K 值

16. 以下应用场景不属于分类的是_____。

 A．垃圾邮件自动识别处理

 B．将未知种类水果划分到不同类

 C．今日头条新闻推荐

 D．京东商场商品自动推荐

17. 下列有关 scikit-learn 里的 KNN 算法描述正确的是_____。

 A．调用 KneighborsClassifier 类需要大量、反复地调参

 B．KneighborsClassifier 中 n_neighbors 用于指定降维的维度

 C．KneighborsClassifier 默认使用计算机中所有的线程

 D．KneighborsClassifier 默认使用欧式距离

18. 以下有关 KMeans 聚类和 KNN 分类算法，描述准确的是_____。

 A．KMeans 聚类和 KNN 分类算法中使用的距离公式是不一样的

 B．KMeans 聚类和 KNN 分类都是有监督学习算法

 C．KMeans 聚类和 KNN 分类都是无监督学习算法

 D．KMeans 聚类和 KNN 分类都只能处理数值型数据

19. 下列说法中正确的是_____。

 A．任何两个变量都具有相关关系

 B．人的知识与其年龄具有相关关系

 C．散点图中的各点是分散的没有规律

 D．根据散点图求得的回归直线方程都是有意义的

20. 一位母亲记录了儿子 3～9 岁的身高(cm)，由此建立的身高与年龄的回归方程为 $y=73+$

7.2x，据此预测这个孩子 10 岁时的身高，下列描述正确的是_____。

    A. 身高一定是 145 cm   B. 身高超过 145 cm

    C. 身高低于 145 cm   D. 身高在 145 cm 左右

21. 工人月工资 y（元）依劳动生产率 x（千元）变化的回归方程为 $y=60+90x$，下列判断正确的是_____。

    A. 劳动生产率为 1000 元时，工资为 50 元

    B. 劳动生产率提高 1000 元时，工资提高 150 元

    C. 劳动生产率提高 1000 元时，工资提高 90 元

    D. 劳动生产率为 1000 元时，工资为 90 元

22. 回归（Regression）这一术语最初由英国统计学家_____引入。

    A. 高尔顿   B. 图灵   C. 布尔   D. 高斯

23. 以下_____模块中实现了大量的线性回归模型。

    A. linear_model   B. numpy

    C. pandas   D. matplotlib

24. LinearRegression 对象的主要方法中，用来拟合线性模型，即将训练集数据放入模型进行训练的方法是_____。

    A. fit   B. get_params

    C. predict   D. set_params

25. _____研究一个或多个因变量（$Y_1, Y_2, \cdots, Y_i$）与另一个或多个自变量（$X_1, X_2, \cdots, X_k$）之间的依存关系，用自变量的值来估计或预测因变量的总体平均值。

    A. 回归   B. 聚类   C. 分类   D. 降维

26. 以下哪种操作对于减少数据集的维度会更好_____。

    A. 删除缺少值太多的列   B. 删除数据差异较大的列

    C. 删除不同数据趋势的列   D. 以上都不是

27. 下列不属于降维算法的是_____。

    A. PCA   B. LLE   C. MDS   D. K-Means

28. PCA 是最常用的降维算法，以下有关 PCA 算法描述错误的是_____。

    A. PCA 是一种无监督的方法   B. 所有主成分彼此正交

    C. 主成分数量小于等于特征数量   D. 选择向量时，投影后方差越小越好

29. 降维的作用不包括_____。

    A. 压缩数据   B. 数据可视化

    C. 减少数据类别   D. 减少冗余数据

30. 以下对降维的描述错误的是_____。

    A. 降维后的特征往往无意义   B. 降维后的维度越少越好

    C. 降维可能导致部分信息丢失   D. 降维可以加速后续的训练算法

31. 使用 scikit-learn 中的 PCA 方法降维时，指定降维维度的参数是_____。

    A. n_components   B. copy

    C. whiten   D. svd_solve

5.6.2　是非题

1. 机器学习一般可以分为监督学习、无监督学习、半监督学习和强化学习四类。

2. 回归主要评价指标有平均绝对误差、均方误差和均方根误差等。

3. 训练集是训练机器学习算法的数据集，验证集是用来评估经训练后的模型性能的数据集，测试集是用来微调模型超参数的数据集。

4. 已知坐标轴中两点 A(2，−2)、B(−1，2)，这两点的欧式距离为 7。

5. 聚类分析是建立一种分类方法，它将一批样本或变量按照它们在性质上的相似性进行科学的分类。

6. 聚类分析中，对于"相似"的描述是基于数据描述属性的取值来确定的，常常用距离来表示。

7. 分类是一种无监督学习算法。

8. 分类算法常见的性能指标有混淆矩阵、准确率、精确率、召回率和 F1 分数等。

9. KNN 分类算法返回前 k 个点出现频率最高的类别作为当前点的预测分类。

10. 在比较两个模型的拟合效果时，甲、乙两个模型的相关指数 R 的值分别约为 0.96 和 0.85，则拟合效果较好的模型是乙。

11. 当自变量个数为 1 时称为一元回归，当自变量个数大于 1 时称为多重回归。

12. 线性回归方程 $y=bx+a$ 中 a 和 b 为模型的未知参数，此处 a 还称为截距。

13. 对于线性回归，如果预测的变量是离散的或定性的，称其为分类；如果预测的变量是连续的或定量的，则称其为回归。

14. 逻辑回归是一种广义线性模型。尽管也叫回归，但它用于分类而不是用于回归。

15. 在人工智能研究中，聚类通常属于非监督学习，而回归属于强化学习。

16. PCA 算法的主要思想是将 n 维特征映射到 k 维上，这 k 维特征是在原有 n 维特征的基础上重新构造出来的全新的正交特征，也被称为主成分。

17. 经典的降维算法有 PCA、LDA、KNN、LLE 等。

18. 通过降维算法将数据从高维压缩至低维，不仅可以去除冗余信息，还能加速计算。

5.6.3　综合实践

1. 打开"配套资源\第 5 章\sy5-6-1.py"，补全程序，完成以下功能：给定预测数据集和真实数据集，计算回归模型性能评价指标平均绝对误差、均方误差、决定系数。

2. 打开"配套资源\第 5 章\sy5-6-2.py"，补全程序，完成以下功能：完成 sklearn 中手写数字的聚类分析。
提示：利用 load_digits() 导入数据集，需要对数据集进行标准化；利用 sklearn 中的 PCA 函数对数据集进行降维，然后再对降维后的数据进行聚类分析。聚类类簇数设为 10。

3. 打开"配套资源\第 5 章\sy5-6-3.py"，补全程序，完成以下功能：针对 sklearn 中乳腺癌数据进行分类分析与预测。
提示：利用 load_breast_caner() 导入数据集

4. 打开"配套资源\第 5 章\sy5-6-4.py"，补全程序，完成以下功能：针对以下数据集，编程训练一个日均学习时间和成绩关系的线性回归模型，请基于该模型进行预测，输出日均学习时间为 2 小时的学生的成绩。要求写出代码以及运行结果。

日均学习时间 X	3	4	5	6	7	8	9	10	11	12
成绩 Y	50	50	60	70	80	88	85	90	85	90

5. 打开"配套资源\第 5 章\sy5 - 6 - 5.py"，补全程序，完成以下功能：某出租公司出租车的使用年限 x 和该年支出维修费用 y（万元）数据如下：

出租车使用年限 x	2	3	4	5	6
该年支出维修费用 y	2.2	3.8	5.5	6.5	7

（1）求线性回归方程；

（2）根据以上回归的结果，预测第 10 年所支出的维修费用

6. 打开"配套资源\第 5 章\sy5 - 6 - 6.py"，补全程序，完成以下功能：请使用 scikit-learn 中的 PCA 方法将手写数字数据集 digits 降至 2 维，并可视化展示降维后的数据集。

本章小结

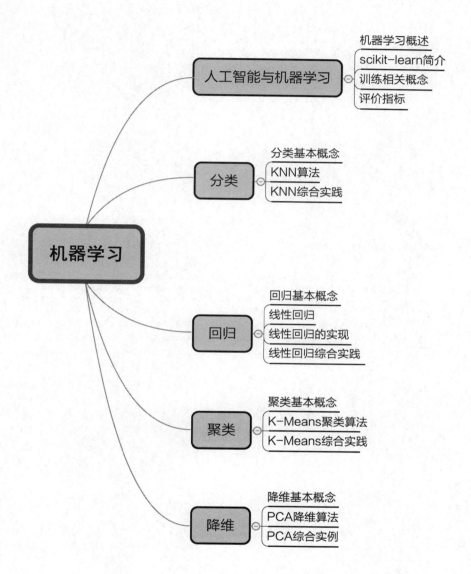

## PART 06

第6章 深度学习

<本章概要>

深度学习是机器学习领域中一个重要的热门研究方向,近年来在计算机视觉、机器翻译、语音识别等领域取得了令人瞩目的成绩,突破了传统机器学习的瓶颈。深度学习的兴起极大地推动了人工智能的发展。本章首先通过 TensorFlow 游乐场进行了可视化的神经网络模型搭建,并介绍了深度学习的基本概念,然后以图像分类问题为主线,由浅入深、循序渐进地介绍了简单神经网络,以及卷积神经网络的基础知识和实现方法。

<学习目标>

通过本章学习,要求达到以下目标:

1. 了解深度学习的基本概念。
2. 了解数字图像的基本知识。
3. 了解神经网络的基本原理。
4. 掌握神经网络的实现方法。
5. 了解卷积神经网络的基本知识。
6. 掌握卷积神经网络模型的搭建和使用方法。

6.1 TensorFlow 游乐场

TensorFlow 游乐场由谷歌公司开发，是一款通过浏览器进行神经网络训练的图形化在线工具，支持训练过程和结果的可视化展示。通过对网页浏览器的简单操作，用户针对不同的数据按照自己的想法训练神经网络，训练过程和结果可以直接图像化形式显示出来，获得直观的感性体验，更加容易理解神经网络的训练流程和复杂原理。在介绍神经网络和深度学习的基本原理和代码实现之前，先体验一下 TensorFlow 游乐场。

6.1.1 TensorFlow 游乐场简介

在浏览器中输入网址 http://playground.tensorflow.org，打开如图 6-1-1 所示 TensorFlow 游乐场的主页。页面中主要包括 DATA（数据）、FEATURES（特征）、HIDDEN LAYERS（隐藏层）、OUTPUT（输出）和参数设置五个区域。

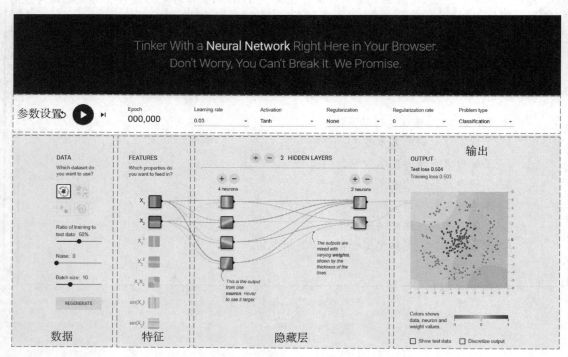

图 6-1-1　Tensorflow 游乐场首页

(1) DATA 区域

DATA 区域中提供了四种不同类型的数据，分别为圆形、异或、高斯和螺旋。其中每个点代表一个样例，不同的颜色代表不同类别，因为解决的是二分类问题，所以只有橙色和蓝色两种。在 TensorFlow 游乐场中橙色一般代表负值,蓝色代表正值,还提供了用于数据微调的按键:训练集与测试集的比例,噪声和批次的大小。

(2) FEATURES 区域

FEATURES 区域中主要提供了 X_1、X_2、X_1^2、X_2^2、X_1X_2、$\sin(X_1)$ 和 $\sin(X_2)$ 七种特征,每种特征对应不同的数据分布特征。

(3) HIDDEN LAYERS 区域

HIDDEN LAYERS 区域可以设置隐藏层的层数和每个隐藏层的节点(神经元)数目。层与层之间的连线粗细表明权重值的大小,橙色代表权值为负值,蓝色代表正值。一般隐藏层层数和节点数越多,分类效果越好。

(4) 参数设置区域

参数设置区域中可以设置 Epoch(训练次数)、Learning rate(学习率)、Activation(激活函数)、Regularization(正则化)、Regularization rate(正则化率)和 Problem type(问题类型)。部分设置解释如下:

- 学习率,是梯度下降算法的超参数,人为设置的;
- 激活函数,默认为非线性函数的 Tanh,需要线性激活函数时选择 Linear 函数;
- 问题类型,分为预测结果为离散型数据的分类问题和预测结果为连续型数据的回归问题两种。

(5) OUTPUT 区域

OUTPUT 区域中可以动态实时显示训练的当前情况。

6.1.2　TensorFlow 游乐场实例

在 TensorFlow 游乐场的分类实例中,神经网络的任务是对输入的数据特征通过多个隐藏层的相互作用获得可以划分数据中两类的分界线。因此对于不同的数据可以设计不同的神经网络模型来进行处理。

1. 不同数据的训练结果对比

对于圆形数据,利用 X_1、X_2 两种特征,通过设计一个包含四个节点隐藏层和两节点隐藏层总共两隐藏层的神经网络模型,经过 648 次训练周期,测试误差维持在 0.003,从输出结果可以看到取得了很好的分类效果,如图 6-1-2 所示。

但同样的神经网络模型结构对于螺旋型数据却无法取较好的分类效果,即使经过了 1 057 次训练,测试误差仍然维持在 0.433 的水平,即接近一半的数据未被正确分类,如图 6-1-3 所示。

2. 针对复杂数据的改善方法

对于类似螺旋型这样复杂的数据,想获得更好的分类效果,可以通过以下两种不同的途径来解决:增加输入特征的数量,增加隐藏层的层数和每层神经元的数目。

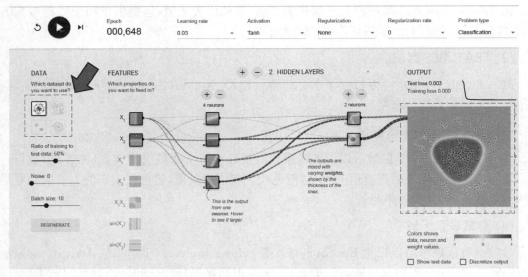

图 6-1-2　圆形数据的分类结果

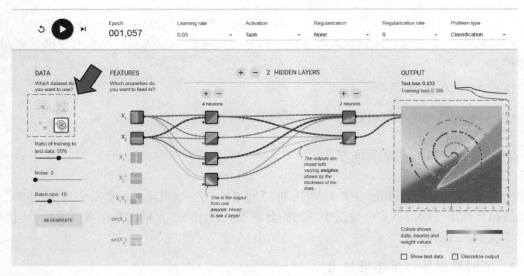

图 6-1-3　螺旋型数据的分类结果

（1）增加输入特征的数量

第一种方法是通过增加输入特征属性数目增强其分类效果。如图 6-1-4 所示，除了 X_1、X_2 两种属性外，再添加了 X_1^2、X_2^2、X_1X_2、$\sin(X_1)$ 和 $\sin(X_2)$ 五种数据作为输入特征，在经过 1022 次训练之后，测试误差维持在 0.071 的较低水平，从输出的结果来看绝大部分数据都被正确分类。为增强对比效果，在此处刻意去除了包含 2 个节点的隐藏层。

（2）增加隐藏层的层数和每层神经元的数目

但在大部分的实际应用中，很难找到更多合理的表现数据内在特性的属性特征，因此可以采用增加神经网络隐藏层层数和隐藏层节点数目的方法来进一步学习数据自身特性，从而取

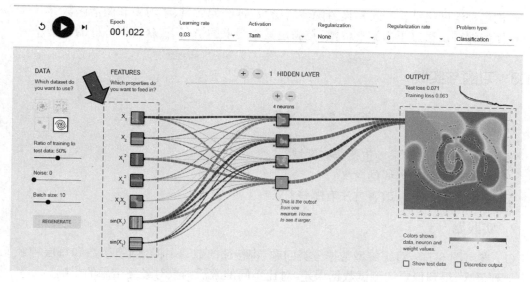

图 6-1-4　特征数量增加的分类结果

得较好的分类效果。如图 6-1-5 所示，依然保持 X_1 和 X_2 两种特征作为输入，但隐藏层增加到三层，每层八个节点，经过 1795 次迭代，测试数据误差维持在 0.144 的较低水平，取得了较好的分类效果。这也是神经网络的优势所在，对于有限的输入特征数据，只需要增加足够多隐藏层和神经元数目，不需经过人为干预，神经网络就可以训练出符合要求的模型并计算出令人满意的预测结果。

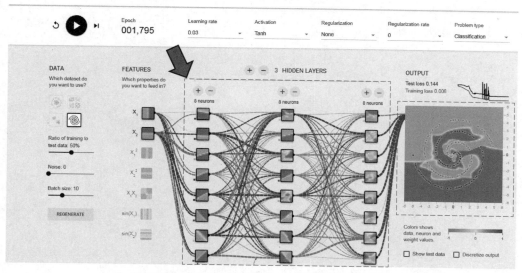

图 6-1-5　隐藏层和每层节点增加的分类结果

综上所述，神经网络处理分类问题的一般步骤为：

● 选取特征属性作为输入数据。比如本例中的 X_1、X_2、X_1^2、X_2^2、$X_1 X_2$、$\sin(X_1)$ 和 $\sin(X_2)$ 这七种属性。

- 构建神经网络结构。包括设置隐藏层层数，神经元数目、学习率和激活函数等。
- 模型训练。通过不断调整参数，在满足具体要求的情况下，获得训练好的模型。

6.1.3 习题与实践

1. 简答题

（1）TensorFlow 游乐场包括哪些区域？

（2）层与层之间的连线的含义？

（3）针对复杂数据的改善方法有哪些？

2. 实践题

（1）参考图 6-1-5，对螺旋型数据分类问题，将特征的数目、神经网络层数和每层神经元个数增加到最大，得到稳定的测试数据误差，对比不同的激活函数对最终结果的影响。

（2）参考图 6-1-5，任意修改神经元之间的权重值，比较调整前后的分类效果，调整学习率，了解其对模型训练的影响。

（3）打开 TensorFlow 游乐场主页，并对 plane 数据以默认设置进行回归分析，并尝试修改 DATA（数据）区域的数据微调按键，观察对最终结果的影响，同样在默认设置下修改参数设置区域的参数，观察对最终结果的影响。

6.2 神经网络基本原理

在上一节中,我们通过 TensorFlow 游乐场交互式体验了神经网络的基本处理过程,发现复杂的神经网络是由大量的节点(神经元)联结构成。本节将介绍 TensorFlow 游乐场背后的基本原理,首先介绍神经元模型,然后介绍感知器的基本概念,最后介绍神经网络的训练过程。

6.2.1 神经元与感知器

1. 神经元模型

人类大脑中包含了数量巨大的神经元,神经元之间通过神经元的树突和轴突来传递信息,前一个神经元的轴突和后一个神经元的树突构成突触,当传导的生物电信号在突触超过临界值时,该信号将会向下传送。对某项知识学习次数越多,相关神经回路上的神经元传导信息的效率会越高。因此,通过模拟生物学的神经元,人工神经元的数学模型如图 6-2-1 所示:

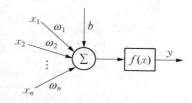

图 6-2-1 神经元模型

该模型的数学表达式为:

$$y = f\left(\sum_{i=1}^{n} \omega_i x_i + b\right).$$

其中,$x_i (i=1,2,\cdots,n)$ 表示第 i 个输入信号;$\omega_i (i=1,2,\cdots,n)$ 表示第 i 个输入信号的权重;b 表示偏差(bias),用以增强神经元的数据拟合能力;f 表示激活函数(activation function);y 为最终的输出结果。

2. 激活函数

当神经元模型中无激活函数 f 时,输出结果只是相当于输入结果的线性组合,这样其表达能力不强,无法解决异或问题,因此通过引入激活函数 f 来实现神经元的非线性计算,从而增强其表达能力,神经网络中常用的激活函数有 Sigmoid 函数、tanh 函数和 ReLU 函数等。

- **Sigmoid 函数**

Sigmoid 函数的计算公式和函数图形如下:

$$f(x) = \frac{1}{1 + e^{-x}}.$$

Sigmoid 函数将输入的 x 值映射到 0～1 之间:
- 当 $x=0$ 时,$f(x)=0.5$;

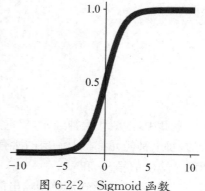

图 6-2-2 Sigmoid 函数

- 当 $x>0$ 时，$f(x)>0.5$，$f(x)$ 伴随着 x 值的增大而增大，并最终接近于 1；
- 当 $x<0$ 时，$f(x)<0.5$，$f(x)$ 伴随着 x 值的减小而减小，并最终接近于 0。

但该函数并非以坐标原点为中心，当远离坐标原点时，$f(x)$ 的梯度会非常小，接近于零，从而出现梯度弥散现象，不利于神经网络模型中权重的更新。

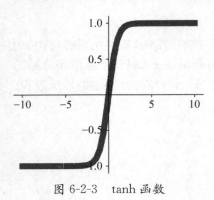

图 6-2-3　tanh 函数

- **tanh 函数**

tanh 函数的计算公式和函数图形如下：

$$f(x)=\frac{e^x-e^{-x}}{e^x+e^{-x}}.$$

tanh 函数是双曲正切函数，与 Sigmoid 函数的图形类似，不同之处是 tanh 函数的值域为 $(-1,1)$，函数是以坐标原点为中心。tanh 函数作为隐藏层的激活函数要比 Sigmoid 函数效果好一些，而对于二分类问题输出层一般选择 Sigmoid 函数，因为 Sigmoid 函数的取值范围为 $(0,1)$，可以理解为计算分类的概率。

- **ReLU 函数**

ReLU 函数的计算公式和函数图形如下：

$$f(x)=\max(0,x).$$

ReLU 函数是一种分段函数：

- 当 $x>0$ 时，$f(x)=x$；
- 当 $x\leqslant 0$ 时，$f(x)=0$。

当 $x>0$ 时，$f(x)$ 的梯度恒为 1，不仅增强了神经网络的梯度下降法的运算速度，还克服了 tanh 函数和 Sigmoid 函数在远离原点位置的梯度弥散问题，这也是 ReLU 函数的一大特点。

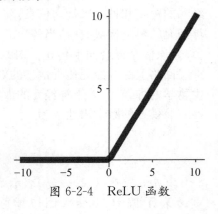

图 6-2-4　ReLU 函数

3. 感知器模型

感知器模型是由多个神经元构成的单层前馈神经网络，其结构如图 6-2-5 所示。

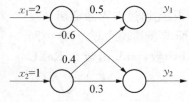

图 6-2-5　单层感知器模型

其中，圆圈代表神经元，权重数值表示神经元之间的连接关系，同层神经元之间是不连接的，每个神经元都与上一层的所有神经元相连接。该感知器模型包含两个输入信号 x_1 和 x_2、两个输出信号 y_1 和 y_2。

图 6-2-5 中感知器模型输出信号 y_1 和 y_2 根据神经元模型的数学表达式计算的结果为：

$$y_1 = f(2 \times 0.5 + 1 \times 0.4) = f(1.4),$$
$$y_2 = f(2 \times (-0.6) + 1 \times 0.3) = f(-0.9).$$

然后,再通过选择的激活函数 $f(x)$,计算 y_1 和 y_2 的最终结果。

6.2.2　BP 神经网络

BP(Back Propagation)神经网络指的是多层前馈神经网络,其结构如图 6-2-6 所示:

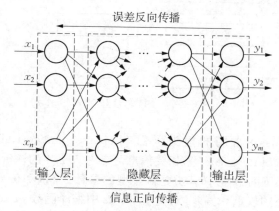

图 6-2-6　BP 神经网络结构

若 BP 神经网络总共有 k 层,则第一层为输入层(Input Layer),第 k 层为输出层(Output Layer),其他中间各层统称为隐藏层(Hidden Layer)。假设输入为 $(x_1, \cdots, x_n)$,总共 n 个信号,即输入层有 n 个神经元。经过 $k-2$ 个隐藏层,得到输出层 $(y_1, \cdots, y_m)$,总共 m 个输出信号,即输出层总共有 m 个神经元。那么 BP 神经网络可以看作是从 n 个输入信号到 m 个输出信号的非线性映射。因此,如何基于 BP 神经网络结构和给定带有标签的数据训练出一个人工神经网络模型(即得到神经网络合适的权重和偏差项参数),满足 BP 神经网络的输出结果与标签一致,才是我们需要重点解决的问题。

误差反向传播(Error Back Propagation)算法,简称 BP 算法,是训练人工神经网络常用也是非常有效的算法,核心思想是通过误差值对神经网络模型的参数进行动态调整。参考图 6-2-6 的 BP 神经网络结构,该方法是由正向传播和反向传播两次传播方法组成:

- 正向传播:输入信号通过输入层进入网络,顺序经过每个隐藏层,最后产生出输出信号(预测值);
- 反向传播:根据正向传播后得到的误差值(预测值与真实值之差),从输出层经过隐藏层最终直到输入层反向传播更新神经网络模型中的参数,利用梯度下降法动态的调整各层神经元参数后使损失函数最小。

因此,BP 算法是一种监督学习的算法,完整流程图如图 6-2-7 所示。

- 输入数据集,包括特征和标签两部分:特征值用于神经网络模型的训练,标签值(真实值)用于损失函数计算误差值。
- 损失函数,利用模型的预测值和数据集的真实值计算误差值,对应于 Keras 中编译函数 model. compile(optimizer = ' adam ', **loss** = ' sparse_ categorical_ crossentropy ', metrics =

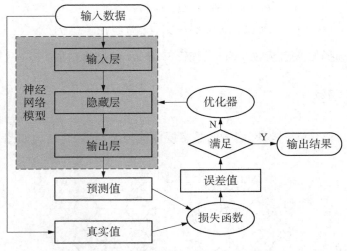

图 6-2-7　BP 算法流程图

['accuracy']）的参数 loss。常用的损失函数有 sparse_categorical_crossentropy、mean_squared_error、mean_absolute_error 等，相关信息可参考 5.1.4 的评价指标。

● 优化器，在模型训练的过程中不断更新模型的参数（权重和偏差），从而使得误差值最小，并获得使误差值最小的权重和偏差，对应于 Keras 中编译函数 model.compile(**optimizer**='adam',loss='sparse_categorical_crossentropy',metrics=['accuracy']）的参数 optimizer。常用的优化器包括 SGD、Adam、RMSprop 等，一般来说，深度学习中推荐使用 Adam 优化器。

6.2.3　习题与实践

1. 简答题

（1）神经网络中常用的激活函数有哪些？

（2）Sigmoid 函数和 tanh 函数作为激活函数的优缺点？

（3）ReLU 函数作为激活函数比 Sigmoid 函数的优势？

（4）为什么说 BP 算法是一种监督学习的算法。

2. 实践题

（1）利用下图的感知器模型，其中激活函数记为 $f()$，计算输出结果 y_1 和 y_2。

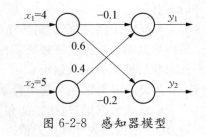

图 6-2-8　感知器模型

6.3　神经网络构建

前面我们直观体验了神经网络的设计和训练过程,并了解了神经网络的基本原理。本节将介绍如何在个人计算机上实现神经网络模型的构建和训练。本节首先介绍在 Windows 系统下基于 Anaconda3(64 - bit)安装 TensorFlow,然后介绍如何构建一个简单的深度学习模型,最后展示几种针对该深度学习模型的优化方法。

6.3.1　TensorFlow 简介

在进行构建神经网络之前,需要选择一个合适的深度学习框架,以便于后续的学习和研究。当前主流的深度学习框架有 TensorFlow、Keras、PaddlePaddle、PyTorch、Caffe 等。其中,TensorFlow 是谷歌公司开发的一个开源机器学习平台,可以高效地在 CPU、GPU 或 TPU 上执行张量计算,方便用户开发和训练机器学习模型。Keras 是一个对用户友好、用 Python 编写的高度模块化的神经网络库,并可以采用 TensorFlow、CNTK 或 Theano 作为后端对深度学习进行底层运算。我们选择在 TensorFlow 的平台上利用 Keras 神经网络库进行深度学习的实现。随着 TensorFlow 2.0 的推出,Keras 作为其高阶 API 已经集成其中,因此,我们在搭建深度学习环境时,只需要安装 TensorFlow 2.0 即可。访问 TensorFlow 官网(https://tensorflow. google. cn)可以获取更多帮助。

(1) 安装 TensorFlow

以管理员身份运行 Anaconda Prompt,输入如下代码进行安装:

```
pip install tensorflow
```

安装完成后显示的最后界面如图 6-3-1 所下。

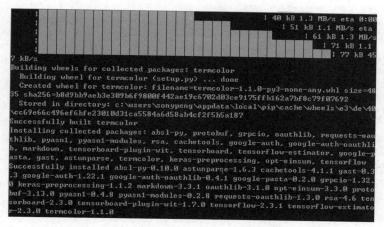

图 6-3-1　TensorFlow 2.0 安装完成界面

（2）查看版本信息

然后打开 Jupyter Notebook（Anaconda3），新建一个 Python 3 的 Notebook，输入如下代码检验 TensorFlow 是否安装成功并显示 TensorFlow 和 Keras 的版本信息。Jupyter Notebook 是一个基于网页的方便用户交互的应用程序，可以在网页直接编写并运行代码，代码运行结果会在代码块下面直接显示（如图 6-3-2 所示），方便深度学习的参数调整和结果显示，因此本章程序采用 Jupyter Notebook 进行运行和测试，关于 Jupyter Notebook 的使用可参见教材 2.4.5 节。

例 6-3-1 查看 TensorFlow 和 Keras 的版本信息。

```
#导入 tensorflow
import tensorflow as tf

#打印 tensorflow 的版本信息
print(' tf version:', tf.__version__)

#打印 keras 的版本信息
print(' keras version:', tf.keras.__version__)
```

上述代码的输出结果如下：

```
tf version:2.3.1
keras version:2.4.0
```

由此可以看出已经成功安装了 TensorFlow 2.3.1 版本、Keras 2.4.0 版本。

图 6-3-2 展示了例 6-3-1 在 Jupyter Notebook 运行结果。

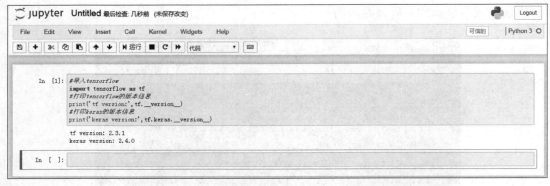

图 6-3-2　例 6-3-1 程序在 Jupyter Notebook 运行结果

6.3.2 一个简单的神经网络模型

Keras 是 TensorFlow 2.0 的高阶 API,可以只用几行代码就能方便快速地构建神经网络模型。Keras 的核心数据结构是 model(模型),用以组织网络层,其中最简单的模型是 Sequential 模型(序贯模型)。通过对 Sequential 模型进行简单的网络层线性堆叠,就可以构建出卷积神经网络(CNN)、循环神经网络(RNN)等复杂的神经网络模型。

利用 Keras 构建神经网络模型时,主要步骤为:载入数据、数据预处理、构建 Sequential 模型、利用 compile 函数进行编译、利用 fit 函数训练模型、模型的评估和对新数据的预测。

例 6-3-2 利用 Keras 构建神经网络模型,对 Fashion MNIST 数据集进行分类。Fashion MNIST 数据集由大小为 28×28、分为 10 个类别的 70 000 张灰色图像组成,其中 60 000 张训练集图像,以及 10 000 张测试集图像,类别标签与图像所表示的服装类别对应关系如表 6-3-1 所示。

表 6-3-1　类别标签与服装类的对应关系

标签	0	1	2	3	4	5	6	7	8	9
Description	T-shirt/top	Trouser	Pullover	Dress	Coat	Sandal	Shirt	Sneaker	Bag	Ankle boot
描述	T恤/上衣	裤子	套头衫	连衣裙	外套	凉鞋	衬衫	运动鞋	包	短靴

1. 分类 Fashion MNIST 数据集的简单版

利用 Keras 构建神经网络模型分类 Fashion MNIST 数据集的简单版程序(fl6-3-2-1)如下。

```
#(1) 导入 TensorFlow
import tensorflow as tf

#(2) 载入 Fashion-MNIST 数据集
fashion_mnist = tf. keras. datasets. fashion_mnist
(X_train,y_train),(X_test,y_test) = fashion_mnist. load_data()

#(3) 利用 reshape 函数转换数字图像
X_train_reshape = X_train. reshape(X_train. shape[0],28 * 28)
X_test_reshape = X_test. reshape(X_test. shape[0],28 * 28)

#(4) 归一化数字图像
X_train_norm,X_test_norm = X_train_reshape/255.0,X_test_reshape/255.0

#(5) 构建 Sequential 模型
```

```
model = tf. keras. models. Sequential([
    tf. keras. layers. Dense(50, input_dim = 28 * 28, activation = ' relu ', name = ' Hidden '),
    tf. keras. layers. Dense(10, activation = ' softmax ', name = ' Output ')
])

#(6) 模型编译
model. compile(optimizer = ' adam ',
                loss = ' sparse_categorical_crossentropy ',
                metrics = [' accuracy '])

#(7) 模型训练
model. fit(X_train_norm, y_train, epochs = 10)

#(8) 模型评估
model. evaluate(X_test_norm, y_test, verbose = 1)

#(9) 模型预测
prediction = model. predict_classes(X_test_norm)
```

上述程序的分段解释如下：

(1) 导入 TensorFlow

通过 import 导入 TensorFlow 库，由于 Keras 已经集成到 TensorFlow 2.0 里，此处就不需要再额外导入 Keras 库。

(2) 载入 Fashion-MNIST 数据集

Keras 提供了常用的 7 个数据集：Fashion-MNIST、CIFAR10、CIFAR100、MNIST、boston_housing、IMDB、Reuters，利用类似的方法可以载入相关数据集，调用格式如下：

$$(X\_train, y\_train), (X\_test, y\_test) = tf. keras. datasets. datasets\_name. load\_data()$$

其中，X_train 和 y_train 分别代表训练集的特征和标签，X_test 和 y_test 分别代表测试集的特征和标签。载入的数据集存储在本地数据集文件夹 C:\Users\用户名\.keras\datasets 下，如图 6-3-3 所示。

首次载入数据集时，如果文件夹下没有相关数据集，程序会自动下载，可能花费较久时间，因此可以将"配套资源\第 6 章\datasets\fashion-mnist"复制到该文件夹下，避免额外的数据集载入时间。

在载入数据集之后，一般首先要对数据集进行探索，以便后续的数据处理和模型训练。补充如下相关知识。

- 显示训练集、测试集的结构信息

通过如下代码可对训练集、测试集的结构信息进行显示。

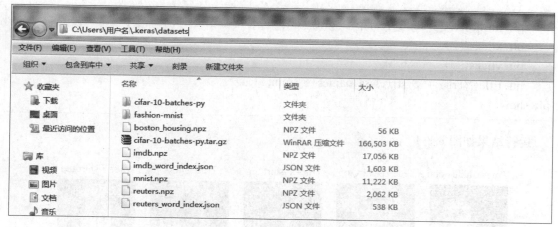

图 6-3-3　载入数据集的存储位置

```
print(' The shape of train data = ', X_train. shape)
print(' The shape of y_train：', y_train. shape)
print(' The shape of test data = ', X_test. shape)
print(' The shape of y_test：', y_test. shape)
```

运行结果如下所示。

```
The shape of train data = (60 000,28,28)
The shape of y_train：(60 000,)
The shape of test data = (10 000,28,28)
The shape of y_test：(10 000,)
```

该结果与题目中关于 Fashion-MNIST 数据集的描述一致。
* 对图像与类别标签进行映射
通过如下代码，按表 6-3-1 规定，对图像与类别标签进行映射，以便后续绘图和预测。

```
class_names = [' T-shirt/top ',' Trouser ',' Pullover ',' Dress ',' Coat ',
               ' Sandal ',' Shirt ',' Sneaker ',' Bag ',' Ankle boot ']
```

* 显示训练集的图像和相应的标签
可以结合上述映射表 class_names，查看训练集的数据特征和标签，并找出图像与类别标签的对应关系。通过如下代码，显示训练集的前 20 个图像和相应的标签。

```
import matplotlib. pyplot as plt
plt. figure(figsize = (10,9))
num = 20
for i in range(0,num)：
    plt. subplot(4,5,i + 1)
```

```
    plt. imshow(X_train[i], cmap = ' gray ')
    plt. xticks([])
    plt. yticks([])
    plt. title("True = " + str(class_names[y_train[i]]))
plt. show()
```

运行结果如图 6-3-4 所示。

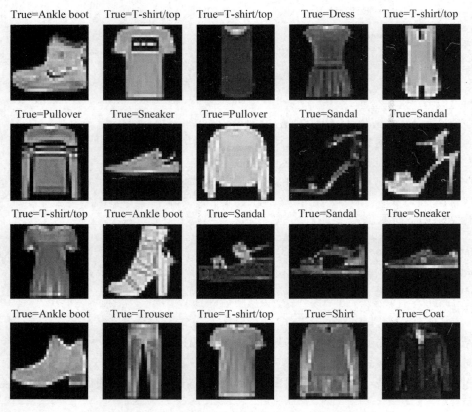

图 6-3-4 Fashion-MNIST 训练集的前 20 个图像和标签

利用 plt. subplot(nrows, ncols, index) 函数进行子图绘制。其中，nrows 表示行数；ncols 表示列数；index 表示索引值。比如本例的 plt. subplot(4,5,i+1) 表示绘制 4 行 5 列总共二十个子图的 i+1 个子图。

• 显示训练集的单幅图像和其表示的内容

通过如下代码，显示训练集的第 2 个图像和其表示的内容。

```
plt. figure()
plt. imshow(X_train[1], cmap = ' gray ')
plt. show()
print(X_train[1])
```

运行结果如图 6-3-5 和图 6-3-6 所示。

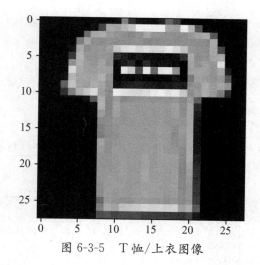

图 6-3-5 T恤/上衣图像

```
[[   0   0   0   0   0   1   0   0   0   0  41 188 103  54  48  43  87 168
  133  16   0   0   0   0   0   0   0   0]
 [   0   0   0   1   0   0   0  49 136 219 216 228 236 255 255 255 255 217
  215 254 231 160  45   0   0   0   0   0]
 [   0   0   0   0   0  14 176 222 224 212 203 198 196 200 215 204 202 201
  201 201 209 218 224 164   0   0   0   0]
 [   0   0   0   0   0   0 188 219 200 198 202 198 199 199 201 196 198 198 200
  200 200 200 201 200 225  41   0   0   0]
 [   0   0   0   0  51 219 199 203 203 212 238 248 250 245 249 246 247 252
  248 235 207 203 203 222 140   0   0   0]
 [   0   0   0   0 116 226 206 204 207 204 101  75  47  73  48  50  45  51
   63 113 222 202 206 220 224   0   0   0]
 [   0   0   0   0 200 222 209 203 215 200   0  70  98   0 103  59  68  71
   49   0 219 206 214 210 250  38   0   0]
 [   0   0   0   0 247 218 212 210 215 214   0 254 243 139 255 174 251 255
  205   0 215 217 214 208 220  95   0   0]
 [   0   0   0  45 226 214 214 215 224 205   0  42  35  60  16  17  12  13
   70   0 189 216 212 206 212 156   0   0]
```

图 6-3-6 T恤/上衣的内容信息

(3) 利用 reshape 函数转换数字图像

由图 6-3-5 和图 6-3-6 可知,图像的尺寸为 28×28。图 6-3-6 中每个数值代表图像灰度值的大小,0 代表黑色,255 代表白色。为了进行后续模型训练,本步利用 reshape 函数将二维图像(28×28)数据转换为一维向量(784)。

以下补充介绍,如何查看经过 reshape 转换之后训练集和测试集的形状。

• 显示 reshape 转换后数据信息

```
print(' The shape of train reshape data = ',X_train_reshape. shape)
print(' The shape of y_train:',y_train. shape)
print(' The shape of test reshape data = ',X_test_reshape. shape)
print(' The shape of y_train:',y_test. shape)
```

运行结果如下所示：

```
The shape of train reshape data = (60000,784)
The shape of y_train:(60000,)
The shape of test reshape data = (10000,784)
The shape of y_train:(10000,)
```

(4) 归一化数字图像

由图 6-3-6 可知，T 恤/上衣的像素值分布范围是 0～255，可以简单的通过同除以 255 来实现归一化。归一化之后 T 恤/上衣图像结果如图 6-3-7 所示。

```
[0.         0.         0.         0.         0.         0.00392157
 0.         0.         0.         0.         0.16078431 0.7372549
 0.40392157 0.21176471 0.18823529 0.16862745 0.34117647 0.65882353
 0.52156863 0.0627451  0.         0.         0.         0.
 0.         0.         0.         0.         0.         0.
 0.         0.00392157 0.         0.         0.         0.19215686
 0.53333333 0.85882353 0.84705882 0.89411765 0.9254902  1.
 1.         1.         1.         0.85098039 0.84313725 0.99607843
 0.90588235 0.62745098 0.17647059 0.         0.         0.
 0.         0.05490196 0.69019608 0.87058824 0.87843137 0.83137255
 0.79607843 0.77647059 0.76862745 0.78431373 0.84313725 0.8
 0.79215686 0.78823529 0.78823529 0.78823529 0.81960784 0.85490196
 0.87843137 0.64313725 0.         0.         0.         0.
 0.         0.         0.         0.         0.         0.7372549
 0.85882353 0.78431373 0.77647059 0.79215686 0.77647059 0.78039216
 0.78039216 0.78823529 0.76862745 0.77647059 0.77647059 0.78431373
 0.78431373 0.78431373 0.78431373 0.78823529 0.78431373 0.88235294
 0.16078431 0.
```

图 6-3-7 归一化之后 T 恤/上衣的内容

(5) 构建 Sequential 模型

本步利用 Sequential 模型简单地线性堆叠网络层来构建神经网络模型。

实际上，通过 model. add() 也可以实现相同的功能，补充相关如下。

● 通过 model. add() 构建 Sequential 模型

```
model = tf. keras. models. Sequential()
model. add(tf. keras. layers. Dense(50, input_dim = 28 * 28, activation = ' relu ', name = ' Hidden '))
model. add(tf. keras. layers. Dense(10, activation = ' softmax ', name = ' Output '))
```

① 实例化一个 Sequential 模型，后续的网络层将通过 model. add() 来进行线性堆叠。

② 利用 model. add() 函数，将"输入层"和"隐藏层"添加到模型中。相关参数解释如下：

◆ 50：表示"隐藏层"的神经元个数为 50 个；

◆ input_dim=28×28：表示"输入层"的神经元个数为 28×28＝784 个，此时数字图像已经通过 reshape 函数将 28×28 的二维图像数据转换为 784 的一维向量；

　　◆ activation='relu'：表示该层的激活函数为 relu 函数；

　　◆ name='Hidden'：表示命名隐藏层为"Hidden"，方便后续的打印模型摘要。

　　③ 利用 model. add()函数，将"输出层"添加到模型。相关参数解释如下：

　　◆ 10：表示"输出层"的神经元个数为 10，因为 Fashion-MNIST 数据集分为 10 类，所以输出层的 10 个神经元对应 0 到 9 这 10 个类别；

　　◆ activation='softmax'：表示该层的激活函数为 softmax 函数，多分类问题我们一般采用 softmax 函数；

　　◆ name='Output'：表示命名输出层为"Output"，方便后续的打印模型摘要。

　　● 观察模型概况

　　模型构建完成之后，可以通过如下代码来打印模型概况。

```
print(model. summary())
```

　　运行结果如下所示：

Layer(type)	Output Shape	Param#
==		
Hidden(Dense)	（None,50）	39 250
Output(Dense)	（None,10）	510
==		

Total params:39,760
Trainable params:39,760
Non-trainable params:0

None

　　该神经网络的模型图如图 6-3-8 所示。

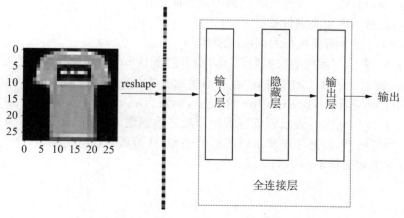

图 6-3-8　例 6－3－2 的模型图

Hidden 层参数数目计算方法：输入层的神经元为 784，隐藏层神经元个数为 50，其中隐藏层的每个神经元还包括一个偏差项（bias），因此隐藏层参数总数目为：

$$Hidden\_Param = 784 \times 50 + 50 = 39\,250.$$

Output 层参数数目计算方法：隐藏层神经元为 50，输出层神经元个数为 10，包含 10 个偏差项，所以由隐藏层全连接到输出层的权重参数数目为 $50 \times 10 = 500$，总参数数目为：

$$Output\_Param = 50 \times 10 + 10 = 510.$$

所以 Total params 和 Trainable params 参数总数目为 Hidden_Param 和 Output_Param 之和：

$$39\,250 + 510 = 39\,760.$$

(6) 模型编译

该段代码主要利用 model. compile() 函数实现模型的编译，在构建模型完成之后，必须对模型进行编译之后才可以训练模型。相关参数解释如下：

- optimizer=' adam '：表示使用 adam 作为模型的优化器，可以让模型快速收敛并提高准确率；
- loss=' sparse_categorical_crossentropy '：表示使用 crossentropy（交叉熵）作为损失函数；
- metrics=[' accuracy ']：表示使用准确率来评价模型。

(7) 模型训练

模型编译后，利用 model. fit() 函数训练模型，其格式如下所示：

model. fit(X_train_norm, y_train, epochs=10,

batch_size=None, verbose=1, validation_split=0. 0)

相关参数解释如下：

- X_train_norm：表示经标准化之后训练集特征；
- y_train：表示训练集类别标签；
- epochs=10：表示需要执行的训练周期数；
- batch_size：表示每批次的数据数目，若未指定，默认 batch_size=32；
- verbose：表示显示日志的模式，0 表示不输出日志信息，1 表示输出包含进度条的日志信息，2 表示每个训练周期（epoch）输出一条信息，默认为 1；
- validation_split=0. 0：表示训练样本用于验证数据集的比例，取值范围为 0~1，该部分数据将不参与训练模型，而是用于验证训练后的模型，从而增强其泛化能力。

程序运行结果如图 6-3-9 所示：

```
Epoch 1/10
1875/1875 [==============================] - 2s 1ms/step - loss: 0.5309 - accuracy: 0.8174
Epoch 2/10
1875/1875 [==============================] - 2s 1ms/step - loss: 0.4057 - accuracy: 0.8556
Epoch 3/10
1875/1875 [==============================] - 2s 1ms/step - loss: 0.3688 - accuracy: 0.8679
Epoch 4/10
1875/1875 [==============================] - 2s 1ms/step - loss: 0.3463 - accuracy: 0.8752
Epoch 5/10
1875/1875 [==============================] - 2s 1ms/step - loss: 0.3263 - accuracy: 0.8821
Epoch 6/10
1875/1875 [==============================] - 2s 1ms/step - loss: 0.3116 - accuracy: 0.8866
Epoch 7/10
1875/1875 [==============================] - 2s 1ms/step - loss: 0.3011 - accuracy: 0.8906
Epoch 8/10
1875/1875 [==============================] - 3s 1ms/step - loss: 0.2921 - accuracy: 0.8923
Epoch 9/10
1875/1875 [==============================] - 2s 1ms/step - loss: 0.2817 - accuracy: 0.8955
Epoch 10/10
1875/1875 [==============================] - 2s 1ms/step - loss: 0.2759 - accuracy: 0.8977
```

图 6-3-9　validation_split=0.0 程序的结果

如果 validation_split=0.1，表明 60 000 个训练样本除了分出的 $60\,000\times0.1=6\,000$ 个样本作为验证集不参与训练外，其他样本都参与模型训练。又因为在本段代码中，batch_size=32，所以分为 $\dfrac{60\,000\times0.9}{32}=1\,687.5\approx1\,688$ 批次进行训练，程序运行结果如图 6-3-10 所示：

```
Epoch 1/10
1688/1688 [==============================] - 4s 2ms/step - loss: 0.5451 - accuracy: 0.8125 - val_loss: 0.4378 - val_accuracy: 0.8422
Epoch 2/10
1688/1688 [==============================] - 2s 1ms/step - loss: 0.4170 - accuracy: 0.8542 - val_loss: 0.4217 - val_accuracy: 0.8527
Epoch 3/10
1688/1688 [==============================] - 3s 2ms/step - loss: 0.3798 - accuracy: 0.8643 - val_loss: 0.3762 - val_accuracy: 0.8637
Epoch 4/10
1688/1688 [==============================] - 3s 1ms/step - loss: 0.3528 - accuracy: 0.8739 - val_loss: 0.3818 - val_accuracy: 0.8628
Epoch 5/10
1688/1688 [==============================] - 3s 2ms/step - loss: 0.3367 - accuracy: 0.8780 - val_loss: 0.3536 - val_accuracy: 0.8708
Epoch 6/10
1688/1688 [==============================] - 3s 2ms/step - loss: 0.3187 - accuracy: 0.8851 - val_loss: 0.3545 - val_accuracy: 0.8728
Epoch 7/10
1688/1688 [==============================] - 3s 1ms/step - loss: 0.3062 - accuracy: 0.8876 - val_loss: 0.3382 - val_accuracy: 0.8780
Epoch 8/10
1688/1688 [==============================] - 3s 2ms/step - loss: 0.2965 - accuracy: 0.8922 - val_loss: 0.3585 - val_accuracy: 0.8765
Epoch 9/10
1688/1688 [==============================] - 3s 2ms/step - loss: 0.2879 - accuracy: 0.8948 - val_loss: 0.3383 - val_accuracy: 0.8765
Epoch 10/10
1688/1688 [==============================] - 3s 2ms/step - loss: 0.2776 - accuracy: 0.8981 - val_loss: 0.3275 - val_accuracy: 0.8807
```

图 6-3-10　validation_split=0.1 程序的结果

观察图 6-3-10 可知，随着训练周期的增加，训练集和验证集的准确率在不断提高，损失函数值不断减小。在训练后期时，验证集的准确率低于训练集的准确率，出现了轻微过拟合的现象。

注意：代码参数初始化的不同，可能会导致程序运行结果与图 6-3-9 和图 6-3-10 不完全相同。

(8) 模型评估

模型训练后，使用测试集数据，利用 model. evaluate()函数对模型进行评估，其格式如下所示：

$$\textbf{model. evaluate(X\_test\_norm, y\_test, verbose=1)}$$

- X_test_norm：表示经归一化的测试集图像；
- y_test：表示测试集类别标签；
- verbose：功能与代码段(7)中类似，0 表示不显示，1、2 表示显示。

程序运行结果如图 6-3-11 所示。

```
313/313 [==============================] - 0s 703us/step - loss: 0.3486 - accuracy: 0.8757
```

图 6-3-11　模型评估结果

由结果可知，测试集获得准确率要低于训练集的准确率。

注意：由于代码参数初始化的不同，可能会导致运行结果与图 6-3-11 不一定完全相同。

(9) 模型预测

模型训练好后，利用 model. predict_classes()或者 model. predict()函数进行预测。本步使用归一化后的测试集图像进行预测。

为了便于查看预测效果和保存模型，补充以下内容。

- 显示测试集的图像预测类别和真实类别

通过如下代码显示测试集的前 20 个图像的预测类别和真实类别。

```
plt. figure(figsize = (18,9))
num = 20
for i in range(0,num):
    plt. subplot(4,5,i+1)
    plt. imshow(X_test[i],cmap = ' gray ')
    plt. xticks([])
    plt. yticks([])
    plt. title(' Predict = ' + str(class_names[prediction[i]]) + '; True = ' + str(class_names[y_
test[i]]))
plt. show()
```

运行结果如图 6-3-12 所示，第三行第三列的运动鞋被误分为凉鞋，第四行第三列的外套被误分为套头衫。

- 模型保存和加载

神经网络的模型训练完成，可以通过 model. save()函数以. h5 格式的模型文件进行保存。此外，还可通过 tf. keras. models. load_model()函数加载已保存的模型文件，然后进行预测。示例代码如下。

```
＃保存训练好的模型
modelname = ' mymodel. h5 '
model. save(modelname)
print('保存的模型名称', modelname)


＃加载保存的模型并进行预测
```

```
model = tf. keras. models. load_model(modelname)
prediction = model. predict_classes(X_test_norm)
```

Predict=Ankle boot;
True=Ahkle boot

Predict=Pullover;
True=Pullover

Predict=Trouser;
True=Trouser

Predict=Trouser;
True=Trouser

Predict=Shirt;
True=Shirt

Predict=Trouser;
True=Trouser

Predict=Coat;
True=Coat

Predict=Shirt;
True=Shirt

Predict=Sandal;
True=Sandal

Predict=Sneaker;
True=Sneaker

Predict=Coat;
True=Coat

Predict=Sandal;
True=Sandal

Predict=Sandal;
True=Sneaker

Predict=Dress;
True=Dress

Predict=Coat;
True=Coat

Predict=Trouser;
True=Trouser

Predict=Pullover;
True=Pullover

Predict=Pullover;
True=Coat

Predict=Bag;
True=Bag

Predict=T-shirt/top;
True=T-shirt/top

图 6-3-12　测试集前 20 个图像的预测类别和真实类别

2. 分类 Fashion MNIST 数据集的完整版

经过对例 6-3-2 的学习，了解了分类 Fashion MNIST 数据集的基本流程。以下完整版程序是对简单版进行增强，使其更加完整和实用。完整版程序与简单版程序的主体基本一致，增加或修改的代码见深色底纹处。利用 Keras 构建神经网络模型分类 Fashion MNIST 数据集的完整版程序(fl6-3-2-2)如下。

```
＃导入 TensorFlow
import tensorflow as tf
import matplotlib. pyplot as plt

＃载入 Fashion-MNIST 数据集
fashion_mnist = tf. keras. datasets. fashion_mnist
(X_train,y_train),(X_test,y_test) = fashion_mnist. load_data()

＃查看训练集和测试集的形状
print(' The shape of train data = ',X_train. shape)
```

```python
print(' The shape of y_train:',y_train.shape)
print(' The shape of test data = ',X_test.shape)
print(' The shape of y_test:',y_test.shape)

#建立映射表
class_names = [' T-shirt/top ',' Trouser ',' Pullover ',' Dress ',' Coat ',
               ' Sandal ',' Shirt ',' Sneaker ',' Bag ',' Ankle boot ']

#显示训练集的前 20 个图像和标签
plt.figure(figsize = (10,9))
num = 20
for i in range(0,num):
    plt.subplot(4,5,i + 1)
    plt.imshow(X_train[i],cmap = ' gray ')
    plt.xticks([])
    plt.yticks([])
    plt.title("True = " + str(class_names[y_train[i]]))
plt.show()

#显示训练集第二个图像及其内容
plt.figure()
plt.imshow(X_train[1],cmap = ' gray ')
plt.show()
print(X_train[1])

#利用 reshape 函数转换数字图像
X_train_reshape = X_train.reshape(X_train.shape[0],28 * 28)
X_test_reshape = X_test.reshape(X_test.shape[0],28 * 28)

#查看经过 reshape 之后训练集和测试集的形状
print(' The shape of train reshape data = ',X_train_reshape.shape)
print(' The shape of y_train:',y_train.shape)
print(' The shape of test reshape data = ',X_test_reshape.shape)
print(' The shape of y_train:',y_test.shape)

#标准化数字图像
X_train_norm,X_test_norm = X_train_reshape/255.0,X_test_reshape/255.0

#构建 Sequential 模型
model = tf.keras.models.Sequential()
model.add(tf.keras.layers.Dense(50,input_dim = 28 * 28,activation = ' relu ',name = ' Hidden '))
```

```python
model.add(tf.keras.layers.Dense(10,activation = ' softmax ',name = ' Output '))

#打印模型的概况
print(model.summary())

#模型编译
model.compile(optimizer = ' adam ',
              loss = ' sparse_categorical_crossentropy ',
              metrics = [' accuracy '])

#模型训练
model.fit(X_train_norm,y_train,epochs = 10,verbose = 1,validation_split = 0.1)

#模型评估
model.evaluate(X_test_norm,y_test,verbose = 1)

#模型预测
prediction = model.predict_classes(X_test_norm)

#显示测试集的前 20 个图像的预测类别和真实类别
plt.figure(figsize = (18,9))
num = 20
for i in range(0,num):
    plt.subplot(4,5,i+1)
    plt.imshow(X_test[i],cmap = ' gray ')
    plt.xticks([])
    plt.yticks([])
    plt.title(' Predict = ' + str(class_names[prediction[i]]) + '; True = ' + str(class_names[y_test[i]]))
plt.show()

#保存训练好的模型
modelname = ' my_model.h5 '
model.save(modelname)
print('保存的模型名称',modelname)

#利用保存的模型进行预测
model = tf.keras.models.load_model(modelname)
prediction = model.predict_classes(X_test_norm)
```

6.3.3 模型优化

我们在 6.1 节体验 TensorFlow 游乐场得到的一个直观感受：对于同一个数据集，神经网络模型如果想获得更好的分类效果，可以增加数据集的输入特征数量、增加隐藏层神经元数目和隐藏层层数。然而，现实中很难找到更多合理的表现数据内在特性的属性特征作为输入。那么，在输入的特征数目不变时，可行性的方法包括：

- 增加隐藏层神经元的数目；
- 增加隐藏层的层数。

1. 增加隐藏层神经元的数目

例 6 - 3 - 3　在例 6 - 3 - 2 的基础上，通过增加隐藏层神经元数目，对 Fashion MNIST 数据集进行分类，提高准确率。为了增加神经网络模型的分类准确率，本例将简单版程序（fl6 - 3 - 2 - 1）模型中的隐藏层神经元数目增加至 500，修改后神经网络模型的代码如下。本程序与简单版程序（fl6 - 3 - 2 - 1）的主体基本一致，增加或修改的代码见深色底纹处。

```
#（1）导入 TensorFlow
import tensorflow as tf

#（2）载入 Fashion-MNIST 数据集
fashion_mnist = tf. keras. datasets. fashion_mnist
(X_train, y_train), (X_test, y_test) = fashion_mnist. load_data()

#（3）利用 reshape 函数转换数字图像
X_train_reshape = X_train. reshape(X_train. shape[0], 28 * 28)
X_test_reshape = X_test. reshape(X_test. shape[0], 28 * 28)

#（4）标准化数字图像
X_train_norm, X_test_norm = X_train_reshape/255.0, X_test_reshape/255.0

#（5）构建 Sequential 模型
model = tf. keras. models. Sequential()
model. add(tf. keras. layers. Dense(500, input_dim = 28 * 28, activation = ' relu ', name = ' Hidden '))
model. add(tf. keras. layers. Dense(10, activation = ' softmax ', name = ' Output '))

#打印模型的概况
print(model. summary())

#（6）模型编译
```

```
model. compile(optimizer = ' adam ',
                loss = ' sparse_categorical_crossentropy ',
                metrics = [' accuracy '])

#(7) 模型训练
model. fit(X_train_norm, y_train, epochs = 10, verbose = 1)
```

打印模型概况的结果如下所示。

Layer（type）	Output Shape	Param#
Hidden（Dense）	（None,500）	392 500
Output（Dense）	（None,10）	5010

Total params:397,510
Trainable params:397,510
Non-trainable params:0

None

该神经网络在其他结构不变的情况下,只将 Hidden 层的神经元数目从 50 个增加到 500 个,准确率从简单版程序(fl6-3-2-1)的 0.8977 上升到 0.9159,模型训练的结果如图 6-3-13 所示:

```
Epoch 1/10
1875/1875 [==============================] - 10s 5ms/step - loss: 0.4746 - accuracy: 0.8303
Epoch 2/10
1875/1875 [==============================] - 10s 5ms/step - loss: 0.3581 - accuracy: 0.8686
Epoch 3/10
1875/1875 [==============================] - 9s 5ms/step - loss: 0.3226 - accuracy: 0.8810
Epoch 4/10
1875/1875 [==============================] - 9s 5ms/step - loss: 0.2976 - accuracy: 0.8897
Epoch 5/10
1875/1875 [==============================] - 10s 5ms/step - loss: 0.2822 - accuracy: 0.8950
Epoch 6/10
1875/1875 [==============================] - 10s 5ms/step - loss: 0.2637 - accuracy: 0.9025
Epoch 7/10
1875/1875 [==============================] - 9s 5ms/step - loss: 0.2521 - accuracy: 0.9056
Epoch 8/10
1875/1875 [==============================] - 9s 5ms/step - loss: 0.2410 - accuracy: 0.9100
Epoch 9/10
1875/1875 [==============================] - 10s 5ms/step - loss: 0.2325 - accuracy: 0.9138
Epoch 10/10
1875/1875 [==============================] - 19s 10ms/step - loss: 0.2215 - accuracy: 0.9159
```

图 6-3-13　例 6-3-3 程序的计算结果

2. 增加隐藏层的层数

例6-3-4 在例6-3-2的基础上，通过增加隐藏层层数，对Fashion MNIST数据集进行分类，提高准确率。为了增加神经网络模型的分类准确率，本例将简单版程序(fl6-3-2-1)模型中隐藏层增加至3层，每层50个神经元，修改后神经网络模型的代码如下，本程序与简单版程序(fl6-3-2-1)的主体基本一致，增加或修改的代码见深色底纹。

```python
#（1）导入 TensorFlow
import tensorflow as tf

#（2）载入 Fashion-MNIST 数据集
fashion_mnist = tf. keras. datasets. fashion_mnist
(X_train,y_train),(X_test,y_test) = fashion_mnist. load_data()

#（3）利用 reshape 函数转换数字图像
X_train_reshape = X_train. reshape(X_train. shape[0],28 * 28)
X_test_reshape = X_test. reshape(X_test. shape[0],28 * 28)

#（4）标准化数字图像
X_train_norm,X_test_norm = X_train_reshape/255.0,X_test_reshape/255.0

#（5）构建 Sequential 模型
model = tf. keras. models. Sequential()
model. add(tf. keras. layers. Dense(50, input_dim = 28 * 28, activation = ' relu ', name = ' Hidden1 '))
model. add(tf. keras. layers. Dense(50,activation = ' relu ',name = ' Hidden2 '))
model. add(tf. keras. layers. Dense(50,activation = ' relu ',name = ' Hidden3 '))
model. add(tf. keras. layers. Dense(10,activation = ' softmax ',name = ' Output '))

#打印模型的概况
print(model. summary())

#（6）模型编译
model. compile(optimizer = ' adam ',
              loss = ' sparse_categorical_crossentropy ',
              metrics = [' accuracy '])
#（7）模型训练
model. fit(X_train_norm,y_train,epochs = 10,verbose = 1)
```

打印模型概况的结果如下所示：

Layer（type）	Output Shape	Param#
==		
Hidden1（Dense）	（None,50）	39 250
Hidden2（Dense）	（None,50）	2 550
Hidden3（Dense）	（None,50）	2 550
Output（Dense）	（None,10）	510
==		

Total params:44,860
Trainable params:44,860
Non-trainable params:0

None

该神经网络模型在隐藏层神经元为 50 的情况下,将 Hidden 层层数增加至 3 层,准确率从简单版程序(fl6 - 3 - 2 - 1)的 0.897 7 上升到 0.902 0,模型训练的结果如图 6-3-14 所示:

```
Epoch 1/10
1875/1875 [==============================] - 5s 3ms/step - loss: 0.5265 - accuracy: 0.8131
Epoch 2/10
1875/1875 [==============================] - 3s 2ms/step - loss: 0.3861 - accuracy: 0.8586
Epoch 3/10
1875/1875 [==============================] - 3s 2ms/step - loss: 0.3469 - accuracy: 0.8720
Epoch 4/10
1875/1875 [==============================] - 3s 1ms/step - loss: 0.3252 - accuracy: 0.8802
Epoch 5/10
1875/1875 [==============================] - 3s 1ms/step - loss: 0.3109 - accuracy: 0.8854
Epoch 6/10
1875/1875 [==============================] - 3s 1ms/step - loss: 0.2972 - accuracy: 0.8894
Epoch 7/10
1875/1875 [==============================] - 3s 2ms/step - loss: 0.2859 - accuracy: 0.8943
Epoch 8/10
1875/1875 [==============================] - 3s 2ms/step - loss: 0.2763 - accuracy: 0.8964
Epoch 9/10
1875/1875 [==============================] - 3s 2ms/step - loss: 0.2663 - accuracy: 0.9010
Epoch 10/10
1875/1875 [==============================] - 3s 1ms/step - loss: 0.2597 - accuracy: 0.9020
```

图 6-3-14　例 6 - 3 - 4 程序的计算结果

6.3.4　习题与实践

1. 简答题

（1）简述 Keras 与 tf. keras 的区别与联系。

（2）简述利用 Keras 构建神经网络模型主要步骤。

（3）简述在输入的特征数目不变的情况下，有哪些模型优化的可行性方法。

2. 实践题

（1）在自己计算机上安装 TensorFlow，并在 Jupyter Notebook 显示 TensorFlow 和 Keras 的版本信息。

（2）打开"配套资源\第 6 章\sy6-3-1.py"，补全程序，完成以下功能：利用 Keras 构建神经网络模型分类对 Fashion-MNIST 数据集进行分类，增加隐藏层的神经元数目，使得训练集的准确率超过 0.92。

（3）打开"配套资源\第 6 章\sy6-3-2.py"，补全程序，完成以下功能：利用 Keras 构建神经网络模型分类对 Fashion-MNIST 数据集进行分类，增加两层隐藏层的神经元数目，使得训练集的准确率超过 0.93。

6.4　卷积神经网络*

在上一节,我们利用 Keras 构建了一个简单的神经网络模型,对 Fashion MNIST 数据集的图像数据进行分类,并取得较好的分类效果。但我们在模型训练时,是将 28 * 28 的图像数据转换成 784 的一维向量作为模型的输入层,这样也就丢掉了图像的空间特性,而该特性是多个像素构成图像的关键因素;输入层的神经元个数会随着输入图像的尺寸的增加而显著增多,为克服传统神经网络模型的这些不足,一种包含卷积运算的新神经网络模型——卷积神经网络诞生,广泛的应用于机器视觉、图像识别等领域。

在本节我们首先介绍数字图像处理的基础知识,然后介绍卷积神经网络的基本结构和基础知识,最后在 Keras 下搭建卷积神经网络模型来对 Fashion MNIST 灰度图像数据集和 CIFAR10 彩色图像数据集进行分类,并探讨了不同模型结构对分类效果的影响。

6.4.1　数字图像基础

数字图像是由有限个像素(Pixe)组成的,以两维数组或矩阵形式保存,主要用图像分辨率和灰度级来描述,图像格式主要有 BMP、GIF、JPEG、PNG 等。

数字图像主要分为二值图像、灰度图像和彩色图像(如图 6-4-1 所示)。

- 二值图像的取值只有 0、1 两种,“0”代表黑色,“1”代表白色;
- 灰度图像的取值一般为 0～255 的整数,“0”表示纯黑色,“255”表示纯白色(如图 6-3-5);
- 彩色图像模型有 RGB 模型、HSV 模型、CMYK 模型和 YCrCb 模型等几种,相互之间可以转换,其中的 RGB 模型的每个像素是由 R、G、B 三种分量组成,因此需要三个二维数组来存储。

Python 提供了用于数字图像处理的开源库,包括 PIL/Pillow、CV2、Matplotlib、scikit-image 等。PIL(Python Imaging Library)是 Python 的标准库(只支持到 Python 2.7),使用简单且提供了基本的图像处理功能,Pillow 是 PIL 的一个分支(最新版本 8.0.1),可以支持到 Python 3.9;CV2 是 OpenCV 的 Python 版,功能强大应用广泛,读入图像的默认顺序为 BGR;Matplotlib 是 Python 中类似 Matlab 的 2D 绘图库;scikit-image 是基于 scipy 的将图片作为 numpy 数组来处理的一个 Python 图像处理库。

Python 安装 Pillow 非常简单,只要用一行代码即可完成,首先以管理员身份运行 Anaconda Prompt(Anaconda3),输入如下代码进行安装:

```
pip install Pillow
```

安装完成后可通过 from PIL import Image 来使用 Pillow 库,提供了图像读取、图像显示、图像存储以及其他图像处理的基本操作。下面利用 Pillow 来进行图像的基本操作。

1. 图像读写和显示

例 6-4-1　利用 Pillow 库，实现图像文件的读写和显示等基本操作。注意：为便于程序运行，请将素材文件"配套资源\第 6 章\lena.jpg"复制到源文件(.py 文件或.ipynb 文件)所在的路径下。

```python
#导入 Pillow 库
from PIL import Image

#读入图像 lena.jpg
im = Image.open('lena.jpg')

#显示该图像的基本信息
print('图像的尺寸为：',im.size)
print('图像的宽度为：',im.width)
print('图像的高度为：',im.height)
print('图像的格式为：',im.format)
print('图像的模式为：',im.mode)

#显示图像
im.show()

#保存图像
im.save('lena.bmp')

#图像模式转换
new_im_1 = im.convert("1")
print('图像 new_im_1 的模式为：',new_im_1.mode)
new_im_1.show()
new_im_L = im.convert("L")
print('图像 new_im_L 的模式为：',new_im_L.mode)
new_im_L.show()
```

上述代码的输出结果如下：

图像的尺寸为：(512,512)
图像的宽度为：512
图像的高度为：512
图像的格式为：JPEG
图像的模式为：RGB

图像 new_im_1 的模式为:1

图像 new_im_L 的模式为:L

该段代码首先通过 import 导入 Pillow 库,然后通过 Image. open()函数读入图像 lena. jpg,并显示该图像的宽度、高度、格式和模式等基本信息,由此可知该图是尺寸为(512,512)的 RGB 模式的 JPEG 格式图像,显示该图像(如图 6-4-1(a))并用 save()函数以 lena. bmp 保存,可以通过 convert()函数将 RGB 彩色图像转换为二值图像和灰度图像。

(a) 彩色图像   (b) 二值图像   (c) 灰度图像

图 6-4-1   lena. jpg 显示结果

2. 图像颜色通道

例 6-4-2   利用 Pillow 库,实现图像的颜色信息输出。

```
# 导入 Pillow 库
from PIL import Image

# 读入图像 lena. jpg
im = Image. open(' lena. jpg ')

# (1) 分离合并颜色通道
R,G,B = im. split()
im_merge = Image. merge(' RGB ',(R,G,B))
im_merge. show()

# (2) 获取特定像素的颜色值
print(im. getpixel((0,0)))
print(R. getpixel((0,0)),G. getpixel((0,0)),B. getpixel((0,0)))
print(im_merge. getpixel((0,0)))
print(im. getpixel((100,50)))
print(R. getpixel((100,50)),G. getpixel((100,50)),B. getpixel((100,50)))
print(im_merge. getpixel((100,50)))
```

上述代码的输出结果如下：

```
(228,135,128)
228 135 128
(228,135,128)
(180,70,81)
180 70 81
(180,70,81)
```

上述程序的分段解释如下：

(1) 分离合并颜色通道

该段代码通过 Pillow 的 Image. open() 函数读入图像 lena. jpg 后，利用 split() 函数将图像的 R,G,B 三个通道分离，用 merge() 函数将分离后的各通道数据合并，并显示最终的合并图像，与图 6-4-1(a) 的结果一致。

(2) 获取特定像素的颜色值

通过 getpixel() 函数获取指定位置的像素值。由程序结果可知，在原始图像 im 和三通道合并后图像的相同位置的像素值是相同的，而每个通道的相应位置的值也与三通道图像一致。

3. 图像基本操作

例 6-4-3　利用 Pillow 库，实现图像旋转、大小调整、剪切、滤波等基本操作。

```
#(1) 导入 Pillow 库
from PIL import Image,ImageFilter
#读入图像 lena. jpg
im = Image. open(' lena. jpg ')

#(2) 图像旋转、大小调整、剪切
im_90 = im. rotate(90)
im_90. show()
#重新设定图像大小
im_resize = im. resize((300,300))
print('图像 im_resize 的尺寸为：',im_resize. size)
im_resize. show()
box = (50,50,200,200)
im_crop = im. crop(box)
print('图像 im_crop 的尺寸为：',im_crop. size)
im_crop. show()

#(3) 图像滤波
```

```
im_BLUR = im. filter(ImageFilter. BLUR)
im_BLUR. show()
im_CONTOUR = im. filter(ImageFilter. CONTOUR)
im_CONTOUR. show()
```

上述代码的输出结果如下：

图像 im_resize 的尺寸为：(300,300)
图像 im_crop 的尺寸为：(150,150)

上述程序的分段解释如下：

(1) 导入 Pillow 库

该段代码导入 Pillow 库，读入图像文件。该文件在后续代码中将进行图像处理和滤波。

(2) 图像旋转、大小调整、剪切

如图 6-4-2 所示，通过 rotate() 函数对图像进行逆时针方向按照给定角度的旋转，本例是逆时针旋转 90 的图像；resize() 函数是重新定义图像的尺寸，如本例中将原始图像重置为 (300,300) 的图像；crop() 函数获取当前图像由 box 定义一个四元组的矩形区域的子图像，其中，box = (50,50,200,200) 表示左、上、右和下的像素坐标，该子图像的尺寸为 (150,150)。

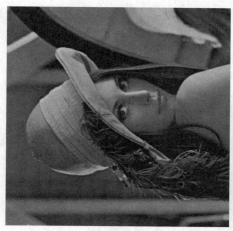

图 6-4-2　图像旋转、大小调整、剪切的结果

(3) 图像滤波

ImageFilter 模块主要是对图像进行滤波。它提供的多个滤波器包括：BLUR、CONTOUR、EDGE_ENHANCE、FIND_EDGES、SHARPEN、SMOOTH 等。本例通过利用 BLUR 方法对图像进行均值滤波，CONTOUR 方法获取图像的轮廓，如图 6-4-3 所示。

(a) 均值滤波后的图像

(b) 图像轮廓

图 6-4-3　图像均值滤波、轮廓

6.4.2　卷积神经网络基础

由图 6-3-8 可知，传统的神经网络模型是由输入层、隐藏层和输出层组成，且每层都是由多个神经元构成（模型输入也是经 reshape() 函数转换的一维向量）。如图 6-4-4 所示，卷积神经网络模型与其有显著不同：

- 该模型主要是由卷积层、池化层、全连接层等构成；
- 模型输入可以是二维灰度图像（如 6.4.3 节的实例 1）、三维彩色图像（如 6.4.3 节的实例 2）。

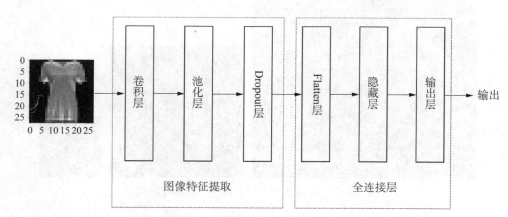

图 6-4-4　例 6-4-4 的模型图

卷积神经网络模型的核心是通过卷积层和池化层提取图像的底层特征，随着层数不断增加，会将低级特征映射到图像的高级特征，最后基于提出的高级特征由全连接层来完成图像分类。由此可知，卷积层和池化层一般是成对出现，为了减轻过拟合的现象，也会加入 Dropout

层,模型最后一般是用于分类的全连接层,分类可以是单神经元的二分类也可以是多神经元的多分类。注意,卷积层、池化层、Dropout 层和全连接层出现的次数不唯一,是需要用户根据具体的需求来指定的。

1. 卷积层

卷积层,顾名思义,是对输入的图像进行"卷积"运算,获取图像的特征。浅层的卷积层主要学习图像的低级基础特征,随着层数的增加,深层的卷积层学习到更高级的图像特征。

图像的"卷积"操作是用一个小的卷积核遍历图像中的每一个像素,针对每个像素将其周围像素与卷积核对应元素相乘再求和,得到新图像的像素值。比如图像为 3×3 的二维矩阵,卷积核为 2×2 的矩阵,如下图所示:

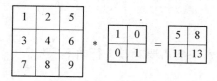

图 6-4-5　图像和卷积核

那么卷积操作的完整过程如下:

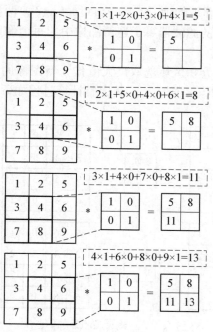

图 6-4-6　卷积运算的完整过程

3×3 的二维矩阵经过卷积核为 2×2 矩阵的卷积操作之后,获得了一个 2×2 的新图像,因此经过卷积之后图像的尺寸变小。如果我们假定图像的尺寸为 $n\times n$,卷积核的尺寸为 $k\times k$,则卷积后获得的新图像尺寸为:

$$(n-k+1)\times(n-k+1).$$

当我们用一个卷积核对图像卷积运算可以产生一幅新图像,那么在卷积神经网络模型中,利用多个卷积核(例 6-4-4 的 32 个卷积核)就可以得到多个新图像,每个新图像所获得的特征各不相同。但原始图像经卷积运算后图像尺寸后减少,可能会损失边缘信息,因此可以通过边缘填充的方式来实现原始图像和新图像的尺寸一致,该方法对应 Conv2D（）函数的 padding＝"same"。

我们在图 6-4-5 演示卷积运算的完整过程中,默认卷积核在图像中各个维度每次移动的距离是 1 个像素,即步长为 1(对应 Conv2D（）函数的 strides＝1),当步长设置为 s 时,卷积后获得的新图像尺寸为:

$$\left(\frac{n-k}{s}+1\right)\times\left(\frac{n-k}{s}+1\right).$$

当 $\frac{n-k}{s}+1$ 取值为非整数,一般需要对其进行向下取整。

2. 池化层

池化层在卷积神经网络中主要是对图像进行下采样降低图像的尺寸,即卷积层输出的特征向量维数,从而降低过拟合现象和减少需要计算的参数,池化层一般是在卷积层之后,主要有最大池化(MaxPooling2D)和平均池化（AveragePooling2D）两种。池化层的操作和卷积类似,都是需要一个类似卷积核的滤波器算子遍历图像中的每个像素。

- 最大池化

最大池化,对每个像素的卷积区域选取最大值作为新图像的像素值,对于图像为 4 * 4 的二维矩阵,滑动窗为 2 * 2 的矩阵,步长为 2,其完整计算过程如下:

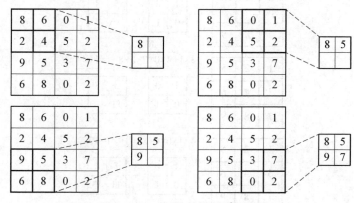

图 6-4-7　最大池化计算过程

- 平均池化

平均池化,对每个像素的卷积区域选取平均值作为新图像的像素值,其完整计算过程如下:

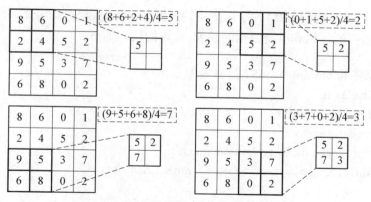

图 6-4-8　平均池化计算过程

池化主要涉及两个参数 pool_size 和 strides,pool_size 指定池化窗口的尺寸,strides 表示池化的步长,池化后获得的新图像尺寸计算方法与卷积类似。池化操作可以将图像中不同位置的特征通过均值或者最大值整合到一起,降低图像特征的维度和需要计算的参数,减轻过拟合的现象。

3. 全连接层

如图 6-4-4 所示,卷积层和池化层是实现卷积神经网络特征提取的核心模块,通过多个卷积层和池化层的不断叠加,可获得图像的高级特征,然后经过全连接层基于卷积层提取特征进行决策分类。此时全连接层对应 6.3 节简单版程序(fl6-3-2-1)的神经网络结构,包括输入层、隐藏层和输出层。进入全连接层时需要将卷积层的多维数据利用 Flatten()函数进行扁平化变为一维向量,最后输出层可以是单神经元(二分类)或者多个神经元(多分类)。注意全连接层的层数和每层神经元的个数并非固定的,由用户根据实际问题来指定。

6.4.3　卷积神经网络实例

1. 实例1　CNN 分类 Fashion MNIST 数据集

例 6-4-4　利用 Keras 构建卷积神经网络模型对 Fashion MNIST 数据集进行分类。Fashion MNIST 数据集包含大小为 28×28、分为 10 个类别的 60 000 张灰色图像和同样是大小 28×28、分为 10 个类别的 10 000 张灰色图像的测试集,其类别标签与图像所表示的服装类别对应关系如表 6-4-1 所示。

表 6-4-1　类别标签与服装类的对应关系

标签	0	1	2	3	4	5	6	7	8	9
Description	T-shirt/top	Trouser	Pullover	Dress	Coat	Sandal	Shirt	Sneaker	Bag	Ankle boot
描述	T恤/上衣	裤子	套头衫	连衣裙	外套	凉鞋	衬衫	运动鞋	包	短靴

利用 Keras 构建卷积神经网络模型时主要涉及的步骤为,载入数据,对该数据预处理,构

建 Sequential 模型，构建神经网络和全连接层，利用 compile 函数进行编译，利用 fit 函数训练模型，最后进行模型的评估和对新数据的预测，所用的代码如下。

```
#（1）导入外部库和 Fashion-MNIST 数据集
import tensorflow as tf
import matplotlib.pyplot as plt
from sklearn import metrics
fashion_mnist = tf.keras.datasets.fashion_mnist
(X_train,y_train),(X_test,y_test) = fashion_mnist.load_data()


#（2）查看训练集和测试集的形状
print(' The shape of train data = ',X_train.shape)
print(' The shape of y_train：',y_train.shape)
print(' The shape of test data = ',X_test.shape)
print(' The shape of y_test：',y_test.shape)


#（3）建立映射表
class_names = [' T-shirt/top ',' Trouser ',' Pullover ',' Dress ',' Coat ',\
               ' Sandal ',' Shirt ',' Sneaker ',' Bag ',' Ankle boot ']

#（4）显示训练集的前 20 个图像和标签
plt.figure(figsize = (10,9))
num = 20
for i in range(0,num)：
    plt.subplot(4,5,i+1)
    plt.imshow(X_train[i],cmap = ' gray ')
    plt.xticks([])
    plt.yticks([])
    plt.title("True = " + str(class_names[y_train[i]]))
plt.show()

#（5）利用 reshape 函数转换数字图像
X_train_reshape = X_train.reshape(X_train.shape[0],28,28,1)
X_test_reshape = X_test.reshape(X_test.shape[0],28,28,1)


#（6）查看经过 reshape 之后训练集和测试集的形状
print(' The shape of train reshape data = ',X_train_reshape.shape)
print(' The shape of y_train：',y_train.shape)
print(' The shape of test reshape data = ',X_test_reshape.shape)
print(' The shape of y_train：',y_test.shape)
```

```python
#(7) 归一化数字图像
X_train_norm, X_test_norm = X_train_reshape/255.0, X_test_reshape/255.0

#(8) 构建 Sequential 模型
model = tf. keras. models. Sequential()

#(9) 构造卷积神经网络
#构建卷积层
model. add(tf. keras. layers. Conv2D(32,(3,3),activation = ' relu ',input_shape = (28,28,1)))
#构建池化层
model. add(tf. keras. layers. MaxPooling2D((2,2)))
#构建 Dropout 层
model. add(tf. keras. layers. Dropout(rate = 0.2))

#(10) 构建全连接层
model. add(tf. keras. layers. Flatten())
model. add(tf. keras. layers. Dense(50,activation = ' relu '))
model. add(tf. keras. layers. Dense((10),activation = ' softmax '))

#(11) 打印模型的概况
print(model. summary())

#(12) 模型编译
model. compile(optimizer = ' adam ',
               loss = ' sparse_categorical_crossentropy ',
               metrics = [' accuracy '])

#(13) 模型训练
history = model. fit(X_train_norm,y_train,validation_split = 0.2,epochs = 10,verbose = 1)

#(14) 模型评估
model. evaluate(X_test_norm,y_test,verbose = 1)

#(15) 模型预测
prediction = model. predict_classes(X_test_norm)

#(16) 显示测试集的前 20 个图像的预测类别和真实类别
plt. figure(figsize = (18,9))
num = 20
for i in range(0,num):
```

```
    plt. subplot(4,5,i+1)
    plt. imshow(X_test[i],cmap=' gray ')
    plt. xticks([])
    plt. yticks([])
    plt. title("Predict = " + str(class_names[prediction[i]]) + "; True = " + str(class_names[y_test
[i]]))
plt. show()

#(17) 计算混淆矩阵
print(' Confusion Matrix:')
print(metrics. confusion_matrix(y_test,prediction))
```

本程序与 6.3 节完整版程序(fl6-3-2-2)的主体基本一致,增加或修改的代码见深色底纹处,本程序的分段解释如下:

(1) 导入外部库和 Fashion-MNIST 数据集

通过 import 导入 TensorFlow 库,并导入 matplotlib. pyplot(用于绘图)和 sklearn. metrics(用于计算混淆矩阵),然后利用 keras 的 load_data()函数载入 Fashion-MNIST 数据集。首次载入数据集时,如果本地数据集文件夹里没有 Fashion-MNIST 数据集,程序会自动下载,可能花费较久时间,因此可以将"配套资源\第 6 章\datasets\fashion-mnist"复制到"C:\Users\用户名\. keras\datasets"下,避免额外的数据集载入时间。

(2) 查看训练集和测试集的形状

程序运行结果如下所示:

```
The shape of train data=(60000,28,28)
The shape of y_train:(60000,)
The shape of test data=(10000,28,28)
The shape of y_test:(10000,)
```

该段代码是对数据集的进行探索,表明 Fashion MNIST 数据集中训练集包含 60000 张大小为 28×28 的图像和测试集包含 10000 张大小为 28×28 的图像的。

(3) 建立映射表

该段代码用于建立表 6-4-1 中图像与类别标签的映射关系,便于后续使用。

(4) 显示训练集的前 20 个图像和标签

结合代码段(3)查看训练集前 20 个数据的特征和标签,显示图像与类别标签的对应关系,结果显示如图 6-4-9。

(5) 利用 reshape 函数转换数字图像

利用 reshape()函数修改训练集和测试集的形状,从而进行后续的卷积神经网络模型的训练。

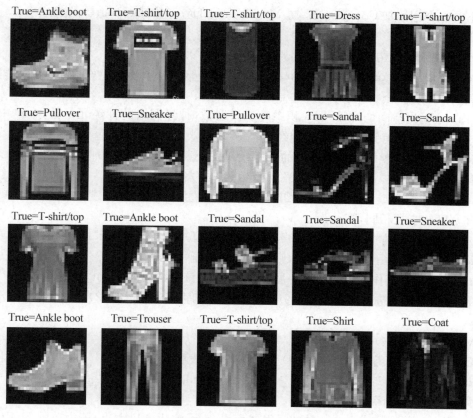

图 6-4-9　Fashion-MNIST 训练集的前 20 个图像和标签

(6) 查看经过 reshape 之后训练集和测试集的形状

程序运行结果如下所示：

```
The shape of train reshape data = (60 000, 28, 28, 1)
The shape of y_train: (60 000, )
The shape of test reshape data = (10 000, 28, 28, 1)
The shape of y_train: (10 000, )
```

将原训练集和测试集的形状 (60 000, 28, 28)、(10 000, 28, 28) 利用 reshape() 函数分别转换为 (60 000, 28, 28, 1)、(10 000, 28, 28, 1)，方便输入到卷积神经网络模型中。

(7) 归一化数字图像

数字图像的像素值分布范围是 0~255，可以简单的通过同除以 255 来实现归一化。

(8) 构建 Sequential 模型

该行代码是实例化一个 Sequential 模型。

(9) 构造卷积神经网络

该段代码通过添加卷积层、池化层和 Dropout 层来构建卷积神经网络模型。

以下补充介绍添加 Conv2D()函数、MaxPooling2D()函数、Dropout()函数。

- Conv2D()函数

Conv2D()函数为构建 2D 卷积层，其一般形式为：

tf. keras. layers. Conv2D(filters, kernel_size, strides, padding, activation, input_shape)

相关参数解释如下：

- Filters：输出空间的维数，即卷积中的滤波器数，神经网络的神经元个数；本例中 32 表示有 32 个滤波器，即有该层有 32 个神经元；

- kernel_size：单整数或 2 个整数的元组或列表，表示 2D 卷积窗口的高度和宽度，若为单整数，高度和宽度相同。本例中的(3,3)表示卷积核的大小为 3×3；

- strides：单整数或 2 个整数的元组或列表，表示卷积沿高度和宽度的步长，若为单整数，沿高度和宽度的步长相同，默认为(1,1)；

- padding：可以是"valid"或"same"（不区分大小写），默认为"valid"；

- activation：激活函数，若未指定，则不使用激活函数；

- input_shape：当作为模型的第一层时，需要指定该参数。如 input_shape=(28,28,1)表示输入的是 28×28 的灰度图像，而非 6.3 节完整版程序(fl6-3-2-2)的 28×28=784 个神经元。

- MaxPooling2D()函数

MaxPooling2D()函数用于构建 2D 池化层，其一般形式为：

tf. keras. layers. MaxPool2D(pool_size, strides, padding)

相关参数解释如下：

- pool_size：单整数或 2 个整数的元组或列表，表示池化窗口大小，若为单整数，则所有维度相同，默认为(2,2)；

- strides：步长，类似 Conv2D()函数中 strides；

- padding：表示填充方法，类似 Conv2D()函数中 padding，当为"same"时，在卷积时边缘由 0 填充，导致卷积前后图像大小一致。

- Dropout()函数

Dropout()函数作用是在本次训练时随机的忽略一定比例的神经元，从而可以在一定程度上缓解过拟合现象的发生，其一般形式为：

tf. keras. layers. Dropout(rate)

其中，rate 表示退出率，取值范围为 0～1。

(10) 构建全连接层

该段代码是构建全连接层用于分类，首先利用 Flatten()函数将输入数据的维度拉成一维，然后添加了一个包含 50 个神经元的全连接层，最后添加 10 个神经元输出层，对应 Fashion-MNIST 数据集的 10 个类别，因为是多分类问题，所以 activation='softmax'。其中，Flatten()函数作用是将上一层的维度拉成一维向量，与 reshape()函数功能类似，一般在出现在卷积神经网络的末端。

(11) 打印模型的概况

程序运行结果如图 6-4-11 所示：

Layer（type）	Output Shape	Param#
conv2d（Conv2D）	(None, 26, 26, 32)	320
max_pooling2d（MaxPooling）	(None, 13, 13, 32)	0
dropout（Dropout）	(None, 13, 13, 32)	0
flatten（Flatten）	(None, 5408)	0
dense（Dense）	(None, 50)	270450
dense_1（Dense）	(None, 10)	510

Total params:271,280
Trainable params:271,280
Non-trainable params:0

None

（12）模型编译

该段代码主要利用 model. compile()函数实现模型的编译,详细内容可以参考 6.3 节简单版程序(fl6 - 3 - 2 - 1)的代码段(6)的解释。

（13）模型训练

该段代码主要利用 model. fit()函数实现模型的训练,详细内容可以参考 6.3 节简单版程序(fl6 - 3 - 2 - 1)的代码段(7)的解释。

程序运行结果如图 6 - 4 - 12 所示:

```
Epoch 1/10
1500/1500 [==============================] - 28s 19ms/step - loss: 0.4280 - accuracy: 0.8495 - val_loss: 0.3254 - val_accuracy: 0.8823
Epoch 2/10
1500/1500 [==============================] - 26s 17ms/step - loss: 0.2990 - accuracy: 0.8925 - val_loss: 0.2895 - val_accuracy: 0.8970
Epoch 3/10
1500/1500 [==============================] - 26s 17ms/step - loss: 0.2631 - accuracy: 0.9035 - val_loss: 0.2667 - val_accuracy: 0.9032
Epoch 4/10
1500/1500 [==============================] - 29s 20ms/step - loss: 0.2367 - accuracy: 0.9135 - val_loss: 0.2645 - val_accuracy: 0.9038
Epoch 5/10
1500/1500 [==============================] - 30s 20ms/step - loss: 0.2182 - accuracy: 0.9204 - val_loss: 0.2643 - val_accuracy: 0.9037
Epoch 6/10
1500/1500 [==============================] - 31s 20ms/step - loss: 0.2022 - accuracy: 0.9248 - val_loss: 0.2522 - val_accuracy: 0.9087
Epoch 7/10
1500/1500 [==============================] - 30s 20ms/step - loss: 0.1841 - accuracy: 0.9315 - val_loss: 0.2467 - val_accuracy: 0.9149
Epoch 8/10
1500/1500 [==============================] - 31s 21ms/step - loss: 0.1725 - accuracy: 0.9367 - val_loss: 0.2521 - val_accuracy: 0.9119
Epoch 9/10
1500/1500 [==============================] - 32s 21ms/step - loss: 0.1581 - accuracy: 0.9419 - val_loss: 0.2561 - val_accuracy: 0.9119
Epoch 10/10
1500/1500 [==============================] - 30s 20ms/step - loss: 0.1479 - accuracy: 0.9458 - val_loss: 0.2521 - val_accuracy: 0.9157
```

图 6-4-10　模型训练结果

（14）模型评估

模型训练后，使用测试集数据，利用 model. evaluate（）函数对模型进行评估，详细解释内容可以参考 6.3 节简单版程序（fl6-3-2-1）的代码段（8）的解释。程序运行结果如图 6-4-11 所示：

```
313/313 [==============================] - 2s 6ms/step - loss: 0.2770 - accuracy: 0.9114
```

图 6-4-11　模型评估结果

（15）模型预测

模型训练好后，利用 model. predict_classes（）函数进行预测，本步利用经归一化后的测试集图像进行预测。

（16）显示测试集的前 20 个图像的预测类别和真实类别

为了便于查看预测效果和保存模型，该段代码来显示测试集的前 20 个图像的预测类别和真实类别。程序运行结果如图 6-4-12 所示：

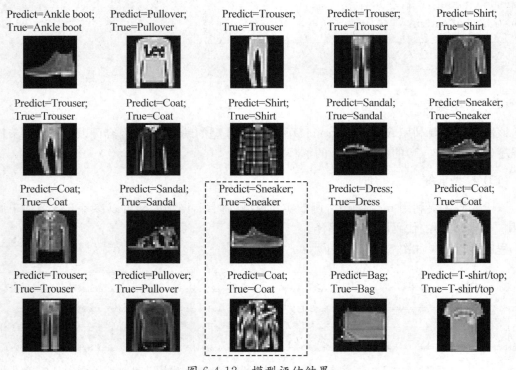

图 6-4-12　模型评估结果

（17）计算混淆矩阵

为了更好的理解卷积神经网络模型对测试集不同类别图像的分类正确率，需总结分类效果的相关信息，这一点可以通过计算混淆矩阵（Confusion Matrix）的方法来实现。利用 sklearn 中的 confusion_matrix（）函数对 y_test 和 prediction 计算混淆矩阵。

程序运行结果如下所示：

Confusion Matrix：

```
[[875    1    6   34    8    2   68    0    6    0]
 [  1  978    0   15    2    0    3    0    1    0]
 [ 20    0  850   12   60    1   56    0    1    0]
 [  8    3    6  939   25    0   17    0    2    0]
 [  1    1   57   32  874    1   33    0    1    0]
 [  0    0    0    0    0  988    0    6    0    6]
 [129    2   58   31   78    0  695    0    7    0]
 [  0    0    0    0    0   11    0  975    0   14]
 [  4    0    1    4    0    3    6    3  979    0]
 [  0    0    0    0    0    9    1   29    0  961]]
```

由混淆矩阵可知，该混淆矩阵元素总和为 10 000，对应测试集中的 10 000 个图像。位于对角线部分的数字是被正确预测的图像的数量，比如位于第四行、第四列的 939 表示真实值为连衣裙，预测值也为连衣裙的图像数目，第四行、第五列的 25 表示真实值为连衣裙，预测错误，预测值为外套的图像数目，第五行、第四列的 32 表示真实值为外套，预测错误，预测值为连衣裙的图像数目。

通过对比例 6-4-4 的模型（图 6-4-4）和例 6-3-2 的模型（图 6-3-8）的异同，可以发现卷积神经网络模型只增加了卷积网络层（一个卷积层、一个池化层和一个 Dropout 层），就可以将训练集的准确率由 0.8977 增加到 0.9458，测试集的准确率由 0.8757 增加到 0.9114。在利用图像的空间特性的前提下，相对于传统的神经网络模型，卷积神经网络模型的分类效果取得了较好的提升。如图 6-4-12 所示，测试集前 20 个图像在利用 6.3 节简单版程序（fl6-3-2-1）的模型误分了两个图像，而采用本节的卷积神经网络模型这两个图像都被正确分类。

2. 实例 2 CNN 分类 CIFAR10 数据集

例 6-4-5 利用 Keras 构建卷积神经网络模型对 CIFAR10 数据集进行分类。CIFAR10 数据集总共有 60 000 张大小为 32×32 的三通道彩色图像，被分为 10 个类，其中 50 000 张作为训练集，10 000 作为测试集。类别标签与图像所代表类别的对应关系如表 6-4-2 所示。

表 6-4-2　类别标签与服装类的对应关系

标签	0	1	2	3	4	5	6	7	8	9
Description	Airplane	Automobile	Bird	Cat	Deer	Dog	Frog	Horse	Ship	Truck
描述	飞机	汽车	鸟	猫	鹿	狗	蛙	马	船	卡车

利用 keras 构建卷积神经网络模型时主要涉及的步骤为，载入数据，对该数据预处理，构建 Sequential 模型，构建神经网络和全连接层，利用 compile 函数进行编译，利用 fit 函数训练模型，最后进行模型的评估和对新数据的预测。所用的代码如下所示：

```
#（1）导入外部库和 CIFAR10 数据集
import tensorflow as tf
import matplotlib.pyplot as plt
```

```
from sklearn import metrics
cifar10 = tf. keras. datasets. cifar10
(X_train,y_train),(X_test,y_test) = cifar10. load_data()

#(2) 查看训练集和测试集的形状
print(' The shape of train data = ',X_train. shape)
print(' The shape of y_train：',y_train. shape)
print(' The shape of test data = ',X_test. shape)
print(' The shape of y_test：',y_test. shape)

#(3) 建立映射表
class_names = [' airplane ',' automobile ',' bird ',' cat ',' deer ',
               ' dog ',' frog ',' horse ',' ship ',' truck ']

#(4) 显示训练集的前 20 个图像和标签
plt. figure(figsize = (10,9))
num = 20
for i in range(0,num)：
    plt. subplot(4,5,i + 1)
    plt. imshow(X_train[i])
    plt. xticks([])
    plt. yticks([])
    plt. title("True = " + str(class_names[y_train[i][0]]))
plt. show()

#(5) 归一化数字图像
X_train_norm,X_test_norm = X_train/255.0,X_test/255.0

#(6) 构建 Sequential 模型
model = tf. keras. models. Sequential()

#(7) 构造卷积神经网络
#构建卷积层
model. add(tf. keras. layers. Conv2D(32,(3,3),activation = ' relu ',input_shape = (32,32,3)))
#构建池化层
model. add(tf. keras. layers. MaxPooling2D((2,2)))
#构建卷积层
model. add(tf. keras. layers. Conv2D(64,(3,3),activation = ' relu ',))
#构建池化层
model. add(tf. keras. layers. MaxPooling2D((2,2)))
#构建 Dropout 层
```

```
model. add(tf. keras. layers. Dropout(rate = 0.2))

#(8) 构建全连接层
model. add(tf. keras. layers. Flatten())
model. add(tf. keras. layers. Dense(80, activation = ' relu '))
model. add(tf. keras. layers. Dense((10), activation = ' softmax '))

#(9) 打印模型的概况
print(model. summary())

#(10) 模型编译
model. compile(optimizer = ' adam ',
              loss = ' sparse_categorical_crossentropy ',
              metrics = [' accuracy '])

#(11) 模型训练
history = model. fit(X_train_norm, y_train, validation_split = 0.1, epochs = 20, verbose = 1)

#(12) 模型评估
model. evaluate(X_test_norm, y_test, verbose = 1)

#(13) 模型预测
prediction = model. predict_classes(X_test_norm)

#(14) 显示测试集的前20个图像的预测类别和真实类别
plt. figure(figsize = (18,9))
num = 20
for i in range(0, num):
    plt. subplot(4,5, i + 1)
    plt. imshow(X_test[i], cmap = ' gray ')
    plt. xticks([])
    plt. yticks([])
    plt. title("Predict = " + str(class_names[prediction[i]]) + ";True = " + str(class_names\
[y_test[i][0]]))
plt. show()

#(15) 计算混淆矩阵
print(' Confusion Matrix:')
print(metrics. confusion_matrix(y_test, prediction))
```

本程序与例6-4-4的主体基本一致,增加或修改的代码标有深色底纹,本程序的分段解释如下:

(1) 导入外部库和 CIFAR10 数据集

通过 import 导入 TensorFlow 库，并导入 matplotlib. pyplot（用于绘图）和 sklearn. metrics（用于计算混淆矩阵），然后利用 Keras 的 load_data() 函数载入 CIFAR10 数据集。首次载入数据集时，如果本地数据集文件夹里没有 CIFAR10 数据集，程序会自动下载，可能花费较长时间，因此可以将"配套资源\第 6 章\datasets\cifar_10_batches_py. tar. gz"复制到"C：\Users\用户名\. keras\datasets"下，避免额外的数据集载入时间。

(2) 查看训练集和测试集的形状

程序运行结果如下所示：

```
The shape of train data = (50 000,32,32,3)
The shape of y_train：(50 000,1)
The shape of test data = (10 000,32,32,3)
The shape of y_test：(10 000,1)
```

该段代码是对数据集的进行探索，表明 CIFAR10 数据集中训练集包含 60 000 张大小为 32×32 的彩色图像和测试集包含 10 000 张大小为 32×32 的彩色图像，注意与 Fashion-MNIST 数据集的区别，此处就不需要再用利用 reshape() 函数修改训练集和测试集的形状，而由于标签数据是两维的数据，所以在画图程序有所不同。

(3) 建立映射表

该段代码用于建立表 6-4-2 中图像与类别标签的映射关系，从而方便后续使用。

(4) 显示训练集的前 20 个图像和标签

结合代码段(3)查看训练集前 20 个数据的特征和标签，显示图像与类别标签的对应关系，结果显示如图 6-4-13。

(5) 归一化数字图像

由于数字图像的像素值取值在 0 到 255 之间，所以可以通过同除以 255 来实现归一化。

(6) 构建 Sequential 模型

该行代码是实例化一个 Sequential 模型。

(7) 构造卷积神经网络

该段代码通过添加两层卷积层、两层池化层和一层 Dropout 层来构建卷积神经网络。其中，第一层卷积层的滤波器个数为 32 个，卷积核尺寸为 3×3，激活函数为 relu 函数，input_shape=(32,32,3)表明输入的 32×32 的三通道彩色图像数据，第二层卷积层的滤波器个数为 64 个，卷积核尺寸和激活函数与第一层相同；两层池化层的尺寸皆为 2×2。tf. keras. layers. Dropout(rate=0.2)表明在训练时随机忽略总数 0.2 的神经元，参数的详细解释可参考例 6-4-4 代码段(9)。

(8) 构建全连接层

该段代码构建全连接层用于分类，首先利用 Flatten() 函数将输入数据的维度拉伸成一

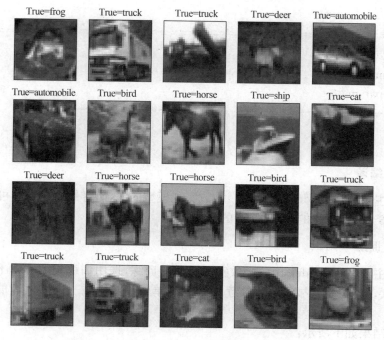

图 6-4-13　CIFAR10 训练集的前 20 个图像和标签

维,然后添加一个包含 80 个滤波器的全连接层,最后添加 10 个神经元输出层,由于是多分类问题,所以激活函数选择 softmax。

(9) 打印模型的概况

程序运行结果如下所示:

Layer（type）	Output Shape	Param#
conv2d（Conv2D）	（None,30,30,32）	896
max_pooling2d（MaxPooling2D）	（None,15,15,32）	0
conv2d_1（Conv2D）	（None,13,13,64）	18496
max_pooling2d_1（MaxPooling2D）	（None,6,6,64）	0
dropout（Dropout）	（None,6,6,64）	0
flatten（Flatten）	（None,2304）	0
dense（Dense）	（None,80）	184400
dense_1（Dense）	（None,10）	810

```
================================================================
Total params:204,602
Trainable params:204,602
Non-trainable params:0
_____

None
```

（10）模型编译

该段代码主要利用 model. compile()函数实现模型的编译，详细解释内容可以参考6.3节简单版程序（fl6 - 3 - 2 - 1）的代码段(6)的解释。

（11）模型训练

该段代码主要利用 model. fit()函数实现模型的训练，选用训练集的 10% 作为验证集，训练周期为 20 次，详细解释内容可以参考 6.3 节简单版程序（fl6 - 3 - 2 - 1）的代码段(7)的解释。

程序运行结果如下所示：

```
Epoch 1/20
1407/1407 [==============================] - 50s 35ms/step - loss: 1.4794 - accuracy: 0.4685 - val_loss: 1.2225 - val_accuracy: 0.5632
Epoch 2/20
1407/1407 [==============================] - 44s 31ms/step - loss: 1.1265 - accuracy: 0.6050 - val_loss: 1.0249 - val_accuracy: 0.6420
Epoch 3/20
1407/1407 [==============================] - 44s 31ms/step - loss: 0.9941 - accuracy: 0.6529 - val_loss: 0.9692 - val_accuracy: 0.6640
Epoch 4/20
1407/1407 [==============================] - 45s 32ms/step - loss: 0.9123 - accuracy: 0.6828 - val_loss: 0.9537 - val_accuracy: 0.6738
Epoch 5/20
1407/1407 [==============================] - 46s 33ms/step - loss: 0.8456 - accuracy: 0.7048 - val_loss: 0.9005 - val_accuracy: 0.6906
Epoch 6/20
1407/1407 [==============================] - 47s 33ms/step - loss: 0.7804 - accuracy: 0.7259 - val_loss: 0.8846 - val_accuracy: 0.7078
Epoch 7/20
1407/1407 [==============================] - 46s 33ms/step - loss: 0.7274 - accuracy: 0.7445 - val_loss: 0.8142 - val_accuracy: 0.7218
Epoch 8/20
1407/1407 [==============================] - 46s 33ms/step - loss: 0.6916 - accuracy: 0.7579 - val_loss: 0.8774 - val_accuracy: 0.7038
Epoch 9/20
1407/1407 [==============================] - 47s 33ms/step - loss: 0.6427 - accuracy: 0.7736 - val_loss: 0.8503 - val_accuracy: 0.7200
Epoch 10/20
1407/1407 [==============================] - 45s 32ms/step - loss: 0.6096 - accuracy: 0.7838 - val_loss: 0.8344 - val_accuracy: 0.7256
Epoch 11/20
1407/1407 [==============================] - 46s 32ms/step - loss: 0.5816 - accuracy: 0.7928 - val_loss: 0.8090 - val_accuracy: 0.7334
Epoch 12/20
1407/1407 [==============================] - 48s 34ms/step - loss: 0.5476 - accuracy: 0.8060 - val_loss: 0.8718 - val_accuracy: 0.7160
Epoch 13/20
1407/1407 [==============================] - 47s 34ms/step - loss: 0.5220 - accuracy: 0.8140 - val_loss: 0.8727 - val_accuracy: 0.7274
Epoch 14/20
1407/1407 [==============================] - 47s 34ms/step - loss: 0.5000 - accuracy: 0.8226 - val_loss: 0.8812 - val_accuracy: 0.7200
Epoch 15/20
1407/1407 [==============================] - 47s 34ms/step - loss: 0.4723 - accuracy: 0.8307 - val_loss: 0.8788 - val_accuracy: 0.7348
Epoch 16/20
1407/1407 [==============================] - 48s 34ms/step - loss: 0.4565 - accuracy: 0.8357 - val_loss: 0.8939 - val_accuracy: 0.7230
Epoch 17/20
1407/1407 [==============================] - 47s 34ms/step - loss: 0.4327 - accuracy: 0.8462 - val_loss: 0.9031 - val_accuracy: 0.7314
Epoch 18/20
1407/1407 [==============================] - 47s 34ms/step - loss: 0.4145 - accuracy: 0.8516 - val_loss: 0.9039 - val_accuracy: 0.7304
Epoch 19/20
1407/1407 [==============================] - 47s 34ms/step - loss: 0.4002 - accuracy: 0.8555 - val_loss: 0.9821 - val_accuracy: 0.7182
Epoch 20/20
1407/1407 [==============================] - 44s 32ms/step - loss: 0.3914 - accuracy: 0.8578 - val_loss: 1.0053 - val_accuracy: 0.7072
```

图 6-4-14　模型训练结果

（12）模型评估

模型训练后，使用测试集数据，利用 model. evaluate()函数对模型进行评估。程序运行结果如图 6 - 4 - 15 所示。

```
313/313 [==============================] - 2s 7ms/step - loss: 1.0364 - accuracy: 0.7004
```

图 6-4-15　模型评估结果

(13) 模型预测

模型训练好后,利用 model. predict_classes()函数进行预测,利用经归一化后的测试集图像进行预测。

(14) 显示测试集的前 20 个图像的预测类别和真实类别

为了便于查看预测效果和保存模型,该段代码来显示测试集的前 20 个图像的预测类别和真实类别。程序运行结果如图 6－4－16 所示。

Predict=dog; True=cat 	Predict=ship; True=ship 	Predict=ship; True=ship 	Predict=airplane; True=airplane 	Predict=deer; True=frog
Predict=frog; True=frog 	Predict=automobile; True=automobile 	Predict=frog; True=frog 	Predict=cat; True=cat 	Predict=automobile; True=automobile
Predict=airplane; True=airplane 	Predict=truck; True=truck 	Predict=dog; True=dog 	Predict=horse; True=horse 	Predict=truck; True=truck
Predict=ship; True=ship 	Predict=dog; True=dog 	Predict=airplane; True=horse 	Predict=ship; True=ship 	Predict=frog; True=frog

图 6-4-16　模型评估结果

(15) 计算混淆矩阵

该段代码利用混淆矩阵来展示卷积神经网络模型对 CIFAR10 数据集中不同类别的数据的分类效果。

程序运行结果如下所示:

Confusion Matrix:

[[737	28	60	21	7	12	8	1	92	34]
[19	869	5	8	0	4	8	2	18	67]

[63	8	661	62	29	70	62	18	18	9]
[30	26	100	517	35	168	64	20	16	24]
[32	11	122	96	526	59	72	54	18	10]
[21	5	81	176	17	633	27	24	10	6]
[9	8	55	72	20	33	785	2	7	9]
[36	2	56	53	39	87	11	686	5	25]
[51	47	14	8	0	10	9	4	838	19]
[31	129	15	17	0	9	6	7	34	752]]

6.4.4 习题与实践

1. 简答题

（1）简述传统神经网络模型和卷积神经网络模型的区别。

（2）分别简述卷积神经网络中卷积层、池化层和全连接层的作用。

（3）简述卷积神经网络模型的构建主要有哪些步骤。

2. 实践题

（1）打开"配套资源\第 6 章\sy6 - 4 - 1. py"，根据注释补全程序。

（2）打开"配套资源\第 6 章\sy6 - 4 - 2. py"，根据注释补全程序。

（3）打开"配套资源\第 6 章\sy6 - 4 - 3. py"，补全程序，完成以下功能：利用 keras 构建 CNN 模型对 Fashion MNIST 数据集进行分类，在池化层之前增加一个包含 128 个滤波器、卷积核尺寸为 3 * 3、激活函数为 relu 的卷积层；打印模型的概况，进行模型评估。

6.5 综合练习

6.5.1 选择题

1. 下列哪个函数不是常用的神经网络激活函数_____。

    A．y＝3x
                B．y＝ReLU(x)

    C．y＝Sigmoid(x)
          D．y＝tanh(x)

2. 神经网络模型因受人类大脑的启发而得名,神经网络由许多神经元组成,每个神经元接受一个输入,对输入进行处理后给出一个输出。请问下列关于神经元的描述中,哪一项是正确的_____。

    A．每个神经元可以有一个输入和一个输出

    B．每个神经元可以有多个输入和一个输出

    C．每个神经元可以有多个输入和多个输出

    D．以上都正确

3. 以下哪项不是深度学习快速发展的主要原因_____。

    A．硬件的发展
                B．数据量增长

    C．算法的创新
               D．Keras 的流行

4. 关于 TensorFlow 游乐场的 hidden layers 区域,以下说法错误的是_____。

    A．调节隐藏层数量不能对模型进行优化

    B．调节隐藏层的节点数目可以对模型进行优化

    C．一般隐藏层层数和节点数越多分类效果可能越好

    D．层与层之间连线的粗细表明权重值的大小

5. 下列属于线性激活函数的是_____。

    A．Tanh
        B．Linear
        C．ReLU
        D．Sigmoid

6. 以下哪项不属于构建神经网络结构的内容_____。

    A．设置隐藏层层数
          B．设置神经元数目

    C．选择激活函数
            D．选取数据特征属性

7. 激活函数 Sigmoid 函数的值域是_____。

    A．(−1,1)
                B．(0,1)

    C．[0,1]
                 D．[0,+∞)

8. Fashion MNIST 数据集输入尺寸大小是_____。

    A．28×28
            B．32×32

    C．128×128
         D．64×64

9. 数字图像进行归一化时,常采取除以_____的做法。

    A．2
         B．10
        C．256
        D．255

10. Fashion MNIST 数据集中图像的通道数是_____。

    A．1   B．2   C．3   D．4

11. 以下不属于深度学习框架的是_____。

    A．Tensorflow   B．Keras   C．PyTorch   D．C 语言

12. TensorFlow 是一个由_____公司开发的开源机器学习平台。

    A．谷歌   B．苹果   C．微软   D．华为

13. 神经网络模型如果想获得更好的分类效果，可以通过以下哪种手段_____。

    A．增加数据集的输入特征的数量

    B．减少隐藏层的层数

    C．减少每层神经元的数目

    D．以上都不行

14. 假定图像的尺寸为 $n \times n$，卷积核的尺寸为 $k \times k$，则卷积后获得的新图像尺寸为_____。

    A．$(n-k-1) \times (n-k-1)$ B．$(n-k) \times (n-k)$

    C．$(n-k+1) \times (n-k+1)$ D．$(n-k+2) \times (n-k+2)$

15. 关于卷积神经网络（其中函数 Conv2D 和 MaxPooling2D 中 padding＝"same"）的说法正确的是_____。

    A．从开始的层到后面的层，经过变换得到的特征图的尺寸逐渐变小

    B．从开始的层到后面的层，经过变换得到的特征图的尺寸开始变小，后来变大

    C．从开始的层到后面的层，经过变换得到的特征图的尺寸大小不变

    D．从开始的层到后面的层，经过变换得到的特征图的尺寸逐渐变大

16. 下面关于池化的描述中，错误的是_____。

    A．池化在 CNN 中可以减少较多的计算量，加快模型训练

    B．池化的常用方法主要包括最大化池化和平均化池化

    C．池化之后图像的尺寸没有变化

    D．池化方法可以自定义

17. 卷积神经网络中典型的模式不包括_____。

    A．网络中最开始的两层是卷积层后面带池化层

    B．网络中最后的几个层是全连接层

    C．卷积层后为池化层，然后还是卷积层和池化层

    D．多个连续的池化层，然后跟着一个卷积层

18. 下列不属于构建 2D 卷积层 Conv2D() 函数的参数的是_____。

    A．权重系数   B．核大小

    C．输出空间的维数   D．步长

19. 关于卷积神经网络，下列的描述错误的是_____。

    A．卷积神经网络模型的核心是通过卷积层和池化层提取图像特征信息

    B．卷积层、池化层、Dropout 层和全连接层出现的次数唯一

    C．池化层的操作和卷积类似，都是需要一个类似卷积核的滤波器算子遍历图像中的每个像素

    D．可以把卷积想象成作用于矩阵的一个滑动窗口函数。滑动窗口又称作卷积核、滤波器或是特征检测器

6.5.2　是非题

1. 在 TensorFlow 游乐场中 hidden layers 区域部分可以设置隐藏层的层数和每个隐藏层的节点数目。层与层之间的连线表明神经元权重值的大小。

2. TensorFlow 游乐场主要解决的问题有分类问题和标签问题两种。

3. 在 TensorFlow 游乐场中,参数设置区域中可以设置训练次数、学习率、激活函数、正则化、正则化率和问题类型。

4. BP 算法主要由正向传播和反向传播两次传播方法组成。

5. Keras 的核心数据结构是非线性数据结构。

6. Keras 是 TensorFlow 2.0 的高阶形式。

7. 常见的神经网络模型有 CNN、RNN。

8. 传统的神经网络模型是由输入层、隐含层和输出层组成,且每层都是由一维神经元构成。

9. 卷积层和池化层是实现卷积神经网络特征提取的核心模块,通过其多层的不断叠加,可获得图像的高级特征,然后经过池化层基于卷积层提取的图像特征进行决策分类。

10. 利用 Keras 构建卷积神经网络模型时主要涉及的步骤为:载入数据、对该数据预处理、构建 Sequential 模型、构建神经网络和全连接层、利用 compile 函数进行编译、利用 model 函数训练模型,最后进行模型的评估和对新数据的预测。

6.5.3　综合实践

1. 打开 TensorFlow 游乐场主页,了解主要功能区的内容,选择异或(Exclusive or)数据集以一个神经元进行分类,尝试使用四种不同的激活函数,并观察对分类结果的影响,然后增加隐藏层和每层神经元的个数,体会对分类效果的影响。

2. 利用如图 6-5-1 所示的单层感知器模型,其中输出层没有激活函数,计算输出结果 y。

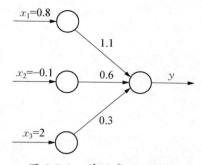

图 6-5-1　单层感知器模型

3. 打开"配套资源\第 6 章\sy6-5-1.py",补全程序,完成以下功能:在 6.3 节完整版程序(fl6-3-2-2)基础上,在输出层之前增加一层神经元数目为 500、激活函数为 ReLU 的隐藏层,命名为' Hidden4 ',并获得最终的测试集分类结果。

4. 打开"配套资源\第 6 章\sy6-5-2.py",补全程序,完成以下功能:利用 Keras 构建 CNN

模型分类 Fashion MNIST 数据集，归一化训练集和测试集数据，在 Dropout 层之前增加一个包含 200 个滤波器、卷积核尺寸为 3×3、激活函数为 ReLU 的卷积层，进行模型训练。

5. 打开"配套资源\第 6 章\sy6-5-3.py"，补全程序，完成以下功能：利用 Keras 构建 CNN 模型分类 CIFAR10 数据集，显示训练集的前 20 个图像和标签，构造卷积神经网络的第一层卷积层，该层包含 32 个滤波器、卷积核尺寸为 3×3、激活函数为 relu，构建输出层。

6. 打开"配套资源\第 6 章\sy6-5-4.py"，补全程序，完成以下功能：利用 Keras 构建 CNN 模型分类 CIFAR10 数据集，归一化训练集和测试集数据，调整两层卷积层的参数，将训练集的准确率提高到不小于 0.72，打印模型的概况。

本章小结

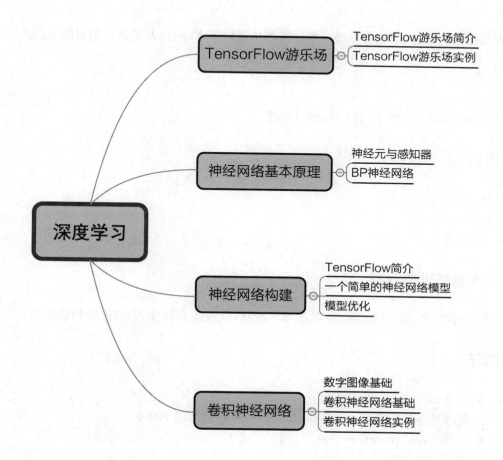

附录：软件及需独立安装的第三方库列表

本书使用的软件、第三方库等一般无需严格限定版本，但推荐按以下版本使用。

软件

- Anaconda3 – 2021.05,64 位,默认安装

第三方库

- WordCloud1.8.1
- Jieba0.42.1
- TensorFlow 2.5.0

软件、库及数据集获取

可登录华东师范大学出版社网站搜索本教材,获取配套软件、第三方库和数据集

安装方法

1. 安装 Anaconda3 – 2021.05
2. 以管理员身份运行"Anaconda Prompt",然后运行以下命令：
   - pip install tensorflow==2.5.0
   - pip install WordCloud==1.8.1
   - pip install Jieba==0.42.1
3. 为便于机房使用,可提前从出版社网站下载本书使用的 Keras 数据集,复制到 C:\Users\当前用户名\.keras\datasets 下

   注：如果第 2 步中出现网络超时,可以使用如下命令修改为国内的安装源：pip config set global.index-url https://pypi.tuna.tsinghua.edu.cn/simple ,然后重新执行第 2 步命令

参考资料

1. 加文·海克. scikit-learn 机器学习(第 2 版)[M].张浩然,译. 人民邮电出版社,2019.
2. 李德毅. 人工智能导论(面向非计算机专业)[M].中国科学技术出版社,2018.
3. 李航. 统计学习方法[M].清华大学出版社,2012.
4. 周志华. 机器学习[M].清华大学出版社,2016.
5. 夏耘. 人工智能基础与实践[M].华东师范大学出版社,2019.
6. 汤晓鸥、陈玉琨. 人工智能基础(高中版)[M].华东师范大学出版社,2018.
7. 贾可荣、张彦铎. 人工智能(第 3 版)[M].清华大学出版社,2018.
8. 陈云霁、李玲、李威、郭崎、杜子东. 智能计算系统[M].机械工业出版社,2020.
9. 宋晖、刘晓强. 数据科学技术与应用[M].电子工业出版社,2018.
10. 王万良. 人工智能通识教材[M].清华大学出版社,2020.
11. 王万良. 人工智能导论(第 4 版)[M].高等教育出版社,2017.
12. 周志华. 关于强人工智能[J].中国计算机学会通讯,2018,014(001):45—46.